你吃对了吗

孕产妇 吃什么？禁什么？

不可不知的健康饮食细节，科学、权威、实用

《健康大讲堂》编委会 主编

黑龙江出版集团
黑龙江科学技术出版社

《健康大讲堂》编委会成员

陈志田　保健营养大师、中华名厨、国际烹饪大师

胡维勤　著名医学科学家、中央首长保健医师

臧俊岐　中国著名针灸学家、主任医师

柴瑞震　著名中医药学者、主任医师

序言 Preface

　　人体在生命过程中的不同阶段，对营养的需求也是不同的，针对不同生理时期采取相应的营养措施，可以有效地提高健康水平。怀孕期间，胎儿生长发育所需的一切营养都要由母体提供。如果母体营养不足或营养过剩，都会影响腹中宝宝的健康。在孩子顺利出世后，处于婴儿时期的宝宝营养主要来自于母乳，所以孕产妇和哺乳期妇女的健康水平与营养状况直接决定胎儿和婴儿的生长发育状况。

　　那么，对于快要成为妈妈或刚刚成为妈妈的你来说，哪些食物能吃，哪些食物不能吃，这些问题不仅重要，而且对母体和孩子一生的健康都有很大的影响。本书重点针对这些问题，根据每一个阶段孕产妇的一般特点，分别列举了宜吃的食物和忌吃的食物。

　　在宜吃的食物中我们详细介绍了每种食物的别名、适用量、热量、性味归经、主打营养素、食疗功效、选购保存、搭配宜忌以及温馨提示等，并且以表格形式展示了食物的主要营养成分，让孕产妇对每一种食材都了如指掌。针对每一种食材还分别推荐了1~2道实用的营养菜谱，详解其原料及制作过程，并详实分析每一道菜谱的营养与功效，再配上精美、清晰的图片，让即使是烹调知识并不丰富的备孕妈妈或者准妈妈们，也能成功操作。

　　通过对忌吃食物的介绍，备孕妈妈及孕产妇可以清楚了解该种食物不宜吃的原因，以便真正做到在日常饮食中规避这些食物，远离这些食物，从而确保孕产妇的身体健康，孕育出健康、聪明的宝宝。

　　另外，本书还详细阐述了备孕妈妈及孕妇所需的各种营养素，让备孕女性及孕妈妈对孕期所需的主要营养素能有一个全面的了解。同时，本书还根据孕产妇常见的病症，合理运用饮食手段进行调理，达到安全、健康又有效的目的。

　　我们殷切希望本书能对年轻的备孕妈妈及准妈妈有所帮助，愿每一位育龄妈妈都能健康快乐地度过孕产期，愿每一位准妈妈都能拥有一个健康、聪明、活泼可爱的宝宝。

《健康大讲堂》编委会

目录 Contents

第一章 孕妇必须补充的20种营养素

1. 蛋白质——降低流产风险 016
2. 脂肪——生命的动力 016
3. 碳水化合物——胎儿的热能站 017
4. 膳食纤维——肠道清道夫 017
5. 维生素A——打造漂亮胎儿 018
6. 维生素B₁——神经系统发育的助手 018
7. 维生素B₂——促进胎儿发育 019
8. 维生素B₆——缓解孕吐的好帮手 019
9. 维生素C——强壮母胎牙齿和骨骼 020
10. 维生素D——人体骨骼建筑师 020
11. 维生素E——养颜又安胎 021
12. 维生素K——"止血功臣" 021
13. 叶酸——预防胎儿神经管缺陷 022
14. DHA——胎儿的"脑黄金" 022
15. 钙——母胎骨骼发育的"密码" 023
16. 铁——预防缺铁性贫血 023
17. 锌——生命之素 024
18. 碘——智力元素 024
19. 铜——造血助手 025
20. 硒——"抗癌之王" 025

第二章 备孕期吃什么,禁什么

备孕期的营养准备

1. 营养计划提前3个月开始 028
2. 孕前3个月补充叶酸 028
3. 备孕妈妈适量服用维生素 029
4. 备孕妈妈先排毒再怀孕 029
5. 让备孕妈妈远离贫血 030
6. 备孕妈妈备孕时可多吃暖宫药膳 030
7. 备孕爸爸储备营养,提高受孕率 031
8. 备孕时最好少在外面就餐 031

备孕期吃什么?

大白菜 032
枸杞大白菜 033
大白菜粉丝盐煎肉 033
小白菜 034
滑子菇扒小白菜 035
芝麻炒小白菜 035
菠菜 036
芝麻花生仁拌菠菜 037
上汤菠菜 037
油菜 038
白果炒油菜 039
油菜炒虾仁 039

白萝卜 040	**海带** 062
虾米白萝卜丝 041	排骨海带煲鸡 063
脆皮白萝卜丸 041	海带蛤蜊排骨汤 063
花菜 042	**紫菜** 064
珊瑚花菜 042	紫菜寿司 065
芦笋 043	紫菜蛋花汤 065
什锦芦笋 043	**草鱼** 066
茄子 044	苹果草鱼汤 067
风味炒茄丁 044	润肺鱼片汤 067
南瓜 045	**带鱼** 068
红枣蒸南瓜 045	家常烧带鱼 069
黄瓜 046	手撕带鱼 069
黄瓜熘肉片 047	**三文鱼** 070
山药黄瓜煲鸭汤 047	豆腐蒸三文鱼 071
豇豆 048	天麻归杞鱼头汤 071
姜汁豇豆 049	**鳝鱼** 072
肉末豇豆 049	山药鳝鱼汤 073
山药 050	党参鳝鱼汤 073
山药炒虾仁 051	**泥鳅** 074
山药胡萝卜炖鸡汤 051	老黄瓜煮泥鳅 075
黑木耳 052	酥香泥鳅 075
胡萝卜烩木耳 053	**牡蛎** 076
芙蓉云耳 053	牡蛎豆腐羹 077
猪肝 054	山药韭菜煎鲜蚝 077
胡萝卜炒猪肝 055	**虾** 078
西红柿猪肝汤 055	玉米鲜虾仁 079
猪血 056	蔬菜海鲜汤 079
红白豆腐 057	**鱿鱼** 080
韭菜猪血汤 057	荷兰豆炒鲜鱿 081
牛肉 058	游龙四宝 081
洋葱牛肉丝 059	**章鱼** 082
白萝卜炖牛肉 059	黄瓜章鱼煲 083
鹌鹑 060	章鱼海带汤 083
红腰豆鹌鹑煲 061	**墨鱼** 084
莲子鹌鹑煲 061	富贵墨鱼片 085

目录 Contents

木瓜炒墨鱼片 085
西瓜 086
西瓜炒鸡蛋 087
蜜汁火方蛋 087
香蕉 088
香蕉薄饼 089
脆皮香蕉 089
草莓 090
草莓塔 091
优格土豆铜锣烧 091
橙子 092
什锦水果杏仁 093
橙子当归鸡煲 093
柚子 094
西红柿沙田柚汁 094
猕猴桃 095
猕猴桃苹果汁 095
黄豆 096

鸭子炖黄豆 096
花生 097
红豆花生乳鸽汤 097

备孕期禁什么？

芹菜 098
猪腰 098
烤牛羊肉 098
酸菜、泡菜 099
浓茶 099
咖啡 099
可乐 100
酒 100
黑棉籽油 100
辣椒 101
花椒 101
胡椒 101

第三章 孕早期吃什么，禁什么

孕早期饮食须知

1. 孕妈妈要继续补充叶酸 104
2. 孕妈妈不能吃能霉变的食物 104
3. 孕妈妈不能全吃素食 ... 105
4. 孕妈妈饮水首选白开水 105
5. 孕妈妈一定要吃早餐 ... 106
6. 孕妈妈晚餐要少吃 106
7. 不要强迫孕妈妈吃东西 107
8. 调整饮食缓解孕吐症状 107
9. 孕妈妈不宜营养过剩 ... 108
10. 食糖过量宝宝易患近视 108
11. 要谨防被污染的食物 . 109
12. 孕妈妈宜食用有机农产品. 109

孕早期吃什么？

西红柿 110
西红柿炒鸡蛋 111
西红柿豆腐汤 111
包菜 112
芝麻炒包菜 113
包菜炒肉片 113
芥蓝 114
清炒芥蓝 115
芥蓝炒核桃 115
西蓝花 116
素拌西蓝花 117
什锦西蓝花 117

莲藕 ... 118	芒果橘子汁 ... 139
莲藕排骨汤 ... 119	**柠檬** ... 140
莲藕猪心煲莲子 ... 119	柠檬汁 ... 141
姜 ... 120	柠檬柳橙香瓜汁 ... 141
生姜泡仔鸡 ... 121	**石榴** ... 142
姜橘鲫鱼汤 ... 121	石榴苹果汁 ... 143
扁豆 ... 122	石榴胡萝卜包菜汁 ... 143
蒜香扁豆 ... 122	**枇杷** ... 144
口蘑 ... 123	枇杷汁 ... 145
口蘑山鸡汤 ... 123	蜜汁枇杷综合汁 ... 145
鸡腿菇 ... 124	**板栗** ... 146
鸡腿菇煲排骨 ... 124	板栗煨白菜 ... 147
豆腐 ... 125	板栗排骨汤 ... 147
豆腐鱼头汤 ... 125	**小米** ... 148
猪肉 ... 126	小米粥 ... 149
梨子肉丁 ... 127	小米红枣粥 ... 149
松子焖酥肉 ... 127	**牛奶** ... 150
猪骨 ... 128	苹果胡萝卜牛奶粥 ... 151
芋头排骨汤 ... 129	牛奶红枣粳米粥 ... 151
玉米板栗排骨汤 ... 129	

孕早期禁什么？

鸭肉 ... 130	**菠菜** ... 152
老鸭莴笋枸杞煲 ... 131	**油菜** ... 152
老鸭红枣猪蹄煲 ... 131	**茄子** ... 152
鲕鱼 ... 132	**木耳菜** ... 153
下巴划水 ... 133	**马齿苋** ... 153
香菜豆腐鱼头汤 ... 133	**慈姑** ... 153
鳜鱼 ... 134	**海带** ... 154
松鼠全鱼 ... 135	**芦荟** ... 154
吉祥鳜鱼 ... 135	**仙人掌** ... 154
苹果 ... 136	**黑木耳** ... 155
苹果青提汁 ... 137	**益母草** ... 155
苹果菠萝桃汁 ... 137	**木瓜** ... 155
橘子 ... 138	**杏** ... 156
橘子优酪乳 ... 139	

目录 Contents

山楂	156	方便食品	158
桂圆	156	咖啡	158
甲鱼	157	浓茶	159
螃蟹	157	酒	159
薏米	157	蜜饯	159
杏仁	158		

第四章 孕中期吃什么，禁什么

孕中期饮食须知

1. 孕中期的贴心饮食建议 …… 162
2. 孕妈妈不宜进食过多 …… 162
3. 孕妈妈不能盲目节食 …… 163
4. 孕妈妈不能只吃精米精面 …… 164
5. 孕妈妈饮食不能过咸 …… 164
6. 孕妈妈不可多食用鱼肝油 …… 165
7. 孕妈妈进食不宜狼吞虎咽 …… 165
8. 孕妈妈食用冷饮要有节制 …… 166
9. 孕妈妈工作餐应该这样吃 …… 166
10. 孕妈妈吃晚餐须注意 …… 167
11. 孕妈妈营养不可过剩 …… 167

孕中期吃什么？

芹菜	168	蒜薹炒鸭片	175
芹菜炒胡萝卜粒	169	冬瓜	176
芹菜肉丝	169	百合龙骨煲冬瓜	177
菜心	170	冬瓜山药炖河鸭	177
牛肝菌菜心炒肉片	171	玉米	178
笋菇菜心汤	171	玉米炒蛋	179
竹笋	172	玉米鲜虾仁	179
清炒竹笋	173	红薯	180
竹笋鸡汤	173	清炒红薯丝	181
蒜薹	174	玉米红薯粥	181
牛柳炒蒜薹	175	茶树菇	182
		茶树菇鸭汤	183
		茶树菇红枣乌鸡汤	183
		毛豆	184
		芥菜毛豆	185
		毛豆粉蒸肉	185
		豌豆	186
		豌豆猪肝汤	187
		芝麻豌豆羹	187
		黄豆芽	188
		党参豆芽骶骨汤	189
		冬菇黄豆芽猪尾汤	189
		鸡肉	190
		松仁鸡肉炒玉米	191
		鸡块多味煲	191
		鸡蛋	192

胡萝卜炒蛋 193
双色蒸水蛋 193
青鱼 194
荆沙鱼糕 195
美味鱼丸 195
银鱼 196
银鱼煎蛋 197
银鱼枸杞苦瓜汤 197
葡萄 198
葡萄汁 199
酸甜葡萄菠萝奶 199
火龙果 200
火龙果汁 201
火龙果芭蕉萝卜汁 201
杨桃 202
杨桃柳橙汁 203
杨桃牛奶香蕉蜜 203
樱桃 204
樱桃草莓汁 205
樱桃西红柿柳橙汁 205
黑豆 206
黑豆排骨汤 207
黑豆玉米粥 207
腰果 208
腰果炒西芹 209

腰果虾仁 209
豆浆 210
黄豆豆浆 211
核桃豆浆 211

孕中期禁什么？

久存土豆 212
木薯 212
羊肉 212
麻雀肉 213
田鸡 213
生鸡蛋 213
金枪鱼 214
荔枝 214
油条 214
粽子 215
月饼 215
罐头 215
火腿肠 216
味精 216
火锅 216
蜂王浆 217
糖精 217
酒心糖 217

第五章　孕晚期吃什么，禁什么

孕晚期饮食须知

1.添加零食和夜餐 220
2.摄入充足的维生素 220
3.忌食过咸、过甜或油腻的食物 220
4.忌食刺激性食物 220
5.孕晚期摄入脂肪类食物须注意 220
6.素食孕妈妈在孕晚期不一定要吃肉 221
7.孕妈妈不可暴饮暴食 221

目录 Contents

8. 孕晚期孕妈妈宜少食多餐 222
9. 孕晚期孕妈妈宜多吃鱼 222
10. 如何辨认污染鱼 222
11. 孕晚期不必大量进补 223
12. 临产时应吃高能量易消化食物 223

孕晚期吃什么？

胡萝卜 224
胡萝卜玉米排骨汤 225
胡萝卜豆腐汤 225
茼蒿 226
蒜蓉茼蒿 227
素炒茼蒿 227
雪里蕻 228
雪里蕻花生米 229
雪里蕻拌黄豆 229
丝瓜 230
炒丝瓜 231
鸡肉丝瓜汤 231
绿豆芽 232
豆腐皮拌豆芽 233
豆芽韭菜汤 233
香菇 234
香菇冬笋煲小鸡 235
煎酿香菇 235
鸽肉 236
良姜鸽子煲 237
鸽子银耳胡萝卜汤 237
鹌鹑蛋 238
蘑菇鹌鹑蛋 239
鱼香鹌鹑蛋 239
鲤鱼 240
糖醋全鲤 241
清炖鲤鱼汤 241
鲈鱼 242
五爪龙鲈鱼汤 243
鲈鱼西蓝花粥 243
福寿鱼 244
清蒸福寿鱼 245
番茄酱福寿鱼 245
武昌鱼 246
清蒸武昌鱼 247
开屏武昌鱼 247
蛤蜊 248
蛤蜊拌菠菜 249
冬瓜蛤蜊汤 249
干贝 250
鲍鱼老鸡干贝煲 251
干贝蒸水蛋 251
李子 252
李子蛋蜜汁 253
李子牛奶饮 253
桑葚 254
桑葚沙拉 255
桑葚活力点心 255
哈密瓜 256
哈密瓜汁 257
哈密瓜奶 257
核桃 258
核桃仁拌韭菜 259
花生核桃猪骨汤 259
红豆 260
凉拌西蓝花红豆 261
红豆牛奶汤 261
绿豆 262
绿豆鸭子汤 263
绿豆粥 263
酸奶 264

| 甜瓜酸奶汁 | 265 |
| 红豆香蕉酸奶 | 265 |

孕晚期禁什么？

荠菜	266
熏肉	266
腊肠	266
火腿	267
咸鱼	267
松花蛋	267
咸鸭蛋	268

薏米	268
人参	268
鹿茸	269
汽水	269
薯片、薯条	269
糯米甜酒	270
黄油	270
桂皮	270
芥末	271
豆瓣酱	271
豆腐乳	271

第六章 产褥期吃什么，禁什么

产褥期饮食须知

1. 产后正确的进食顺序 …… 274
2. 剖腹产妈妈月子饮食五要点 274
3. 产后催奶饮食的选择要因人而异 …… 275
4. 催乳汤饮用注意事项 …… 276
5. 为了顺利哺乳新妈妈不宜节食 …… 276
6. 月子里应注意补钙 …… 276
7. 产后不能只喝汤不吃肉 …… 277
8. 产后不宜过多吃鸡蛋 …… 277
9. 产后不能多吃红糖 …… 277

产褥期吃什么？

黄花菜	278
上汤黄花菜	279
黄花菜香菜鱼片汤	279
莴笋	280
莴笋猪蹄汤	281
花菇炒莴笋	281

茭白	282
西红柿炒茭白	283
虾米茭白粉条汤	283
荷兰豆	284
荷兰豆炒鲮鱼片	285
荷兰豆炒墨鱼	285
草菇	286
草菇虾仁	287
草菇圣女果	287
平菇	288
平菇烧腐竹	289
鸡肉平菇粉条汤	289
金针菇	290
金针菇炒三丝	291
金针菇鸡丝汤	291
银耳	292
木瓜炖银耳	293
椰子银耳鸡汤	293
乌鸡	294
冬瓜乌鸡汤	295
百合乌鸡枸杞煲	295

目录 Contents

猪蹄 296
花生猪蹄汤 297
百合猪蹄汤 297
猪腰 298
韭菜腰花 299
什锦腰花 299
猪肚 300
莲子猪肚 301
鸡骨草猪肚汤 301
鲫鱼 302
玉米须鲫鱼煲 303
西红柿淡奶鲫鱼汤 303
鲢鱼 304
山药鱼头汤 305
老妈煲鱼头 305
鲇鱼 306
鲇鱼炖茄子 307
枣蒜烧鲇鱼 307
黄鱼 308
清汤黄鱼 309
干黄鱼煲木瓜 309
虾皮 310
平菇虾皮凤丝汤 311
虾皮油菜 311
木瓜 312
木瓜鲈鱼汤 313
木瓜炖雪蛤 313
无花果 314
无花果蘑菇猪蹄汤 314
桃子 315
桃子香瓜汁 315
红枣 316
红枣鸡汤 316
芝麻 317
木瓜芝麻羹 317

莲子 318
桂圆莲子羹 318
南瓜子 319
凉拌玉米瓜仁 319
燕麦 320
燕麦枸杞粥 320
粳米 321
粳米鹌鹑粥 321
黑米 322
黑米粥 323
三黑白糖粥 323

产褥期禁什么？

韭菜 324
老母鸡 324
田螺 324
杏 325
梨 325
柿子 325
味精 326
辣椒 326
花椒 326
醋 327
巧克力 327
麦乳精 327
浓茶 328
咖啡 328
酒 328
人参 329
鹿茸 329
乌梅 329

第七章 孕产妇常见症状饮食宜与忌

孕期呕吐
花菜炒西红柿 332
橙汁山药 333
柠檬鸡块 333

孕期贫血
葡萄干土豆泥 334
筒骨娃娃菜 335
板栗乌鸡煲 335

孕期便秘
松仁玉米 336
酱烧春笋 337
玉米笋炒芹菜 337

孕期抽筋
南瓜虾皮汤 338
草菇虾米豆腐 339
翡翠虾仁 339

孕期水肿
西红柿豆腐鲫鱼汤 340
扁豆炖排骨 341
蒜薹炒鸭片 341

胎动不安
鲍汁扣三菇 342
枸杞山药牛肉汤 343
莲子龙骨鸭汤 343

妊娠高血压
香菇烧山药 344
西芹鸡柳 345
口蘑灵芝鸭子汤 345

产后出血
西红柿菠菜汤 346
菠菜拌核桃仁 347
榄菜肉末蒸茄子 347

产后恶露不绝
五味苦瓜 348
肉末烧黑木耳 349
鲜人参炖土鸡 349

产后缺乳
党参生鱼汤 350
黄金猪蹄汤 351
花生莲子炖鲫鱼 351

产后腹痛
鸽肉莲子红枣汤 352

第一章

孕妇必须补充的20种营养素

　　孕妇必须准备与补充的营养物质有：蛋白质、脂肪、碳水化合物、维生素、矿物质、叶酸等。如果孕妈妈体内缺乏某种必需的营养元素，可能会对胎儿造成一定的影响。当然，过量摄取这些营养素，对胎儿的发育也是不利的。因此，孕妈妈既要保证这些营养素的足量摄取，又要保证不能过多地摄入。本章会重点介绍20种孕妇必须补充的营养素，以供孕妈妈们参考。

1 蛋白质——降低流产风险

蛋白质是组成人体的重要成分之一，约占人体重量的18%。食物蛋白质中的各种必需氨基酸的比例越接近人体蛋白质的组成成分，越易被人体消化吸收，说明其营养价值就越高。一般来说，动物性蛋白质在各种必需氨基酸组成的相互比例上接近人体蛋白质，属于优质蛋白质。

蛋类富含蛋白质，对胎儿的大脑皮质发育很重要。

蛋白质的功效

蛋白质是生命的物质基础，是机体细胞的重要组成部分，是人体组织更新和修补的主要原料。人体的每个组织——毛发、皮肤、肌肉、骨骼、内脏、大脑、血液、神经、内分泌等都是由蛋白质组成的，所以说蛋白质对人的生长发育非常重要。

蛋白质缺乏的影响

孕妈妈缺乏蛋白质容易导致流产，并可影响胎儿脑细胞发育，使脑细胞分裂减缓，数目减少，并可对中枢神经系统的发育产生不良影响，使胎儿出生后发育迟缓，体重过轻，甚至影响胎儿智力。

建议摄取量

孕妈妈在孕早期（1~3月）对蛋白质的需要量为每日75~80克，孕中期（4~7个月）为每日80~85克，孕晚期（8~10个月）为90~95克。

2 脂肪——生命的动力

孕妈妈身体内部的消化、新陈代谢要有能量的支持才能得以完成。这个能量的供应者就是脂肪。脂肪是构成组织的重要营养物质，在大脑活动中起着重要的不可替代的作用。脂肪主要供给人体以热能，是人类膳食中不可缺少的营养素。而脂肪酸分为饱和脂肪酸和不饱和脂肪酸两大类。亚麻油酸、次亚麻油酸、花生四烯酸等均属在人体内不能合成的不饱和脂肪酸，只能由食物供给，又称作必需脂肪酸。必需脂肪酸主要贮藏植物油中，在动物油脂中含量较少。

脂肪的功效

脂肪具有为人体储存并供给能量，保持体温恒定及缓冲外界压力，保护内脏，促进脂溶性维生素的吸收等作用，是身体活动所需能量的最主要来源。

脂肪缺乏的影响

胎儿所需的必需脂肪酸是由母体通过胎盘供应的，所以孕妈妈需要在孕期

动物肉类含有丰富的脂肪，能为母胎提供能量。

为胎儿发育储备足够的脂肪。如果缺乏脂肪，孕妈妈可能发生脂溶性维生素缺乏症，引起肾脏、肝脏、神经和视觉等多种疾病，并可影响胎儿心血管和神经系统的发育和成熟。

建议摄取量

因为脂肪可以被人体储存，所以孕妈妈不需要刻意增加摄入量，只需要按平常的量——每日大约为60克摄取即可。

3 碳水化合物——胎儿的热能站

碳水化合物是人类从食物中取得能量最经济和最主要的来源。食物中的碳水化合物分成两类：人可以吸收利用的有效碳水化合物如单糖、双糖、多糖和人不能消化的无效碳水化合物。糖类化合物是一切生物体维持生命活动所需能量的主要来源。它不仅是营养物质，而且有些还具有特殊的生理活性。例如，肝脏中的肝素有抗凝血作用。

碳水化合物的功效

碳水化合物是人体能量的主要来源。它具有维持心脏和正常活动、节省蛋白质、维持脑细胞正常功能、为机体提供热能及保肝解毒等作用。

碳水化合物缺乏的影响

如果孕妈妈缺乏碳水化合物，会导致全身无力、疲乏，产生头晕、心悸、脑功能障碍、低血糖昏迷等，同时也会引起胎儿血糖过低，影响正常生长发育。

建议摄取量

碳水化合物一般不容易缺乏，但由于孕早期妊娠反应致使能量消耗较大，故此应适量地摄入，以免缺乏。每日摄入量为500克左右。

4 膳食纤维——肠道清道夫

膳食纤维一般是不易被消化的食物营养素，主要来自于植物的细胞壁，包含纤维素、半纤维素、树脂、果胶及木质素等。膳食纤维是人们健康饮食不可缺少的物质，纤维在保持消化系统健康上扮演着重要的角色，同时摄取足够的纤维也可以预防心血管疾病、癌症、糖尿病以及其他疾病。

膳食纤维的功效

膳食纤维有增加肠道蠕动、减少有害物质对肠道壁的侵害、促进大便的通畅、减少便秘及其他肠道疾病的发生和增强食欲的作用，同时膳食纤维还能降低胆固醇以减少心血管疾病的发生、阻碍糖类被快速吸收以减缓血糖窜升的作用。

膳食纤维缺乏的影响

缺乏膳食纤维，会使孕妈妈发生便秘，且不利于肠道排出食物中的油脂，间接使身体吸收过多热量，使孕妈妈超重，容易引发妊娠期糖尿病和妊娠期高血压疾病。

建议摄取量

孕妈妈由于胃酸减少，体力活动减少，胃肠蠕动缓慢，加之胎儿挤压肠部，常常出现肠胀气和便秘。因此，

多吃粗粮可以促进肠胃蠕动，预防孕期便秘。

孕妈妈不可忽视蔬菜、粗粮等膳食纤维含量高的食物的摄入。每日摄入量为25~30克。

5 维生素A——打造漂亮胎儿

维生素A的化学名为视黄醇，是最早被发现的维生素，也是脂溶性物质维生素，主要存在于海产尤其是鱼类肝脏中。维生素A有两种。一种是维生素A醇，是最初的维生素A形态（只存在于动物性食物中）；另一种是β-胡萝卜素，在体内转变为维生素A的预成物质（可从植物性及动物性食物中摄取）。

维生素A的功效

维生素A具有维持人的正常视力、维护上组织健全的功能，可保持皮肤、骨骼、牙齿、毛发健康生长，还能促进生殖机能的良好发展。

维生素A缺乏的影响

孕期缺乏维生素A可导致流产、胚胎发育不良或胎儿生长缓慢，严重时还可引起胎儿多器官畸形。

建议摄取量

孕妈妈的维生素A每日摄入量，孕初期建议为0.8毫克，孕中期和孕晚期建议为0.9毫克。因为长期大剂量摄入维生素A可导致中毒，对胎儿也有致畸作用。

6 维生素B₁——神经系统发育的助手

维生素B₁又称硫胺素或抗神经炎素，也被称为精神性的维生素，因为维生素B₁对神经组织和精神状态有良好的影响。在怀孕晚期，孕妈妈需要充足的水溶性维生素，尤其是维生素B₁（硫胺素），因为孕妈妈需要维持良好的食欲与正常的肠道蠕动。

维生素B₁的功效

维生素B₁是人体内物质与能量代谢的关键物质，具有调节神经系统生理活动的作用，可以维持食欲和胃肠道的正常蠕动以及促进消化。

维生素B₁缺乏的影响

孕妈妈缺乏维生素B₁，会出现食欲不佳、呕吐、呼吸急促、面色苍白、心率加快等症状，并可导致胎儿低出生体重，易患神经炎，严重的还会患先天性脚气病。

建议摄取量

孕妈妈适当地补充一些维生素B₁可以缓解恶心、呕吐、食欲不振等妊娠反应。推荐摄入量每日为1.5~1.6毫克。

胡萝卜的维生素A非常丰富，有助于胎儿发育。

谷类、豆类、干果，尤其是硬壳果类等食物都富含维生素B₁。

奶类食物富含维生素B_2，可促进细胞发育再生。

7 维生素B_2——促进胎儿发育

维生素B_2又叫核黄素，由异咯嗪与核糖组成，纯维生素B_2为黄棕色针状晶体，味苦，是一种促长因子。维生素B_2是水溶性维生素，容易消化和吸收，被排出的量随体内的需要以及可能随蛋白质的流失程度而有所增减；它不会蓄积在体内，所以时常要以食物或营养补品来补充。因为，如果维生素B_2摄入不足，蛋白质、脂肪、糖类等所有能量代谢都无法顺利进行。

维生素B_2的功效

维生素B_2参与体内生物氧化与能量代谢，在碳水化合物、蛋白质、核酸和脂肪的代谢中起重要的作用，可提高肌体对蛋白质的利用率，促进生长发育，维护皮肤和细胞膜的完整性。具有保护皮肤毛囊黏膜及皮脂腺，消除口舌炎症、增进视力等功能。

维生素B_2缺乏的影响

孕早期缺乏维生素B_2会加重妊娠呕吐，影响胎儿神经系统的发育，可能造成神经系统畸形及骨骼畸形；孕中期和孕晚期缺乏容易发生口角炎、舌炎、唇炎等，并可能导致早产。

建议摄取量

只要不偏食、不挑食，孕妈妈一般不会缺乏维生素B_2。建议孕妈妈每天摄取1.8毫克的维生素B_2。

8 维生素B_6——缓解孕吐的好帮手

维生素B_6又称吡哆素，是一种水溶性维生素，遇光或碱易被破坏，不耐高温。维生素B_6是几种物质的集合，是制造抗体和红细胞的必要物质，摄取高蛋白食物时要增加它的摄取量。肠内的细菌具有合成维生素B_6的能力，所以多吃蔬菜是必要的。另外，在消化维生素B_{12}、制造盐酸和镁时，维生素B_6都是必不可少的。

维生素B_6的功效

维生素B_6不仅有助于体内蛋白质、脂肪和碳水化合物的代谢，还能帮助转换氨基酸，形成新的红细胞、抗体和神经传递质，而且维生素B_6对宝宝的大脑和神经系统发育至关重要。

维生素B_6的缺乏的影响

孕妈妈孕早期适量服用维生素B_6可以有效缓解妊娠呕吐，控制水肿。如果缺乏维生素B_6，会引起神经系统功能障碍、脂溢性皮炎等，并会导致胎儿脑结构改变，中枢神经系统发育延迟等。

建议摄取量

如果孕妈妈服用过量维生素B_6或服用

食物中含有的维生素B₆可以有效缓解孕期呕吐。

时间过长,会导致胎儿对它产生依赖性,因此建议每日摄取1.9毫克。

9 维生素C——强壮母胎牙齿和骨骼

维生素C又叫L-抗坏血酸,是一种水溶性维生素,普遍存在于蔬菜水果中,但容易因外在环境改变而遭到破坏,很容易流失。维生素C由于其美肤作用而被大家熟知,它关系到毛细血管的形成、肌肉和骨骼的形成。妊娠过程中母体血液中的维生素C含量是逐渐下降的,分娩时仅为孕早期的一半,严重摄入不足的孕妈妈容易致病。

维生素C的功效

维生素C可以促进伤口愈合、增强机体抗病能力,对维护牙齿、骨骼、血管、肌肉的正常功能有重要作用。同时,维生素C还可以促进铁的吸收,改善贫血,提高免疫力,对抗应激等。

维生素C缺乏的影响

孕妈妈孕期严重缺乏维生素C,容易患坏血病,还可引起胎膜早破、早产、新生儿体重低及新生儿死亡率增加等。

建议摄取量

孕早期孕妈妈每日应摄入100毫克维生素C,孕中期及孕晚期均摄入130毫克,可耐受最高摄入量为每日1000毫克。

水果中富含的维生素C可以让胎儿大脑反应灵敏。

10 维生素D——人体骨骼建筑师

维生素D又称胆钙化醇、固化醇,是脂溶性维生素,也是孕妈妈不可缺少的一种重要维生素。它被称作"阳光维生素",皮肤只要适度接受太阳光照射便不会缺乏维生素D。维生素D也被称为抗佝偻病维生素,是人体骨骼正常生长的必要营养素,其中最重要的有维生素D₂和维生素D₃。维生素D₂的前体是麦角醇,维生素D₃的前体是脱氢胆固醇,这两种前体在人体组织内是无效的,当受到阳光的紫外线照射以后就转变为维生素D。由于孕妈妈晒太阳机会不多,而胎儿对维生素D的需求量较多,因此孕妈妈食物维生素D供给量应增加。

维生素D的功效

维生素D是钙磷代谢的重要调节因子之一，可以提高机体对钙、磷的吸收，促进生长和骨骼钙化，健全牙齿，并可防止氨基酸通过肾脏损失。

维生素D缺乏的影响

孕妈妈缺乏维生素D，可导致钙代谢紊乱，骨质软化，胎儿及新生儿的骨骼钙化障碍以及牙齿发育缺陷；并可引发细菌性阴道炎，从而导致早产。严重缺乏时，会使胎儿出生后发生先天性佝偻病、低血钙症以及牙釉质发育差，易患龋齿。

建议摄取量

孕早期建议摄入量为每日5微克，孕中期和孕晚期建议为10微克，可耐受最高摄入量为每日20微克。

11 维生素E——养颜又安胎

维生素E又名生育酚或产妊酚，属于酚类化合物。其在体内可保护其他可被氧化的物质，接触空气或紫外线照射则可氧化变质。维生素E是一种很重要的血管扩张剂和抗凝血剂，在食油、水果、蔬菜及粮食中均存在。怀孕早期的准妈妈适当服用一些维生素E具有保胎的作用。

维生素E的功效

维生素E是一种很强的抗氧化剂，可以改善血液循环、修复组织，对延缓衰老、预防癌症及心脑血管疾病非常有益，另外它还有保护视力、提高人体免疫力、抗不孕等功效。

维生素E缺乏的影响

缺乏维生素E会造成孕妈妈流产及早产，使胎儿出生后发生黄疸，还可导致孕妈妈及胎儿贫血，严重时可引发眼睛疾患、肺栓塞、中风、心脏病等疾病。

建议摄取量

维生素E对孕妈妈的主要作用是保胎、安胎、预防流产。建议孕妈妈每日摄入14毫克维生素E。

12 维生素K——"止血功臣"

维生素K是脂溶性维生素，是促进血液正常凝固及骨骼生长的重要维生素，是形成凝血酶原不可或缺的物质，有"止血功臣"的美誉。它能够合成血液所必须凝固的凝血酶原，这对孕妈妈凝血障碍和新生儿出血有重要作用。妊娠最后的数周给孕妈妈服用维生素K可以为预防凝血功能障碍的常规治疗。

维生素K的功效

人体对维生素K的需要量非常少，但它对促进骨骼生长和血液正常凝固具有重要作用。它可以减少生理期大量出血，防止内出血及痔疮，还可以预防骨质疏松。

维生素K缺乏的影响

维生素K缺乏与机体出血或出血不止有一定的关系。孕妈妈缺乏维生素K会引起凝血障碍，发生出血症，而且还易导致流产、死胎，或引起胎儿出生后先天性失

西蓝花是维生素K很好的来源。

明，智力发育迟缓及出血疾病。

建议摄取量

维生素K有助于骨骼中钙质的新陈代谢，对肝脏中凝血物质的形成起着非常重要的作用。建议孕妈妈每日摄入14毫克维生素K。

13 叶酸——预防胎儿神经管缺陷

叶酸是一种水溶性B族维生素，因为最初是从菠菜叶子中分离提取出来的，故得名"叶酸"。叶酸最重要的功能就是制造红细胞和白细胞，增强免疫能力，人体一旦缺乏叶酸，会发生严重贫血，因此叶酸又被称为"造血维生素"。它参与人体新陈代谢的全过程，是合成人体重要物质DNA的必需维生素。

叶酸的功效

叶酸是人体在利用糖分和氨基酸时的必要物质，是机体细胞生长和繁殖所必需的物质。其可促进骨髓中幼细胞的成熟，还有杀死癌细胞的作用，是一种天然的抗癌维生素。

叶酸缺乏的影响

叶酸不足，孕妈妈易发生胎盘早剥、妊娠高血压综合征、巨幼红细胞性贫血；可导致胎儿神经管畸形，还可使眼、口唇、腭、胃肠道、心血管、肾、骨骼等器官的畸形率增加，这样的胎儿出生后生长发育和智力发育都会受到影响。

建议摄取量

孕前3个月就应该开始补充叶酸了。建议孕妈妈平均每日摄入0.4毫克叶酸。

14 DHA——胎儿的"脑黄金"

DHA（二十二碳六烯酸）、EPA（二十碳五烯酸）和脑磷脂、卵磷脂等物质合在一起，被称为"脑黄金"。DHA能优化胎儿大脑锥体细胞膜磷脂的构成，是人体大脑发育必需不饱和脂肪酸之一，是细胞脂质结构中重要的组成成分，存在于许多组织器官中，特别是在神经、视网膜组织器官中含量丰富。由于整个生命过程都需要维持正常的DHA水平，尤其是从胎儿期第10周开始至6岁，是大脑及视网膜发育的黄金阶段，因此人体需要大量DHA满足其实际需求。

DHA的功效

"脑黄金"能预防早产，增加胎儿出生时的体重。服用"脑黄金"的准妈妈妊娠期较长，比一般产妇的早产率下降1%，产期推迟12天，宝宝出生时体重增加100克。"脑黄金"对大脑细胞，特别是神经传导系统的生长、发育起着重要作用。摄入足够"脑黄金"，能保证胎儿大脑和视网膜的正常发育。

DHA缺乏的影响

如果孕妈妈体中缺少"脑黄金"，胎儿的脑细胞膜和视网膜中脑磷脂质就会不足，对胎儿大脑及视网膜的形成和发育极为不利，甚至会造成流产、早产、死产和

水果富含叶酸，有助于胎儿的健康发育。

鱼类含有丰富的DHA，有助于胎儿脑细胞发育。

胎儿发育迟缓。

建议摄取量

孕妈妈在一周之内至少要吃1~2次鱼，以吸收足够的DHA。建议每日摄入量不低于300毫克DHA。

15 钙——母胎骨骼发育的"密码"

钙是人体中最丰富的矿物质，是骨骼和牙齿的主要组成物质。胎儿骨组织的生长和发育及母体的生理代谢，均需大量的钙。血压、组织液等其他组织中也有一定的钙含量，虽然占人体含钙量不到1%，但对于骨骼的代谢和生命体征的维持有着重要的作用。

钙的功效

钙可有效降低孕妈妈子宫的收缩压、舒张压及子痫前症，保证大脑正常工作，对脑的异常兴奋进行抑制，使脑细胞避免有害刺激，维护骨骼和牙齿的健康，维持心脏、肾脏功能和血管健康，维持所有细胞的正常状态，有效控制孕妈妈在孕期所患炎症和水肿。

钙缺乏的影响

孕妈妈钙缺乏，会对各种刺激变得敏感，情绪容易激动，烦躁不安，易患骨质疏松症，进而导致软骨症，使骨盆变形，造成难产，而且对胎儿有一定的影响：如智力发育不良，新生儿体重过轻，颅骨钙化不好，前囟门长时间不能闭合，还易患先天性佝偻病。

建议摄取量

怀孕前、孕早期建议每日补充800毫克钙，孕中期1000毫克，孕晚期1500毫克。每日饮用200~300毫升牛奶或其他奶类，膳食不足的孕妈妈可补充钙制剂。

16 铁——预防缺铁性贫血

铁元素是构成人体的必不可少的元素之一。其在人体内含量很少，主要和血液有关系，负责氧的运输和储存。它三分之二在血红蛋白中，是构成血红蛋白和肌红蛋白的元素。铁又是人体生成红细胞的主要材料之一。孕妈妈在妊娠期的激素作用下能增加对铁的吸收，因此，要通过饮食来适当补充体内所需的铁。从妊娠的第16周起，铁的需要量开始增加，到第6~9个月铁的需要量达到高峰。因此，在孕期应特别注意补充铁剂。

铁的功效

铁参与机体内部氧的输送和组织呼吸。准妈妈铁营养状况直接影响胎儿的发育和成长。准妈妈血红蛋白、血清铁及血铁蛋白水平与新生儿血中此三种物质的含量正相关，新生儿身长与新妈妈血清铁和血红蛋白含量亦成正相关联系。

铁缺乏的影响

铁缺乏可以影响细胞免疫力和机体系统功能，降低机体的抵抗力，使感染率增高。孕期缺铁性贫血，会导致准妈妈出现心慌气

蛋黄的含铁量较高，可为孕妈妈补血。

苹果的含锌量为水果之最，能增强孕妈妈的食欲。

短、头晕、乏力，也会导致胎儿宫内缺氧，生长发育迟缓，出生后出现智力发育障碍。

建议摄取量

孕妈妈每日应至少摄入18毫克铁。孕早期每天应至少摄入15~20毫克铁，孕晚期每天应摄入20~30毫克铁。

17 锌——生命之素

锌是人体必需的重要微量元素，被科学家称为"生命之素"，对人体的许多正常生理功能的完成起着极为重要的作用。锌是一些酶的组成要素，参与人体多种酶的活动，参与核酸和蛋白质的合成，能提高人体的免疫功能，对生殖腺功能也有着重要的影响。如果孕妈妈在孕期摄取足量的锌，分娩时就会很顺利，新生儿也非常健康。

锌的功效

锌可增强子宫有关酶的活性，促进子宫肌收缩，把胎儿驱出宫腔。锌在核酸、蛋白质的生物合成中起着重要作用。锌还参与碳水化合物和维生素A的代谢过程，还能维持胰腺、性腺、脑下垂体、消化系统和皮肤正常功能。

锌缺乏的影响

孕妈妈缺锌会使自身的免疫力降低，容易生病，且会造成味觉和嗅觉异常，食欲减退，消化和吸收不良。同时，可造成胎儿生长发育迟缓，影响胎儿大脑的发育，使体重减轻，甚至导致先天畸形。

建议摄取量

建议孕妈妈每日摄入11~16毫克的锌。

18 碘——智力元素

碘是人体必需的微量元素，是甲状腺激素合成的重要原料。碘主要是通过甲状腺素而对人体起作用，甲状腺素是人体正常生长、大脑智力发育及生理代谢中不可缺少的激素，所以碘又被称为"智力元素"。如果体内含碘量不足，将直接限制甲状腺素的分泌。

碘的功效

碘具有调节体内代谢和蛋白质、脂肪的合成与分解作用。同时，碘还可以通过合成甲状腺素来调节机体生理代谢，从而促进生长发育，维护中枢神经系统的正常结构。

碘缺乏的影响

碘缺乏可使甲状腺分泌的甲状腺素减少，降低机体能量代谢，导致异位性甲状腺肿。孕妈妈缺碘可引起胎儿早产、死胎、甲状腺发育不全，并可影响胎儿中枢神经系统发育，引起先天畸形、甲状腺肿大、克汀病、脑功能减退等。

建议摄取量

人体的碘80%～90%来源于食物。建议孕妈妈每日摄入16.5克碘。

19 铜——造血助手

铜是人体健康不可缺少的微量营养素，广泛分布于生物组织中，大部分以有机复合物存在，很多是金属蛋白，以酶的形式起着功能作用。铜是人体饮食结构中必不可少的组成部分，它在人的很多生理过程中起着重要的作用，尤其是在人的快速生长和发育时期。胎儿是通过母体的胎盘来吸收铜，这对于子宫里胎儿的生长和发育是必要的，在胎儿出生前的3个月更为重要，所以，孕妈妈要补充足够的铜。

铜的功效

铜为体内多种重要酶系的成分，能够促进铁的吸收和利用，预防贫血；能够维持中枢神经系统的功能，促进大脑发育。而且对于血液、头发、皮肤和骨骼组织以及肝、心等内脏的发育和功能有重要作用。

铜缺乏的影响

孕妈妈缺铜可影响胚胎的正常分化及胎儿的发育，导致先天性畸形，表现为胎儿的大脑萎缩、大脑皮层变薄、心血管异常、大脑血管弯曲扩张、血管壁及弹力层变薄，并可导致孕妈妈羊膜变薄而发生胎膜早破、流产、死胎、低体重儿、发育不良等各种异常现象。

建议摄取量

孕妈妈要保证均衡营养，每日应摄入2毫克的铜。

20 硒——"抗癌之王"

硒为人体必需的微量元素，是一种比较稀有的准金属元素，被称为"抗癌之王"。目前，天然食品中硒含量很少，目前的硒产品大多为含有有机硒的各种制品。孕期硒可以降低孕妈妈血压，消除水肿，改善血管不良症状，防治妊娠高血压病，所以，孕妈妈要摄入足量的硒。

硒的功效

硒能清除体内自由基，排除体内毒素，抗氧化，有效抑制过氧化脂质的产生，防止血凝块，清除胆固醇，增强人体免疫功能。同时，还有促进糖分代谢、降血糖，提高视力、防止白内障，预防心脑血管疾病，护肝，防癌等作用。

硒缺乏的影响

孕妈妈缺硒可引发克山病，诱发肝坏死和心血管疾病，还容易发生早产。严重缺硒时，还可发生先兆子痫，导致胎儿畸形。

建议摄取量

人体对硒的需求量很少，孕妈妈每日只需摄入50~200微克硒。

食物中含有的硒元素，可降压消肿，防治妊高征。

第二章

备孕期
吃什么，禁什么

要想顺利地受孕、优生，打好遗传基础，进行适合个人情况、有计划的孕前准备是必不可少的。就像播种粮食前，先要翻整土地、施基肥一样，夫妻双方应该做好各方面的准备，尤其是营养准备。那么，在备孕期，备孕夫妻要做什么样的营养准备呢？备孕夫妻能吃什么？不能吃什么？本章将为您一一解答。

备孕期的营养准备

◎胎儿的健康与备孕父母孕前营养储备的多少有很大关系。备孕爸爸妈妈在孕前都要注意补充营养,这对优生大有裨益。

1 营养计划提前3个月开始

怀孕是一个特殊的生理过程。备孕妈妈拥有良好的营养状况,才有可能给胎儿提供发育的温床。怀孕后,母体除了要提供自身机体代谢和消耗所需的营养物质外,还要满足胎儿生长发育需要,并为产后哺乳做好储备。如果准妈妈营养不良,在妊娠过程中,会遇到一些不同程度的功能或病理性的问题,而且还可能会导致新生儿体重过轻,智力欠缺,甚至造成早产、胎儿畸形或死胎。另外,备孕爸爸也需有良好的营养状况。因为,只有保证良好的营养状况,备孕爸爸才能够有数量足够、充满活力、正常健壮的精子。如果营养不良,产生的精子就可能数量少,活力差,畸形率高。如果营养很差,还可能导致不育症。因此,从怀孕前3个月开始,备孕爸爸和备孕妈妈就应该进行合理的营养储备。

2 孕前3个月补充叶酸

叶酸是一种水溶性B族维生素,是促进胎儿神经系统和大脑发育的重要物质。备孕妈妈补充叶酸可以有效防止胎儿神经管畸形,还可降低眼、口唇、腭、胃肠道、心血管、骨骼等的畸形率。

为了让宝宝健康发育,备孕妈妈应该在受孕前3个月开始补充叶酸,直至妊娠结束。备孕妈妈平时可食用一些富含叶酸的食物,如小白菜、生菜、龙须菜、香蕉等,也可以在医生指导下口服叶酸增补剂。

除了备孕妈妈要补充叶酸,备孕爸爸补充叶酸也很重要。如果孕前备孕爸爸缺乏叶酸,会导致精液浓度降低,精子活力

补充叶酸必须从怀孕前3个月开始,以使女性体内的叶酸维持在一定的水平,保证胚胎早期叶酸营养正常。

减弱，而且精液中携带的染色体数量也会发生异常。

当然，有的胎儿不知不觉就来了，备孕妈妈没来得及提前补充叶酸也不要太担心。因为备孕爸爸和备孕妈妈都很健康，从知道怀孕的那一刻起开始补充叶酸，一样有利于胎儿的生长发育。

3 备孕妈妈适量服用维生素

维生素是维持人体正常功能不可缺少的营养素，与肌体代谢有密切关系，并对肌体有重要的调节作用。人体对维生素的需要量虽然微乎其微，但作用却很大。当体内维生素供给不足时，能引起身体新陈代谢的障碍，从而造成皮肤功能的障碍。

维生素与优生有密切关系。想要怀孕的女性应该在饮食方面注意合理营养和膳食平衡，以保证各种营养素包括维生素的足够供应。据英国列斯大学研究发现，每天服用维生素的女性，怀孕的机会较没有服用的高40%。这是由于维生素能为卵子提供养分，促进卵子受精，而且维生素C和维生素E均有抗氧化的作用，能有效清除体内的毒素，催生胶原蛋白，加速健康组织的生长。

不过，医生提醒，过量服用维生素也可引发不良和毒害反应，所以服用维生素制剂应做到适当、合理、平衡，为将来胎儿的正常健康发育打下营养基础。此外，备孕妈妈还可以通过均衡的饮食摄取必需的维生素。

4 备孕妈妈先排毒再怀孕

很多备孕妈妈想在最佳受孕季节孕育一个小宝宝，以为吃得胖胖的就更健康。其实，大吃大喝很容易造成食物中的毒素在体内积聚，对人体健康造成伤害。而且人体每天都会通过呼吸、皮肤接触等方式从外界接受有毒物质，天长日久，毒素在机体内蓄积，就会对健康造成危害。所以，在准备怀孕之前，应该先考虑如何把身体里的毒素尽可能地排出体外。

能帮助人体排出毒素的食物主要有以下几种：

动物血：猪、鸡、鸭等动物血液中的血红蛋白被胃液分解后，可与侵入人体的烟尘和重金属发生反应，提高淋巴细胞的吞噬功能，具有排毒的作用。

蔬果汁：新鲜蔬果汁所含的生物活性

备孕妈妈在准备怀孕前，可以通过调整饮食进行排毒。

物质能阻断亚硝酸胺对机体的危害，还能调节血液的酸碱度，有利于防病排毒。

海藻类：海带、紫菜等所含的胶质能促使体内的放射性物质随大便排出体外，故可减少放射性疾病的发生。

韭菜：韭菜富含挥发油、纤维素等成分，粗纤维可助吸烟饮酒者排出毒物。

豆芽：豆芽含多种维生素，能清除体内致畸物质，促进性激素生成。

5 让备孕妈妈远离贫血

备孕妈妈预备怀孕时，要先去进行一下体检，查看自己是否贫血。假如血红蛋白低于110克/升，则属于缺铁性贫血。除了积极查清贫血原因和贫血程度外，还应向医生咨询，以便正确处理，避免怀孕后贫血加重，影响胎儿的生长发育，甚至危及母婴健康。

食补是纠正贫血最安全且有效的方法。在饮食上，应多吃瘦肉、家禽、动物肝及动物血（鸭血、猪血）、蛋类、绿色蔬菜、葡萄干及豆制品等食物，这些食物

备孕妈妈可以食用含铁丰富的食物，如动物血，避免怀孕后贫血加重。

铁含量高，而且易被人体吸收。同时要多吃蔬菜和水果，因其中所含的维生素C可促进铁的吸收。

6 备孕妈妈备孕时可多吃暖宫药膳

暖宫药膳有调经养血、温暖子宫等功效，可以起到抗炎修复、科学调理子宫环境、保护身体健康、增强生育能力的作用，特别适用于患有人流后的子宫损伤、妇科炎症、宫寒不孕等疾病的女性的辅助治疗。

（1）温补鹌鹑汤

材料：鹌鹑2只，菟丝子、川芎各15克，艾叶30克

做法：将菟丝子、艾叶和川芎清洗干净后一起放入锅中，加清水煎汁；去渣取汁，将鹌鹑与药汁一同放入盅中，隔水炖熟即可。

功效：可温肾固冲，适用于妇女宫寒、体质虚损者。

（2）艾叶生姜蛋

材料：艾叶10克，生姜片15克，鸡蛋一个

做法：将清洗干净的艾叶与生姜片加水煎汁，去渣取汁，打入鸡蛋，煮熟即可。

功效：每日1次，治疗宫寒。经期冒雨、受寒或贪食生冷后宜食用此药膳，以免引起寒凝胞宫，经血运行不畅而导致的宫寒。

（3）红糖生姜汤

材料：红糖250克，生姜末150克

做法：将红糖与姜末拌匀放入盅中，

隔水蒸30分钟后即成。

功效：将成品分成7份，从月经干净后的第2天开始用开水冲服，宜早上空腹服用，连服7天。服药期间禁止同房，此方有助于蓄积体内热能，温煦阳气，治疗宫寒。

7 备孕爸爸储备营养，提高受孕率

蔬菜瓜果中的营养物质是男性生殖、生理活动必需的，如果男性身体中长期缺乏蔬果中的各类维生素，就可能有碍于性腺的正常发育和精子的生成，从而使精子数量减少或影响精子的正常活动能力，严重的有可能导致不育。

研究表明：如果男性体内维生素A严重不足，容易使精子受损，还会削弱精子的活动能力；即使受孕，也容易导致胎儿畸形或死胎。而一旦缺乏B族维生素（包括泛酸），则会影响男性的睾丸健康，降低男性的生殖能力。

当叶酸在男性体内呈现不足时，会降低男性精液浓度，减弱精子的活动能力，使受孕困难。

蛋白质是生成精子的重要原料，充足而优质的蛋白质可以提高精子的数量和质量。富含优质蛋白质的食物包括牡蛎、深海虾等，这些海产品不仅污染程度低，其中的DHA、EPA等营养元素还能促进大脑发育和增进体质。此外，各种瘦肉、动物肝脏、乳类、蛋类也是优质的蛋白质食品。

人体内的矿物质和微量元素对男性的生育力也有重要影响。如锌、锰、硒等元素参与了男性睾酮的合成和运载活动，同时有助于提升精子的活动能力及提高受精成功率。因此，准备生宝宝的男性，应多摄入一些含矿物质和微量元素的食物。

在绿叶蔬菜、虾、鳝鱼等食物中叶酸、精氨酸含量较高，有利于增加男性的精子量，从而促进生殖功能的增加。

8 备孕时最好少在外面就餐

外面餐厅的食物虽然美味可口，但往往脂肪和糖的含量过高，而维生素和矿物质不足，烹制时盐分、食用油、味精常使用过多。如果经常在外就餐，人体所需要的各种营养比例容易失衡，难免会引起身体的不适，同时对怀孕不利。而且长期在外吃快餐，还容易出现咽痛、口臭、口腔溃疡、牙痛、烦躁等症状。所以，从准备怀孕开始，备孕爸妈就应该尽量减少出外就餐的次数，多在家烹制营养丰富的饭菜。

[备孕期 吃 什么？]

大白菜
DA BAI CAI
【蔬菜菌菇类】

【适用量】每次100克为宜。
【热量】81千卡/100克。
【性味归经】性平，味苦、辛、甘。归肠、胃经。

[别 名] 白菜、黄芽菜、菘

【主打营养素】
维生素、膳食纤维、锌
◎大白菜富含多种维生素、膳食纤维，不仅能增进食欲，帮助消化，还能增强人体抗病能力。此外，大白菜中富含的锌还有造血功能，非常适合备孕爸妈食用。

◎食疗功效

大白菜是营养极为丰富的蔬菜，具有通利肠胃、清热解毒、止咳化痰、利尿养胃的功效。常食用可以增强人体抵抗力和降低胆固醇，对伤口难愈、牙齿出血有防治作用，还有预防心血管的作用。大白菜适合脾胃气虚者、大小便不利者、维生素缺乏者及备孕男女食用。

◎选购保存

应选购包得紧实、新鲜、无虫害的大白菜为宜。若温度在0℃以上，保存时可在大白菜叶上套上塑料袋，口不用扎，根朝下戳在地上即可。

营养成分表

营养素	含量（每100克）
脂肪	0.10克
蛋白质	1.50克
碳水化合物	3.20克
膳食纤维	0.80克
维生素A	20微克
维生素B_1	0.04毫克
维生素B_2	0.05毫克
维生素C	31毫克
维生素E	0.76毫克
钙	50毫克
铁	0.70毫克
锌	0.38毫克
硒	0.49微克

◎搭配宜忌

搭配		功效
大白菜+猪肉		可补充营养、通便
大白菜+辣椒		可促进消化
大白菜+羊肝		会破坏维生素C
大白菜+鳝鱼		会引起中毒

温馨提示

腐烂的大白菜中含有亚硝酸盐等毒素，食后可使人体严重缺氧甚至有生命危险。由于多种原因，孕产妇体内的毒素和代谢废物很难排出体外，所以孕产妇也可以经常吃些大白菜，可以促进机体新陈代谢，对母体和胎儿都有好处。

[备孕期 吃 什么？]

备孕期案例 1　枸杞大白菜

|原料| 大白菜500克，枸杞子20克

|调料| 盐3克，鸡精3克，上汤适量，水淀粉15克

|做法| ❶将大白菜清洗干净切片；枸杞子入清水中浸泡后清洗干净。❷锅中倒入上汤煮开，放入大白菜煮至软，捞出放入盘中。❸汤中放入枸杞子，加盐、鸡精调味，用水淀粉勾芡，浇淋在大白菜上即可。

|专家点评| 大白菜在人体内能参与糖类代谢，不仅能改善胃肠道功能，改善血糖生成反应，增加粪便的体积，让排便的频率更快，还有助于提高人体免疫力，防止皮肤干燥，促进骨骼生长等多方面的功能。其次，大白菜中含有的膳食纤维较多，还可以预防结肠癌。同时，枸杞叶富含多种维生素，其抗氧化能力指数很高。此外，将大白菜搭配枸杞一起炒制，具有高营养、色香味全、清新爽口的特点，非常适合备孕女性食用。

烹饪常识

大白菜等蔬菜要先洗后切，不要切碎了再洗。大白菜炒熟后隔夜放置，亚硝酸盐含量会急剧增加，不宜食用。

备孕期案例 2　大白菜粉丝盐煎肉

|原料| 大白菜、五花肉各200克，粉丝50克

|调料| 盐5克，酱油10毫升，葱花8克

|做法| ❶将大白菜清洗干净，切大块；粉丝用温水泡软；五花肉清洗干净，切片，用盐腌10分钟。❷油锅烧热，爆香葱花，下猪肉炒变色，下大白菜炒匀。❸加入粉丝和开水，以开水没过菜为宜，加酱油、盐炒匀，大火烧开，中小火焖至汤汁浓稠即可。

|专家点评| 肥瘦适当的五花肉层层肥瘦相间，口感恰到好处。其含有丰富的优质蛋白质和必需的脂肪酸，并提供血红素（有机铁）和促进铁吸收的半胱氨酸，能改善缺铁性贫血症状。大白菜富含维生素C、维生素E，多吃大白菜，可以起到很好的护肤和养颜效果。此菜醇香有营养，是备孕爸妈不错的选择。

烹饪常识

粉丝泡好后，最好用剪刀剪短，这样吃起来既方便，口感也好。

[备孕期 吃 什么？]

小白菜

XIAO BAI CAI

【蔬菜菌菇类】

[别 名] 不结球白菜、青菜

【适用量】每次100克为宜。

【热量】15千卡/100克。

【性味归经】性凉，味甘。归肺、胃大肠经。

【主打营养素】
维生素C、叶酸、膳食纤维、钙

◎小白菜富含维生素C、膳食纤维，能通肠利胃，促进肠管蠕动，保持大便通畅，而且其中还含有丰富的叶酸和钙，充足的叶酸能避免胎儿神经管畸形，钙可以强化母体的牙齿及骨骼。

◎食疗功效

小白菜能促进骨骼的发育，加速人体的新陈代谢和增加机体的造血功能。而且小白菜还具有清热除烦、行气祛淤、消肿散结、通利肠胃等功效，对口渴、身热、胸闷、心烦、食少便秘、腹胀等症有食疗作用。一般人都可以食用小白菜，特别适合补充叶酸的备孕妈妈食用。

◎选购保存

选购小白菜时以外表青翠、叶片完整的为佳，叶片萎烂、枯黄的则不宜选购。保存时可先将小白菜清洗干净，然后用保鲜膜封好置于冰箱中，可保存1周左右。

营养成分表

营养素	含量（每100克）
蛋白质	2.70克
脂肪	0.30克
碳水化合物	3.20克
膳食纤维	1.10克
维生素A	280微克
维生素B_1	0.02毫克
维生素C	28毫克
维生素E	0.76毫克
叶酸	43.60微克
钙	90毫克
铁	1.90毫克
锌	0.51毫克
硒	1.17微克

◎搭配宜忌

小白菜+虾皮 ✓ 可使营养更加全面
小白菜+猪肉   可促进儿童成长

小白菜+兔肉 ✗ 会引起腹泻和呕吐
小白菜+醋   会引起营养流失

温馨提示

小白菜不宜生食，食用前应先用水焯一下。因小白菜营养丰富，又富含孕妈妈所需的维生素、叶酸等营养素，所以，除了备孕期可以食用，孕期及产褥期也可以食用，可以促进消化，预防便秘。

[备孕期 吃 什么？]

备孕期案例 1 滑子菇扒小白菜

原料 小白菜350克，滑子菇150克，枸杞20克

调料 盐3克，鸡精1克，蚝油、水淀粉各20毫升

做法 ❶ 将小白菜清洗干净，切段，入沸水锅中汆水至熟，装盘中备用；滑子菇清洗干净；枸杞清洗干净。❷ 炒锅注油烧热，放入滑子菇滑炒至熟，加少许高汤煮沸，加入枸杞，加盐、鸡精、蚝油调味，用水淀粉勾芡。❸ 起锅倒在小白菜上即可。

专家点评 这道菜味道鲜美，营养丰富，对保持人体的精力和脑力大有益处。小白菜有"和中，利于大小肠"的作用，能健脾利尿、促进吸收。滑子菇含有粗蛋白、脂肪、碳水化合物、粗纤维、钙、磷、铁、维生素B、维生素C、烟酸和人体所必需的其他各种氨基酸，对人体尤其是备孕男女非常有益。

烹饪常识

小白菜汆水的时间过长，容易变黄。最后加入香菇，此菜味道会更好。

备孕期案例 2 芝麻炒小白菜

原料 小白菜500克，白芝麻15克

调料 姜丝10克，盐5克

做法 ❶ 放少许白芝麻到锅里，锅热了转小火，不断地炒芝麻，等到它的香味出来时盛盘。❷ 小白菜清洗干净，锅加油烧热，放姜丝炝锅，再放入小白菜，猛火快炒，然后放盐调味，等菜熟时把刚才准备好的白芝麻放下去，再翻炒两下即可出锅。

专家点评 这道菜中的小白菜含有大量的粗纤维和维生素C，有助于促进肠蠕动，预防便秘，增强抵抗力，搭配富含蛋白质、铁、钙、磷、维生素A、维生素D、维生素E、亚油酸、卵磷脂、芝麻素、芝麻酚等营养素的芝麻食用，具有强壮身体、补脑、抗氧化的功效，是备孕男女的不错选择。

烹饪常识

小白菜下锅后要用旺火快炒，以免出水，且炒制的时间不宜过长，否则口感不佳，而且营养也会流失。

[备孕期 吃 什么？]

菠菜
BO CAI

【蔬菜菌菇类】

[别 名] 赤根菜、波斯菜

【适用量】每次80克为宜。

【热量】24千卡/100克。

【性味归经】性凉，味甘、辛。归大肠、胃经。

【主打营养素】

膳食纤维、叶酸、铁

◎菠菜富含膳食纤维，能清除胃肠道有害毒素，加速胃肠蠕动，帮助消化、预防便秘；菠菜中还富含叶酸，这是备孕爸妈必须补充的营养素。此外，菠菜中所含的铁，有预防缺铁性贫血的作用。

◎食疗功效

菠菜具有促进肠道蠕动的作用，利于排便，对于痔疮、慢性胰腺炎、便秘、肛裂等病症有食疗作用，能促进生长发育，增强抗病能力，促进人体新陈代谢，延缓衰老。菠菜适合备孕妈妈预防贫血食用，也适合便秘者、皮肤粗糙者、过敏者食用。

◎选购保存

选购菠菜时，以粗壮、叶大、色翠绿、无烂叶和萎叶、无虫害和农药痕迹的为佳。利用沾湿的报纸来包装菠菜，再用塑胶袋包装之后放入冰箱冷藏，可保鲜两三天。

营养成分表

营养素	含量（每100克）
蛋白质	2.60克
脂肪	0.30克
碳水化合物	4.50克
膳食纤维	1.70克
维生素A	487微克
维生素B_1	0.04毫克
维生素B_2	0.11毫克
维生素C	32毫克
维生素E	1.74毫克
叶酸	110微克
钙	66毫克
铁	2.90毫克
硒	0.97微克

温馨提示

菠菜含有草酸，而草酸与钙结合易形成草酸钙，它会影响备孕妈妈对钙的吸收，因此，菠菜不能与含钙丰富的豆类、豆制品类以及木耳、虾米、海带、紫菜等食物同食烧，要尽可能与蔬菜、水果等碱性食品同食，可使草酸钙溶解排除，防止结石。

◎搭配宜忌

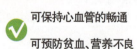

菠菜+胡萝卜	✓	可保持心血管的畅通
菠菜+鸡蛋		可预防贫血、营养不良
菠菜+大豆	✗	会损害牙齿
菠菜+鳝鱼		会导致腹泻

[备孕期 吃 什么？]

备孕期案例 1 芝麻花生仁拌菠菜

|原料| 菠菜400克，花生仁150克，白芝麻50克

|调料| 醋、香油各15毫升，盐4克，鸡精2克

|做法| ①将菠菜清洗干净，切段，焯水捞出装盘待用；花生仁清洗干净，入油锅炸熟；白芝麻炒香。②将菠菜、花生仁、白芝麻搅拌均匀，再加入醋、香油、盐和鸡精充分搅拌入味。

|专家点评| 这道菜有补血养颜、防癌抗癌、通便滑肠的作用。菠菜中含有大量的植物粗纤维，有润肠排便的作用，而含有的胡萝卜素、维生素E、微量元素等，有促进人体新陈代谢、调节血糖的作用。花生中含有丰富的卵磷脂，可降低胆固醇、防治高血压和冠心病，并且还含有维生素E和锌，能增强记忆、抗老化、滋润皮肤，是孕妈妈补充营养的佳品。

烹饪常识

花生仁炸熟之后，不要将其红衣去掉，因为花生仁的红衣有补血的功效，能预防备孕妈妈贫血。此菜加入松子、玉米粒拌匀，味道也很好。

备孕期案例 2 上汤菠菜

|原料| 菠菜500克，咸蛋、皮蛋、鸡蛋各1个，三花淡奶50克

|调料| 盐5克，蒜6粒

|做法| ①菠菜清洗干净，入盐水中焯烫，装盘；咸蛋、皮蛋各切成丁状；蒜洗净。②锅中放100克水，倒入咸蛋、皮蛋、蒜、盐下锅煮开，再加三花淡奶煮沸，后下鸡蛋清煮匀即成美味的上汤。③将上汤倒于菠菜上即可。

|专家点评| 这道菜清新爽口，是备孕妈妈的较佳的菜品选择之一。因为菠菜中含有丰富的维生素C、胡萝卜素及铁、钙、磷等矿物质，可帮助备孕妈妈预防缺铁性贫血，还可以增强备孕妈妈的身体素质，同时，菠菜中含有丰富的叶酸，是孕前补充叶酸的佳品，有益于日后胎儿健康发育。

烹饪常识

菠菜焯水至七成熟即可，即水开后倒下去即可起锅。皮蛋蒸一下之后会更容易切，如果不蒸的话，也可以用线来切。

[备孕期 吃 什么？]

油菜
YOU CAI
【蔬菜菌菇类】
[别 名] 油菜、小棠菜

【适用量】每次150克为宜。
【热量】23千卡/100克。
【性味归经】性温，味辛。归肝、肺、脾经。

【主打营养素】
钙、维生素C、纤维素
◎油菜是众多含钙质蔬菜中的佼佼者，具有强健身体、保持身体的骨密度，使备孕男性精力旺盛；油菜中富含的维生素C，可减少精子受损的危险；而含有的纤维素，能促进肠道蠕动，防治便秘。

◎食疗功效

油菜具有活血化淤、消肿解毒、促进血液循环、润便利肠、美容养颜、强身健体的功效，对丹毒、手足疖肿、乳痈、习惯性便秘等病症有食疗作用。备孕爸妈可以放心食用。另外，患口腔溃疡、口角湿白者，齿龈出血、牙齿松动者，淤血腹痛者也适宜食用油菜。

◎选购保存

要挑选新鲜、油亮、无萎黄叶的嫩油菜，还要仔细观察菜叶的背面有无虫迹和药痕。油菜可用保鲜膜封好后置于冰箱中保存1周左右。

营养成分表

营养素	含量（每100克）
蛋白质	1.80克
脂肪	0.50克
碳水化合物	3.80克
膳食纤维	1.10克
维生素A	103微克
维生素B_1	0.04毫克
维生素B_2	0.11毫克
维生素C	36毫克
维生素E	0.88毫克
钙	108毫克
铁	1.20毫克
锌	0.33毫克
硒	0.79微克

温馨提示

吃剩的熟油菜过夜后就不要再吃了，以免造成亚硝酸盐沉积，引发癌症。油菜有促进血液循环、散血消肿的作用，孕妇产后淤血腹痛、丹毒、肿痛脓疮可通过食用油菜来辅助治疗。所以，除了孕前可以食用，产后新妈妈也可以食用油菜。

◎搭配宜忌

油菜+虾仁 / 油菜+豆腐 ✓	增加钙吸收，补肾壮阳 / 可止咳平喘，增强机体免疫力
油菜+黄瓜 / 油菜+南瓜 ✗	会破坏维生素C / 会降低营养

[备孕期 吃 什么？]

备孕期案例 1　白果炒油菜

|原料| 小油菜400克，白果100克

|调料| 盐3克，鸡精1克，水淀粉适量

|做法| ①将小油菜清洗干净，对半剖开；白果清洗干净，入沸水锅中氽水，捞起沥干，备用。②炒锅注油烧热，放入小油菜略炒，再加入白果翻炒。③加少量水烧开，待水烧干时，加盐和鸡精调味，用水淀粉勾芡即可。

|专家点评| 这道菜脆软清爽，可以改善备孕妈妈的胃口。油菜和白果营养丰富，都是健康食物，能增强身体免疫力，改善大脑功能，提高记忆力，将备孕妈妈的身体调整至最佳状态。而且经常食用白果，可以滋阴养颜，扩张微血管，促进血液循环，使人肌肤、面部红润，精神焕发。

> **烹饪常识**
> 食用油菜时要现做现切，并用旺火爆炒，这样既可保持菜品鲜脆，又可使其营养成分不被破坏。

备孕期案例 2　油菜炒虾仁

|原料| 虾仁30克，油菜100克

|调料| 葱、姜、盐、花生油各少许

|做法| ①将油菜清洗干净后切成段，用沸水焯一下，备用。②将虾仁清洗干净，除去虾线，用水浸泡片刻，下油锅翻炒。③再下入油菜，加调味料炒熟即可。

|专家点评| 这道菜色泽碧绿，清新爽口。其中油菜富含钙、铁、维生素C和胡萝卜素，有明目、促进血液循环等功效；虾仁富含优质蛋白质、矿物质和微量元素，且肉质松软，易于消化，能够增强身体免疫力，预防缺钙，提高肌体免疫功能。因为虾为补肾壮阳的佳品，因此备孕爸爸可以经常食用。如果对虾过敏，则食用的时候要注意。

> **烹饪常识**
> 油菜烹饪时间不宜过长，以免影响口感，破坏其所含的营养。烹饪时还可以将油菜梗剖开，以便更入味。

[备孕期 吃什么？]

白萝卜
BAI LUO BO

【蔬菜菌菇类】

[别 名] 莱菔、罗菔

【适用量】每次50~100克为宜。

【热量】20千卡/100克。

【性味归经】性凉，味辛、甘。归肺、胃经。

【主打营养素】

叶酸、植物蛋白、维生素C、胡萝卜素

◎白萝卜中含有大量的植物蛋白、维生素C和叶酸，可洁净血液和皮肤，同时还能降低胆固醇，有利于血管弹性的维持。此外，其所含的胡萝卜素是所有食物之冠，有十分突出的抗菌作用，可以使人的免疫力提升2~3倍。

◎食疗功效

白萝卜能促进新陈代谢、增进食欲、化痰清热、帮助消化、化积滞，对食积胀满、痰咳失音、吐血、消渴、痢疾、头痛、排尿不利等症有食疗作用。常吃白萝卜可降低血脂、软化血管、稳定血压，还可预防冠心病、动脉硬化、胆石症等疾病，备孕男女可酌量食用。

◎选购保存

应选个体大小均匀、根形圆整、表皮光滑的白萝卜为佳。白萝卜最好能带泥存放。如果室内温度不太高，可放在阴凉通风处。

营养成分表

营养素	含量（每100克）
蛋白质	0.90克
脂肪	0.10克
碳水化合物	5.00克
膳食纤维	1.10克
维生素A	3微克
维生素B₁	0.02毫克
维生素B₂	0.03毫克
维生素C	21毫克
维生素E	0.92毫克
钙	36毫克
铁	0.50毫克
锌	0.30毫克
硒	0.61微克

◎搭配宜忌

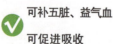

白萝卜+牛肉	✓	可补五脏、益气血
白萝卜+豆腐		可促进吸收
白萝卜+黄瓜	✗	会破坏维生素C
白萝卜+猪肝		会降低营养价值

温馨提示

白萝卜不能和人参或胡萝卜一起食用。胃肠功能不佳者及先兆流产、子宫脱垂患者不能食用白萝卜。白萝卜的营养丰富，一般来说孕产妇都可以食用，不过因其性凉，味辛，食用时注意不宜过量，特别是体质偏寒的备孕妈妈。

[备孕期 吃 什么？]

备孕期案例 1 虾米白萝卜丝

原料 虾米50克，白萝卜350克

调料 生姜1块，红椒1个，料酒10克，盐5克，鸡精2克

做法 ①将虾米泡涨，白萝卜洗净切丝；生姜洗净切丝；红椒洗净切小片待用。②炒锅置火上，加水烧开，下白萝卜丝焯水，倒入漏勺滤干水分。③炒锅上火加入色拉油，爆姜丝，下白萝卜丝、红椒片、虾米，放入调味料，炒匀出锅装盘即可。

专家点评 这道菜不仅味道爽口，而且营养丰富。虾米中富含的钙可以满足人体对钙质的需要；磷有促进骨骼、牙齿生长发育，加强人体新陈代谢的功能。白萝卜中的富含的维生素C能提高机体免疫力；芥子油能促进肠胃蠕动，可有效防止便秘，是备孕妈妈补钙的佳品。

烹饪常识

选用的红椒以甜红椒为佳。起锅前用水淀粉勾芡，色泽会更佳，味道会更好。

备孕期案例 2 脆皮白萝卜丸

原料 白萝卜300克，白菜50克，鸡蛋2个

调料 盐3克，淀粉适量

做法 ①白萝卜去皮清洗干净，切粒；白菜清洗干净，撕成片，焯水后摆盘。②将淀粉加适量清水、盐，打入鸡蛋搅成糊状，放入白萝卜粒充分混合，做成丸子。③锅下油烧热，放入白萝卜丸子炸熟装盘即可。

专家点评 这道菜鲜香脆嫩，非常美味，有养心润肺、消食化积等功效。备孕妈妈食用还可软化血管，增强免疫力，防止脂肪沉积，抑制黑色素合成。同时，白萝卜含有的木质素，能提高巨噬细胞的活力，吞噬癌细胞，具有防癌作用。此外，白萝卜中还含有丰富的锌，由于缺锌导致精子减少的备孕爸爸可以食用白萝卜得到改善。

烹饪常识

萝卜丁尽量切得大小一致，制成的丸子才更加美观。炸丸子时多加点油，口感更好。

[备孕期 吃 什么？]

花菜

HUA CAI

【蔬菜菌菇类】

[别 名] 菜花、花椰菜

【适用量】每次70克为宜。
【热量】24千卡/100克。
【性味归经】性凉，味甘。归肝、肺经。

【主打营养素】

类黄酮、维生素C

◎花菜是含有类黄酮最好的食物之一，不但对孕妇的身体有好处，还能增强胎儿的抵抗力；花菜还含有维生素C，具有抗氧化功能，能保护细胞，维护骨骼、肌肉、牙齿等的正常功能。

营养成分表

营养素	含量（每100克）
蛋白质	2.10克
脂肪	0.20克
碳水化合物	4.60克
膳食纤维	1.20克
维生素A	5微克
维生素B_1	0.03毫克
维生素B_2	0.08毫克
维生素C	61毫克
维生素E	0.43毫克
钙	23毫克
铁	1.10毫克
锌	0.38毫克
硒	0.73微克

◎搭配宜忌

- 花菜+蚝油 ✓ 可健脾开胃
- 花菜+蜂蜜 ✓ 可止咳润肺
- 花菜+猪肝 ✗ 会阻碍营养物质的吸收
- 花菜+牛奶 ✗ 会降低营养

备孕期案例 珊瑚花菜

|原料| 花菜300克，青柿子椒1个

|调料| 香油5克，白糖40克，白醋15克，盐少许

|做法| ①将花菜洗净，切成小块；青椒去蒂和籽，洗净后切小块。②将青椒和花菜放入沸水锅内烫熟，捞出，用凉水过凉，沥干水分，放入盘内。③花菜、青椒内加入盐、白糖、白醋、香油，一起拌匀即成。

|专家点评| 这道菜营养很丰富，可补肾填精、健脑壮骨，是备孕爸妈不错的选择。其中，花菜中的维生素C含量很丰富，不仅能提高女性的免疫功能，促进肝脏解毒，增强体质，还能增加抗病能力。

[备孕期 吃 什么？]

芦笋
LU SUN

【蔬菜菌菇类】

[别 名] 露笋、石刁柏、芦尖

【适用量】每次50克左右。
【热量】18千卡/100克。
【性味归经】性凉，味苦、甘。归肺经。

【主打营养素】

叶酸、碳水化合物、硒
◎芦笋中所含的叶酸，是备孕妈妈及孕妈妈补充叶酸的重要来源。芦笋中碳水化合物的含量也很高，可为人体提供能量。而芦笋中所含的硒，可降低孕妈妈血压、消除水肿。

营养成分表

营养素	含量（每100克）
蛋白质	1.40克
脂肪	0.10克
碳水化合物	4.90克
膳食纤维	1.90克
维生素A	17微克
维生素B_1	0.04毫克
维生素B_2	0.05毫克
维生素C	45毫克
叶酸	1.09毫克
钙	10毫克
铁	1.40毫克
锌	0.41毫克
硒	0.21微克

◎搭配宜忌

芦笋+黄花菜 ✓ 可养血、止血、除烦
芦笋+冬瓜 可降压降脂

芦笋+羊肉 ✗ 会导致腹痛
芦笋+羊肝 会降低营养价值

备孕期案例 什锦芦笋

|原料| 无花果、百合各100克，芦笋、冬瓜各200克

|调料| 香油、盐、味精各适量

|做法| ①将芦笋洗净切斜段，下入开水锅内焯熟，捞出控水备用。②鲜百合洗净掰片；冬瓜洗净切片；无花果洗净。③油锅烧热，放芦笋、冬瓜煸炒，下入百合、无花果炒片刻，下盐、味精，淋香油装盘即可。

|专家点评| 芦笋所含蛋白质、碳水化合物、多种维生素和微量元素的质量优于普通蔬菜，经常食用，能为备孕妈妈补充必需的叶酸。将其搭配无花果、百合、冬瓜一起烹饪，不仅口味鲜美、口感丰富，而且营养搭配合理，是备孕妈妈不错的选择。

[备孕期 吃 什么？]

茄子
QIE ZI
【蔬菜菌菇类】

[别 名] 茄瓜、白茄、紫茄

【适用量】每次60~100克为宜。

【热量】21千卡/100克。

【性味归经】性凉，味甘。归脾、胃、大肠经。

【主打营养素】
维生素P、维生素E

◎茄子中所含的维生素P能增强毛细血管的弹性，防止微血管破裂出血。茄子还富含维生素E，可使男性精子活力和数量增加，使女性雌性激素浓度增高，提高生育能力，预防流产。

营养成分表

营养素	含量（每100克）
蛋白质	1.00克
脂肪	0.10克
碳水化合物	5.40克
膳食纤维	1.90克
维生素A	30微克
维生素B_1	0.03毫克
维生素B_2	0.03毫克
维生素C	7毫克
维生素E	0.20毫克
钙	55毫克
铁	0.40毫克
锌	0.16毫克
硒	0.57微克

◎搭配宜忌

茄子+猪肉 ✓ 可维持血压正常
茄子+黄豆 可通气、顺肠、润燥消肿

茄子+蟹 ✗ 伤害肠胃
茄子+墨鱼 会引起霍乱

备孕期案例：风味炒茄丁

|原料| 茄子400克，柿子椒30克，猪肉150克，青豆30克

|调料| 蒜、盐、鸡精、酱油、水淀粉各适量

|做法| ①将茄子、柿子椒均去蒂清洗干净，切丁；猪肉清洗干净，切粒；青豆清洗干净；蒜去皮清洗干净，切片。②锅下油烧热，入蒜爆香，放入猪肉略炒，再放入茄子、青豆、柿子椒一起炒，加适量盐、鸡精、酱油调味，起锅前用水淀粉勾芡，装盘即可。

|专家点评| 这道菜有增强免疫的功效，是备孕妈妈的良好选择。其中茄子中含有糖类、维生素、脂肪、蛋白质等，可以补充身体所需的营养元素。

[备孕期 吃 什么？]

南瓜
NAN GUA
【蔬菜菌菇类】

【适用量】每次约100克。
【热量】22千卡/100克。
【性味归经】性温，味甘。归脾、胃经。

[别名] 麦瓜、倭瓜、金冬瓜

【主打营养素】
维生素A、钴
◎南瓜中富含维生素A，能加快细胞分裂速度，刺激新细胞的生长。南瓜含有丰富的钴，而钴能活跃人体的新陈代谢，促进造血功能，并参与人体内维生素B_{12}的合成。

营养成分表

营养素	含量（每100克）
蛋白质	0.70克
脂肪	0.10克
碳水化合物	5.30克
膳食纤维	0.80克
维生素A	148微克
维生素B_1	0.03毫克
维生素B_2	0.40毫克
维生素C	8毫克
维生素E	0.36毫克
钙	16毫克
铁	0.40毫克
锌	0.14毫克
硒	0.46微克

◎搭配宜忌

南瓜+牛肉	✓	可补脾健胃、解毒止痛
南瓜+绿豆		可清热解毒、生津止渴
南瓜+羊肉	✗	会发生黄疸和脚气
南瓜+鲤鱼		会引起中毒

备孕期案例：红枣蒸南瓜

|原料| 老南瓜500克，红枣25克
|调料| 白糖适量
|做法| ①将老南瓜削去硬皮，去瓤后洗净切成厚薄均匀的片；红枣泡发清洗干净。
②将南瓜片装入盘中，加入白糖拌匀，摆上红枣，放入蒸锅蒸约30分钟，至南瓜熟烂即可食用。

|专家点评| 这道菜对恢复体力有促进作用。南瓜有补中益气功效，其碳水化合物及脂肪含量都不高。南瓜含有丰富的果胶，能与人体内多余的胆固醇结合，故备孕妈妈常吃南瓜有防止胆固醇过高，预防动脉硬化的功效；红枣则营养丰富，既含蛋白质、脂肪、有机酸、黏液质和钙、磷、铁等，又含有多种维生素，有健脾、益气、和中的功效。

[备孕期 吃 什么？]

黄瓜

HUANG GUA

【蔬菜菌菇类】

[别名] 胡瓜、青瓜

【适用量】每次100克左右。
【热量】15千卡/100克。
【性味归经】性凉，味甘。归肺、胃、大肠经。

【主打营养素】

纤维素、维生素B₁

◎黄瓜含有维生素B₁，对改善大脑和神经系统功能有利，有安神定志的作用。黄瓜还含有丰富的纤维素，能加强胃肠蠕动，通畅大便。

◎食疗功效

黄瓜具有除湿、利尿、降脂、镇痛、促消化的功效。尤其是黄瓜中所含的纤维素能促进肠内腐败食物排泄，而所含的丙醇、乙醇和丙醇二酸还能抑制糖类物质转化为脂肪，对肥胖者和高血压、高血脂患者及备孕妈妈有利。

◎选购保存

选购黄瓜，色泽应亮丽，若外表有刺状凸起，而且黄瓜头上顶着新鲜黄花的为最好。保存黄瓜要先将它表面的水分擦干，再放入密封保鲜袋中，封好口袋后冷藏即可。

营养成分表

营养素	含量（每100克）
蛋白质	0.80克
脂肪	0.20克
碳水化合物	2.90克
膳食纤维	0.50克
维生素A	15毫克
维生素B₁	0.02毫克
维生素B₂	0.03毫克
维生素C	9毫克
维生素E	0.49毫克
钙	24毫克
铁	0.5毫克
锌	0.18毫克
硒	0.38微克

◎搭配宜忌

黄瓜+蜂蜜	可润肠通便和清热解毒
黄瓜+醋	可开胃消食
黄瓜+西红柿	会破坏维生素C
黄瓜+花生	会导致腹泻

温馨提示

除了备孕妈妈外，孕妇可以吃黄瓜，吃了不会对胎儿造成不良的影响，但是应注意不宜过量食用。产妇在坐月子的时候也可以吃黄瓜，只是要注意不要生吃，最好炒熟或者用温水泡泡再吃。

[备孕期 什么？]

备孕期案例 1　黄瓜熘肉片

原料｜黄瓜、猪瘦肉各100克，鸡蛋1个

调料｜水淀粉30克，葱丝、青蒜段、姜末、料酒、盐、味精各适量

做法｜① 将猪瘦洗净肉切成薄片，黄瓜洗净切成片。② 将猪肉片用鸡蛋清、大半份水淀粉浆好，用剩余的水淀粉把葱丝、青蒜、姜末、味精、盐、料酒调成芡汁。③ 将锅放在火上，加入植物油，烧至四五成热时，把猪肉片放油中滑熟后，捞出沥净油，锅内留底油，把肉片入锅内，再将黄瓜放入，共同翻炒几下，放入芡汁，搅匀，出锅装盘即成。

专家点评｜黄瓜和猪肉搭配，从营养角质来看非常科学，因为猪肉为人体提供蛋白质、脂肪等必需的热量，黄瓜所含植物纤维可促进肠蠕动，有通便和排泄肠道毒素作用，是备孕妈妈补充营养的不错选择。

烹饪常识

注意滑肉片要用旺火温油，下锅后立即捞出。

备孕期案例 2　山药黄瓜煲鸭汤

原料｜鸭块300克，山药150克，黄瓜50克

调料｜花生油30克，精盐少许，味精、香油各3克，葱、姜各5克

做法｜① 将鸭块清洗干净，山药、黄瓜清洗干净切块备用。② 炒锅上火倒入花生油，将葱、姜爆香，倒入水，调入精盐、味精，下入鸭块、山药、黄瓜煲至熟，淋入香油即可。

专家点评｜鸭肉有滋阴润肺、增强脾胃的功效，可帮助消化，常被称为肉类中的第一滋补佳品；黄瓜有清热、解渴和利尿的功效；山药有很强的补阴作用，与鸭肉、黄瓜一同煲汤，不但可加强养肺效果，而且还可消除鸭肉的油腻感。此汤有清热解毒之疗效，适合备孕妈妈排毒补身食用。

烹饪常识

黄瓜尾部所含的苦味素是难得的排毒养颜成分，不要将其丢弃。

[备孕期 吃 什么？]

豇豆
JIANG DOU
【蔬菜菌菇类】

[别 名] 豆角、角豆、裙带豆

【适用量】每天食用40克左右为宜。

【热量】30千卡/100克。

【性味归经】性平，味甘。归脾、胃经。

【主打营养素】
蛋白质、维生素C

◎豇豆中含有较多易于消化吸收的优质蛋白质，对增强身体免疫力很有益。豇豆中还含有大量的维生素C，有促进抗体的合成，提高机体抗病毒的作用。

◎食疗功效

豇豆可为机体补充充足的营养元素，包括易于消化吸收的优质蛋白质、适量的碳水化合物和多种维生素、微量元素等，具有健脾养胃、理中益气、补肾、降血糖、促消化、增食欲、提高免疫力等功效。豇豆所含B族维生素能使机体保持正常的消化腺分泌和胃肠道蠕动，平衡胆碱酶活性，可帮助消化、增进食欲，适合备孕妈妈食用。

◎选购保存

在选购豇豆时，一般以豆条粗细均匀，色泽鲜艳、透明有光泽，子粒饱满的为佳。豇豆通常直接放在塑胶袋或保鲜袋中冷藏能保存5~7天。

营养成分表

营养素	含量（每100克）
蛋白质	2.70克
脂肪	0.20克
碳水化合物	5.80克
膳食纤维	1.80克
维生素A	20微克
维生素B_1	0.07毫克
维生素B_2	0.07毫克
维生素C	18毫克
维生素E	0.65毫克
钙	42毫克
铁	1.00毫克
锌	0.94毫克
硒	1.40微克

◎搭配宜忌

| 豇豆+香菇 | ✓ | 有益气补虚的作用 |
| 豇豆+虾皮 | | 可健胃补肾、理中益气 |

| 豇豆+茶 | ✗ | 会影响消化、导致便秘 |
| 豇豆+牛奶 | | 会生成有害物质 |

温馨提示

豇豆所含蛋白质易于吸收，并且含有适量的碳水化合物、维生素、微量元素，可补充机体的招牌营养素，但不宜食用太多，以免胀气。豇豆除了在备孕期可以食用，孕期及产褥期一样可以食用，但要注意不可过量。

[备孕期 吃 什么？]

备孕期案例 1　姜汁豇豆

原料 豇豆400克，老姜50克

调料 醋15毫升，盐10克，味精1克，香油10毫升，糖少许

做法 ①豇豆清洗干净，切成约5厘米长的段，待用。②将切好的豇豆入沸水中烫熟，捞起沥干水分。③将老姜切细，捣烂，用纱布包好挤汁，和调味料一起调匀，浇在豇豆上成菜，整理成型即可。

专家点评 豇豆的营养价值很高，含有蛋白质、糖类、磷、钙、铁和维生素B_1、维生素B_2及烟酸、膳食纤维等，能维持正常的消化腺分泌和胃肠道蠕动，抑制胆碱酶活性，提高机体抗病毒能力，还可帮助消化，增进食欲。这道姜汁豇豆菜，姜汁浓郁，口感清爽，有很好的健脾开胃的效果，备孕妈妈可以酌量食用。

烹饪常识

豇豆一定要选择嫩的，颜色翠绿的口感才好。烹饪前去掉豇豆上的老筋，味道会更好。

备孕期案例 2　肉末豇豆

原料 豇豆300克，瘦肉、甜红椒各50克

调料 盐5克，味精1克，姜末、蒜末各10克

做法 ①将豇豆择洗干净切碎；瘦肉清洗干净切末；甜红椒洗净切碎备用。②锅上火，油烧热，放入肉末炒香，加入甜红椒碎、姜末、蒜末一起炒出香味。③放入鲜豇豆碎，调入盐、味精，炒匀入味即可出锅。

专家点评 豇豆炒熟时，它的汁液有一种黑色浓液出现，这就是豇豆所含铁质分解出来的色素，有补血的作用。豇豆除了有健脾、和胃的作用外，最重要的是能够补肾。多吃豇豆还能治疗呕吐、打嗝等不适。瘦肉可提供人体生理活动必需的优质蛋白质、脂肪，具有滋阴润燥、益精补血的功效，非常适宜于备孕妈妈食用。

烹饪常识

瘦肉可以用老抽腌渍一会儿再炒，味道会更好。豇豆若没有熟透，可能会中毒。

[备孕期 吃什么？]

山药
SHAN YAO

【蔬菜菌菇类】

[别 名] 怀山药、淮山药、土薯

【适用量】每次摄入60~80克。

【热量】56千卡/100克。

【性味归经】性平，味甘。归肺、脾、肾经。

【主打营养素】
黏液蛋白、碳水化合物
◎山药能够给人体提供一种多糖蛋白质——黏液蛋白，具有健脾益肾、补精益气、提高免疫力的作用。山药还含有较为丰富的碳水化合物，有平衡血糖、保肝解毒的作用。

◎食疗功效

山药具有健脾补肺、益胃补肾、固肾益精、聪耳明目、助五脏、强筋骨、长志安神、延年益寿的功效，对脾胃虚弱、倦怠无力、食欲不振、久泻久痢、肺气虚燥、痰喘咳嗽、下肢痿弱、消渴尿频、遗精早泄、皮肤赤肿、肥胖等病症有食疗作用，备孕妈妈可将其作为佳品经常食用。

◎选购保存

山药要挑选表皮光滑无伤痕、薯块完整肥厚、颜色均匀有光泽、不干枯、无根须的。尚未切开的山药，可存放在阴凉通风处。如果切开了，则可盖上湿布保湿，放入冰箱冷藏室保鲜。

营养成分表

营养素	含量（每100克）
蛋白质	1.90克
脂肪	0.20克
碳水化合物	12.40克
膳食纤维	0.80克
维生素A	3微克
维生素B_1	0.05毫克
维生素B_2	0.02毫克
维生素C	5毫克
维生素E	0.24毫克
钙	16毫克
铁	0.30毫克
锌	0.27毫克
硒	0.55微克

◎搭配宜忌

山药+芝麻		可预防骨质疏松
山药+红枣		可补血养颜
山药+鲫鱼		不利于营养物质的吸收
山药+黄瓜		会降低营养价值

温馨提示

山药营养丰富，自古以来就被视为物美价廉的补虚佳品，既可作主粮，又可作蔬菜，还可以制成糖葫芦之类的小吃。孕妈妈也可以吃山药，但是不能过量。不过山药本身没什么味道，好多人喜欢蘸白糖吃，备孕妈妈最好不要蘸糖吃。

[备孕期 吃 什么？]

备孕期案例 1　山药炒虾仁

原料 山药300克，虾仁200克，芹菜、胡萝卜各100克

调料 盐3克，鸡精2克

做法 ①山药、胡萝卜均去皮清洗干净，切条状；虾仁清洗干净备用；芹菜清洗干净，切段。②锅入水烧开，分别将山药、胡萝卜焯水后，捞出沥干备用。③锅下油烧热，放入虾仁滑炒片刻，再放入山药、芹菜、胡萝卜一起炒，加盐、鸡精调味，炒熟装盘即可。

专家点评 吃山药可以帮助胃肠消化吸收，促进肠蠕动，预防和缓解便秘。将山药搭配虾仁、芹菜、胡萝卜，不仅有诱人的口味，还能为备孕妈妈提供丰富的营养。

烹饪常识

新鲜山药切开时会有黏液，极易滑刀伤手，可以先用清水加少许醋清洗，这样可减少黏液。山药切片后需立即浸泡在盐水中，以防止氧化发黑。

备孕期案例 2　山药胡萝卜炖鸡汤

原料 山药250克，胡萝卜1根，鸡腿1只

调料 盐3克

做法 ①山药削皮，清洗干净，切块；胡萝卜削皮，清洗干净；鸡腿剁块，放入沸水中汆烫，捞起，冲洗。②鸡腿肉、胡萝卜先下锅，加水至盖过材料，以大火煮开后转小火炖15分钟。③下山药后用大火煮沸，改用小火续煮10分钟，加盐调味即可。

专家点评 这道汤中含有丰富的蛋白质、碳水化合物、维生素、钙、铁、锌等多种营养素，能提高身体免疫力、预防高血压、降低胆固醇、利尿、润滑关节。此外，山药中还含有淀粉酶消化素，能分解蛋白质和糖，有减肥轻身的作用，非常适合体胖的备孕妈妈食用。

烹饪常识

削山药皮时，黏液容易黏到手上，使人感到发痒难受。如把清洗干净的山药先煮或蒸4～5分钟，待凉后再去皮，就不会那么黏了。

[备孕期 什么？]

黑木耳

HEI MU ER

【蔬菜菌菇类】

[别　名] 树耳、木蛾、黑菜

【适用量】干品每次约15克。

【热量】205千卡/100克（干黑木耳）。

【性味归经】性平，味甘。归肺、胃、肝经。

【主打营养素】

铁、钙、碳水化合物
◎黑木耳中所含的铁有补血、活血的功效，能有效预防缺铁性贫血；含有的钙有助于母体骨骼更健壮；含有的碳水化合物能为母体提供日常消耗的热量。

◎食疗功效

黑木耳具有补血气、活血、滋润、强壮、通便之功效，对痔疮、胆结石、肾结石、膀胱结石等病症有食疗作用。黑木耳还可防止血液凝固，有助于减少动脉硬化，经常食用则可预防脑溢血、心肌梗死等致命性疾病的发生，非常适宜备孕妈妈补血补气食用。

◎选购保存

干黑木耳越干越好，朵大适度，朵面乌黑但无光泽，朵背略呈灰白色，无异味，有清香气的为上品。保存干黑木耳要注意防潮，最好用塑料袋装好、封严，常温或冷藏保存均可。

营养成分表

营养素	含量（每100克）
蛋白质	12.10克
脂肪	1.50克
碳水化合物	65.60克
膳食纤维	29.90克
维生素A	17微克
维生素B_1	0.17毫克
维生素B_2	0.44毫克
维生素E	11.34毫克
钙	247毫克
铁	97.40毫克
锌	3.72毫克
硒	9.54毫克
铜	0.32毫克

◎搭配宜忌

黑木耳+银耳		可提高免疫力
黑木耳+绿豆		可降压消暑
黑木耳+田螺		不利于消化
黑木耳+茶		不利于铁的吸收

温馨提示

鲜木耳中含有一种卟啉的光感物质，食用后经太阳照射可引起皮肤瘙痒、水肿。干木耳在暴晒过程中会分解大部分卟啉，在食用前，干木耳又经水浸泡，其中含有的剩余卟啉会溶于水，因而水发木耳可安全食用。

[备孕期  什么？]

备孕期案例 1　胡萝卜烩木耳

|原料| 胡萝卜200克，木耳20克

|调料| 盐、姜片各5克，生抽、料酒各5毫升，鸡精2克，葱段10克

|做法| ①木耳用冷水泡发清洗干净；胡萝卜清洗干净，切片。②锅置火上倒油，待油烧至七成热时，放入姜片、葱段煸炒，随后放木耳稍炒一下，再放胡萝卜片，再依次放料酒、盐、生抽、糖、鸡精，炒匀即可。

|专家点评| 黑木耳营养丰富，除含有大量蛋白质、钙、铁及钾、钠、少量脂肪、粗纤维、维生素C、胡萝卜素等人体所必需的营养成分外，还含有卵磷脂、脑磷脂、鞘磷脂等。其中黑木耳的含铁量是各种食物中最高的，能养血驻颜，令人肌肤红润，容光焕发，并可防治缺铁性贫血，对于备孕妈妈调养身体非常有益。

烹饪常识

在温水中放入木耳，然后再加入两勺淀粉，之后进行搅拌。用这种方法可以去除木耳细小的杂质和残留的沙粒。

备孕期案例 2　芙蓉云耳

|原料| 水发黑木耳250克，鸡蛋4个

|调料| 盐、味精各适量

|做法| ①鸡蛋取蛋清打散，用油滑散。②黑木耳清洗干净，焯水备用。③锅留底油，下入黑木耳、鸡蛋清，加入调味料，炒匀即可。

|专家点评| 黑木耳营养价值较高，味道鲜美，蛋白质含量甚高，被称为"素中之荤"，是一种营养颇丰的食品。黑木耳既可作菜肴、甜食，还可防治糖尿病，可谓药食兼优。而且黑木耳中的胶质，还可将残留在人体消化系统内的灰尘杂质吸附聚集，排出体外，起清涤肠胃的作用，有助于备孕妈妈排毒。同时，黑木耳含有抗肿瘤活性物质，能增强机体免疫力，经常食用可防癌抗癌。

烹饪常识

黑木耳泡发后仍然紧缩在一起的部分不宜食用。黑木耳用盐搓一下，可以杀死寄生虫。

[备孕期 吃 什么？]

猪肝

ZHU GAN

【肉禽蛋类】

[别 名] 血肝

【适用量】每天50克为宜。
【热量】129千卡/100克。
【性味归经】性温，味甘、苦。归肝经。

【主打营养素】

铁、维生素A

◎ 猪肝中含有丰富的铁，是天然的补血妙品，可预防缺铁性贫血。猪肝还含有非常丰富的维生素A，可促进机体生长及骨骼发育，维持人的正常视力。

◎食疗功效

常食用猪肝可预防眼睛干涩、疲劳，调节和改善贫血病人造血系统的生理功能，还能帮助去除机体中的一些有毒成分。猪肝中含有一般肉类食品中缺乏的维生素C和微量元素硒，能增强人体的免疫力、抗氧化、防衰老，并能抑制肿瘤细胞的产生，备妈妈可酌量进食。

◎选购保存

新鲜的猪肝呈褐色或紫色，用手按压坚实有弹性，有光泽，无腥臭异味，宜选购。切好的肝一时吃不完，可用豆油将其涂抹搅拌，然后放入冰箱内，会延长保鲜期。

营养成分表

营养素	含量（每100克）
蛋白质	19.30克
脂肪	3.50克
碳水化合物	5.00克
维生素A	4927微克
维生素B_1	0.21毫克
维生素B_2	2.08毫克
维生素C	20毫克
维生素E	0.86毫克
钙	6毫克
铁	22.6毫克
锌	5.78毫克
硒	19.21微克
铜	0.65毫克

温馨提示

猪肝中含有较高的胆固醇，食用后会使血液中胆固醇含量升高，加重脂质代谢紊乱。另外，猪肝中还含有丰富的磷、钾，会加重孕产妇肾脏的负担，因此不建议孕产妇食用。如果出于补铁的需要，可适量食用猪肝。

◎搭配宜忌

猪肝+松子 猪肝+油菜	✓	可促进营养物质的吸收 可增强免疫力
猪肝+花菜 猪肝+鲫鱼		会降低铜、铁的吸收 会引起中毒

[备孕期 吃 什么？]

备孕期案例 1　胡萝卜炒猪肝

|原料| 猪肝250克，胡萝卜150克

|调料| 淀粉20克，盐2克，味精1克，葱姜末、料酒各适量

|做法| ①胡萝卜、猪肝均清洗干净，切成薄片，猪肝片加盐、味精、水淀粉拌匀。②锅中倒入清水，烧至八成开时，放入浆好的猪肝片，滑至七成熟时捞出沥水。③锅内加油烧热，葱姜末爆香，加胡萝卜略炒，倒入猪肝，加料酒、盐、味精快速翻炒至熟。

|专家点评| 这是孕前的一款好食谱，采用猪肝和胡萝卜一同做菜，使营养互补，更加全面，有抗贫血、保护视力的食疗作用。猪肝富含维生素A和微量元素铁、锌、铜等，不仅鲜嫩可口，它还是最理想的补血佳品之一。胡萝卜含富胡萝卜素等，有维护眼睛和皮肤的健康等作用。

烹饪常识
烹饪时猪肝不宜炒得太嫩，否则有毒物质就会残留在其中，可能诱发癌症、白血病。

备孕期案例 2　西红柿猪肝汤

|原料| 西红柿、鸡蛋各1个，猪肝150克，金针菇50克

|调料| 盐5克，酱油5毫升，味精3克，鸡精2克

|做法| ①猪肝清洗干净切片；西红柿入沸水中稍烫，去皮、切块；金针菇清洗干净；鸡蛋打散。②将切好的猪肝入沸水中汆去血水。③锅上火，加油，加入适量清水，下入猪肝、金针菇、西红柿和其余用料一起煮10分钟，淋入蛋液，搅拌即可。

|专家点评| 猪肝含有大量人体需要的维生素A和维生素D，以及钙、磷，还含有丰富的铁质，有助于补血及预防缺铁性贫血，让备孕妈妈更健康。搭配酸酸甜甜的西红柿，其含有的维生素C和番茄红素，不仅能增强备孕妈妈体质，而且非常开胃。

烹饪常识
肝是体内最大的毒物中转站和解毒器官，烹饪前应把猪肝放在自来水龙头下冲洗10分钟，然后放在水中浸泡30分钟。

[备孕期 吃 什么？]

猪血

ZHU XUE

【肉禽蛋类】

[别 名] 液体肉、血豆腐

【适用量】每天约50克为宜。
【热量】55千卡/100克。
【性味归经】性平，味咸。无毒。归肝、脾经。

【主打营养素】

铁、维生素K

◎猪血中所含的铁，易为人体吸收利用，可以防治缺铁性贫血。猪血中还含有丰富的维生素K，能促使血液凝固，有止血作用，备孕妈妈补充充足的维生素K可预防流产。

◎食疗功效

猪血含有人体容易吸收的血红素铁，对人的健康有较大帮助。猪血中的矿物元素对延缓肿瘤生长有食疗作用。常食猪血能延缓机体衰老，提高免疫功能，清除人体新陈代谢所产生的"垃圾"，对备孕妈妈调养身体非常有益。

◎选购保存

猪血正常的颜色应该是暗红色，太黑或者太红的都不正常。选购猪血的时候可以看看颜色，再闻闻味道，若有点血腥味，这是正常的。除此之外，还可以摸一摸猪血，一般来说猪血制作时若放石膏，会有点硬。猪血宜放在冰箱冷冻保存。

营养成分表

营养素	含量（每100克）
蛋白质	12.20克
脂肪	0.30克
碳水化合物	0.90克
维生素A	12微克
维生素B_1	0.03毫克
维生素B_2	0.04毫克
维生素E	0.02毫克
维生素K	90微克
钙	4毫克
铁	8.70毫克
锌	0.28毫克
硒	7.94微克
铜	0.10毫克

◎搭配宜忌

猪血+菠菜	✓	可润肠通便
猪血+葱		可生血、止血
猪血+大豆	✗	会引起消化不良
猪血+海带		会导致便秘

温馨提示

猪血素有"液态肉"之称，是一种食疗价值很高的食品。酌量食用猪血，可收到防病、治病和保健的功效。现在能买到干净的猪血已经不容易了，如果在品质不能保证的情况下，备孕妈妈及孕产妇还是少食猪血为好。

[备孕期 什么？]

备孕期案例 1　红白豆腐

原料 豆腐、猪血各150克

调料 葱20克，生姜5克，甜红椒1个，盐6克，味精3克

做法 ①豆腐、猪血洗净切成小块；甜红椒、生姜洗净切片；葱洗净切花。②锅中加水烧开，下入猪血、豆腐，氽水焯烫后捞出。③将葱、姜、甜辣椒片下入油锅中爆香后，再下入猪血、豆腐稍炒，加入适量清水焖熟后，调味即可。

专家点评 猪血有生血、解毒之功效；豆腐富含大豆蛋白和卵磷脂，能保护血管、降低血脂、降低乳腺癌的发病率，同时还有益于胎儿神经、血管、大脑的发育。这道菜营养丰富，不仅可以帮助备孕妈妈排毒，预防缺铁性贫血，还能有效补充孕产妇所缺失的铁和血，并能保护心血管。

清洗豆腐和猪血时，先用水冲去表面污物，再用清水浸泡半小时即可。豆腐焯水可去除酸味。

备孕期案例 2　韭菜猪血汤

原料 猪血200克，韭菜100克，枸杞子10克

调料 花生油20毫升，盐适量，鸡精、葱花各3克

做法 ①将猪血清洗干净，切小丁焯水；韭菜清洗干净切末；枸杞子清洗干净备用。②操锅上火倒入花生油，将葱花炝香，倒入水，调入盐、鸡精，下入猪血、枸杞子煲至入味，撒入韭菜末即可。

专家点评 猪血中所含的铁以血红素铁的形式存在，易于吸收利用，可起到补血养颜的作用。而且猪血中含有的蛋白质，有消毒和润肠的作用，可以清除肠腔的沉渣浊垢，对尘埃及金属微粒等有害物质具有净化作用。所以这道菜不仅可以补血，同时还可以除去备孕妈妈及孕产妇体内多种毒素，有利于其身体健康。

猪血有腥味，买回来要泡水并氽烫过再用才不会腥，且可以避免出水。

[备孕期 吃 什么?]

牛肉

NIU ROU

【肉禽蛋类】

[别 名] 黄牛肉

【适用量】每天约80克为宜。
【热量】106千卡/100克。
【性味归经】性平，味甘。归脾、胃经。

【主打营养素】

蛋白质、B族维生素、铁

◎牛肉富含蛋白质，能提高机体抗病能力，对生长发育及术后恢复的人有补益作用。牛肉还含有丰富的B族维生素和铁元素，可补血补气及促进机体的正常发育，为胎儿提供健康的母体。

◎食疗功效

牛肉有补中益气、滋养脾胃、强健筋骨、化痰熄风、止渴止涎的功效。对虚损羸瘦、消渴、脾弱不运、癖积、水肿、腰膝酸软、久病体虚、面色萎黄、头晕目眩等病症有食疗作用。多吃牛肉，对肌肉生长有好处，为备孕妈妈调养身体的佳品。

◎选购保存

新鲜牛肉有光泽，红色均匀，脂肪洁白或淡黄色；外表微干或有风干膜，不粘手，弹性好，宜选购。可将新鲜牛肉放在1%的醋酸钠溶液里浸泡一小时，然后取出，一般可存放三天。

营养成分表

营养素	含量（每100克）
蛋白质	20.20克
脂肪	2.30克
碳水化合物	1.20克
维生素A	6微克
维生素B_1	0.07毫克
维生素B_2	0.13毫克
维生素E	0.35毫克
钙	9毫克
铁	2.80毫克
锌	3.71毫克
硒	10.55毫克
铜	0.16毫克
碘	10.40微克

◎搭配宜忌

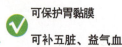

牛肉+土豆　✓　可保护胃黏膜
牛肉+白萝卜　　可补五脏、益气血

牛肉+大豆　✗　会引起消化不良
牛肉+海带　　　会导致便秘

温馨提示

牛肉是中国人的第二大类肉食品，仅次于猪肉。牛肉瘦肉多、脂肪少，是高蛋白质、低脂肪的优质肉类食品。所以，除了备孕期的女性可以食用，孕期及产后妈妈都可以食用，不过要注意不能食用过量。

[备孕期 吃 什么？]

备孕期案例 1　洋葱牛肉丝

原料 牛肉、洋葱各150克

调料 姜丝3克，蒜片5克，料酒8毫升，盐、味精各适量

做法 ①牛肉清洗干净去筋切丝；洋葱清洗干净切丝。②将牛肉丝用料酒、盐腌渍。③锅上火，加油烧热，放入牛肉丝快火煸炒，再放入蒜片、姜丝，待牛肉炒出香味后加入剩余调料，放入洋葱丝略炒即可。

专家点评 这道菜中的牛肉含有丰富的蛋白质，氨基酸组成比猪肉更接近人体需要，能提高机体抗病能力，对强壮身体、补充失血、修复组织等方面特别有益，是备孕妈妈极佳的补益食品。再加上具有润肠、理气和胃、健脾进食、发散风寒、温中通阳、消食化肉、提神健体功效的洋葱，不仅营养更丰富了，还可益气增力。

烹饪常识

牛肉的纤维组织较粗，结缔组织又较多，应横切，将长纤维切断，不能顺着纤维组织切，否则不仅没法入味，还嚼不烂。

备孕期案例 2　白萝卜炖牛肉

原料 白萝卜200克，牛肉300克

调料 盐4克，香菜段3克

做法 ①白萝卜清洗干净去皮，切块；牛肉清洗干净切块，汆水后沥干。②锅中倒水，下入牛肉和白萝卜煮开，转小火熬约35分钟。③加盐调好味，撒上香菜即可。

专家点评 这道美食可补血益气、健脾养胃，对气血亏损、头晕乏力、腹胀积食、食欲不振、营养不良等症状有防治作用。其中牛肉蛋白质含量高，而脂肪含量低，既能强筋健骨还不用担心吃了会长胖，所以自古就有"牛肉补气，功同黄芪"之说，营养价值高。白萝卜是物美价廉的健康食品，含芥子油、淀粉酶和粗纤维，具有促进消化、增强食欲、加快胃肠蠕动和止咳化痰的作用，适合备孕妈妈食用。

烹饪常识

此汤炖煮的时间不宜过长，以免牛肉失去韧劲。另外，要注意盐不要放太早，否则牛肉容易变老。

[备孕期 吃 什么？]

鹌鹑
AN CHUN
【肉禽蛋类】

[别 名] 鹑鸟肉、赤喉鹑肉

【适用量】每天食用60克左右为宜。
【热量】110千卡/100克。
【性味归经】性平，味甘。归大肠、脾、肺、肾经。

【主打营养素】
高蛋白、低脂肪、低胆固醇
◎鹌鹑肉是典型的高蛋白、低脂肪、低胆固醇食物。鹌鹑肉含有多种无机盐、卵磷脂、激素和多种人体必需的氨基酸，可有效降低血糖、血脂，防治糖尿病性高血脂症。

◎ 食疗功效

鹌鹑肉具有补五脏、益精血、温肾助阳的功效，男子经常食用鹌鹑，可增强性功能，并增气力，壮筋骨。鹌鹑肉中含有维生素P等成分，常食有防治高血压及动脉硬化的功效。贫血头晕、体虚乏力、营养不良的备孕妈妈非常适合食用鹌鹑肉。

◎ 选购保存

肉用鹌鹑一般体重在250～350克，用手捏胸肌比较丰满，肉质细嫩，肌肉有光泽，脂肪洁白，可以放心选购。鹌鹑肉宜现买先吃，如果吃不完，可放入冰箱保鲜层保鲜，但时间不宜太长。

营养成分表

营养素	含量（每100克）
蛋白质	20.20克
脂肪	3.10克
碳水化合物	0.20克
维生素A	40微克
维生素B_1	0.04毫克
维生素B_2	0.32毫克
维生素E	0.44毫克
钙	48毫克
磷	179毫克
铁	2.30毫克
锌	1.19毫克
硒	11.67微克
铜	0.10毫克

◎ 搭配宜忌

鹌鹑+天麻 可改善贫血
鹌鹑+桂圆　　可补肝益肾、养心和胃

鹌鹑+黑木耳 会引发痔疮
鹌鹑+猪肝　　会使皮肤出现色素沉淀

温馨提示

鹌鹑肉味美而可口、香而不腻，一向被列为野禽上品，春秋时已是宫廷筵席上的珍馐，素有"动物人参"之美名。鹌鹑是典型的高蛋白、低脂肪、低胆固醇食物，不仅适合备孕妈妈食用，还是孕产妇的理想滋补食品。

[备孕期 吃 什么？]

备孕期案例 1 红腰豆鹌鹑煲

原料 南瓜200克，鹌鹑1只，红腰豆50克

调料 精盐6克，味精2克，姜末5克，高汤适量，香油3克

做法 ①将南瓜去皮、籽，清洗干净切滚刀块；鹌鹑清洗干净，剁块焯水备用；红腰豆清洗干净。②炒锅上火倒入花生油，将姜末炝香，下入高汤，调入精盐、味精，加入鹌鹑、南瓜、红腰豆煲至熟，淋入香油即可。

专家点评 这道汤咸鲜味美，可补虚养身，调理营养不良，补充气血。鹌鹑肉中蛋白质含量高，脂肪、胆固醇含量极低，而且富含芦丁、磷脂等，可补脾益气、健筋骨；红腰豆含丰富的维生素A、维生素C及维生素E，也含丰富的抗氧物、蛋白质、食物纤维及铁、镁、磷等多种营养素，有补血、增强免疫力、帮助细胞修补等功效，是备孕妈妈不错的营养选择。

烹饪常识

红腰豆含有一种叫植物血球凝集素的天然植物毒素，食用前需将其浸透，并以沸水高温彻底烹煮。

备孕期案例 2 莲子鹌鹑煲

原料 鹌鹑400克，莲子100克，油菜叶30克

调料 精盐少许，味精3克，高汤、香油各适量

做法 ①将鹌鹑收拾干净斩块汆水；莲子清洗干净；油菜叶清洗干净撕成小片备用。②炒锅上火倒入高汤，下入鹌鹑、莲子，调入精盐、味精，小火煲至熟时，下入油菜叶，淋入香油即可。

专家点评 鹌鹑有"动物人参"之称，现代营养学认为它富含蛋白质、脂肪、无机盐、卵磷脂、多种维生素和多种人体必需的氨基酸，且容易吸收。它富含的卵磷脂是构成神经组织和脑代谢的重要物质，而丰富的矿物质和维生素是健全脑功能活动和促进智力活动的必需品，鹌鹑及莲子均含有，合而为煲汤，醇香可口，有健脑益智、益心养血、健脾壮骨的功效，可为备孕妈妈们的清润平和的汤饮。

烹饪常识

优质莲子外观上有一点自然的皱皮或残留的红皮，孔较小，煮过后有清香味，膨化较大。

[备孕期 吃什么？]

海带

HAI DAI

【水产类】

[别 名] 昆布、江白菜

【适用量】每次15~20克为宜。
【热量】94.1千卡/100克。
【性味归经】性寒，味咸。归肝、胃、肾三经。

【主打营养素】

碘、维生素E、硒

◎ 海带中富含的碘有促进生长发育、维护中枢神经系统的作用；富含的维生素E有护肤养颜以及保胎、护胎的作用；而富含的硒，有降压消肿、提高视力、护肝的作用。

◎ 食疗功效

海带能化痰、软坚、清热、降血压、防止夜盲症、维持甲状腺正常功能。海带还有抑制癌症作用，特别是能够抑制乳腺癌的发生。另外，海带不含热量，对于预防肥胖症颇有益，适合甲状腺肿大、高血压病、冠心病、脑水肿等患者及备孕妈妈调养身体时食用。

◎ 选购保存

应选购质厚实、形状宽长、身干燥、色浓黑褐或深绿、边缘无碎裂或黄化现象的海带。将干海带剪成长段，清洗干净，用淘米水泡上，煮30分钟，放凉后切成条，分装在保鲜袋中，放入冰箱中冷冻起来。

营养成分表

营养素	含量（每100克）
蛋白质	1.20克
脂肪	0.10克
碳水化合物	2.10克
膳食纤维	0.50克
维生素B_1	0.02毫克
维生素B_2	0.15毫克
维生素E	1.85毫克
钙	46毫克
铁	0.90毫克
锌	0.16毫克
镁	25毫克
硒	9.54微克
碘	113.90毫克

◎ 搭配宜忌

海带+冬瓜 海带+紫菜 ✓	可降血压、降血脂 可治水肿、贫血
海带+猪血 海带+白酒 ✗	会引起便秘 会引起消化不良

温馨提示

备孕期碘缺乏可增加新生儿将来发生克汀病的危险性，所以备孕时可食用海带。不过，海带本身是偏寒的，所以脾胃虚寒的备孕妈妈，在吃海带时不要一次吃太多，或者搭配时不要跟一些寒性的食物搭配，否则会引起胃脘不舒服。

[备孕期 什么？]

备孕期案例 1　排骨海带煲鸡

原料 ｜嫩鸡250克，猪肋排200克，海带结100克，枸杞2克

调料 ｜精盐少许，味精2克，葱、姜各3克，香菜4克

做法 ｜❶将嫩鸡斩块洗净；猪肋排清洗干净剁块；海带结清洗干净；枸杞清洗干净备用。❷净锅上火，倒入油、葱、姜炒香，下入海带翻炒几下，倒入水，加入鸡块、排骨、枸杞，调入精盐、味精，小火煲至成熟，放入香菜即可。

专家点评 ｜海带含有丰富的蛋白质、碘、钙、硒等营养素；猪肋排含有丰富的蛋白质、脂肪、磷酸钙、骨胶原等营养素；鸡肉含有丰富的蛋白质、碳水化合物、B族维生素、钙、铁等营养素。用这些食材再配上营养丰富的枸杞煲的汤不仅营养十足，还能增强体质，非常适合备孕妈妈食用。

烹饪常识

汤开时，汤面上有很多泡沫出现，应先将汤上的泡沫舀去，再加入少许白酒，就可以分解泡沫。

备孕期案例 2　海带蛤蜊排骨汤

原料 ｜海带结200克，蛤蜊300克，排骨250克，胡萝卜半根，姜1块

调料 ｜盐5克

做法 ｜❶蛤蜊泡在淡盐水中，待其吐沙后，清洗干净，沥干。❷排骨汆烫去血水，捞出冲净；海带结清洗干净；胡萝卜削皮，清洗干净切块；姜清洗干净，切片。❸将排骨、姜、胡萝卜先入锅中，加8碗水煮沸，转小火炖约30分钟，再下海带结续炖15分钟。❹待排骨熟烂，转大火，倒入蛤蜊，待蛤蜊开口，酌加盐调味即可。

专家点评 ｜猪肉（包括排骨）是维生素B_{12}的重要来源，维生素B_{12}对精神上的效用很大，能促进注意力集中，增强记忆力，并能消除烦躁不安的情绪，有益于备孕妈妈调养身体。

烹饪常识

如果把成捆的干海带打开，放在蒸笼蒸半个小时，再用清水泡上一夜，海带就会变得脆嫩软烂。

[备孕期 吃什么？]

紫菜

ZI CAI

【水产类】

[别名] 紫英、索菜、灯塔菜

【适用量】每次15克左右为宜。
【热量】207千卡/100克。
【性味归经】性寒、味甘、咸。归肺经。

【主打营养素】
钙、铁、碳水化合物
◎紫菜中富含的钙、铁，可增强免疫力，预防贫血，使骨骼和牙齿得到保健。而紫菜含有的碳水化合物，可维持心脏和神经系统正常活动，能为机体提供热量，且有保肝解毒的作用。

◎食疗功效

紫菜含有的甘露醇是一种很强的利尿剂，有消水肿的作用，有利于保护肝脏。紫菜中含有较多的碘，可以治大脖子病，又可使头发润泽。紫菜中还含有丰富的钙、铁元素，能增强记忆力，治疗妇幼贫血、促进骨骼、牙齿的生长和保健，可为备孕妈妈滋养身体提供帮助。

◎选购保存

天然紫菜具有自然光泽，色黑紫，用清水泡，不容易掉色，但是经过染色的紫菜褪色现象明显。保存时将紫菜用塑料膜包好，放于干燥处即可。

营养成分表

营养素	含量（每100克）
蛋白质	26.70克
脂肪	1.10克
碳水化合物	44.10克
膳食纤维	21.60克
维生素A	228微克
维生素B_1	0.27毫克
维生素B_2	1.02毫克
维生素C	2毫克
维生素E	1.82毫克
钙	264毫克
铁	54.90毫克
锌	2.47毫克
硒	7.22微克

◎搭配宜忌

紫菜+猪肉 ✓ 可化痰软坚、滋阴润燥
紫菜+鸡蛋 可补充维生素B_{12}和钙质

紫菜+花菜 ✗ 会影响钙的吸收
紫菜+柿子 不利于消化

温馨提示

紫菜的蛋白质含量是一般植物的好几倍，且富含易于被人体吸收的碘，有利胎儿大脑发育，又易于消化，因而孕产妇吃紫菜大有益处，但要注意适量。不过，因为紫菜性寒，脾胃偏虚寒的孕产妇应慎食。

[备孕期 吃 什么？]

备孕期案例 1 紫菜寿司

原料 米饭60克，紫菜皮1张，肉松15克，素火腿条30克，黄瓜30克，嫩姜2个

调料 白醋1汤匙、代糖1克

做法 ①将准备的材料洗净，切条。②白饭加入调味料拌匀。③紫菜放在竹卷帘上，把饭平铺于紫菜的三分之一面上，依序放入素火腿条、肉松、黄瓜、嫩姜，卷起竹帘，待寿司固定后，取出切片。

专家点评 这种多彩的、精致的食物所含热量低、脂肪低，是健康、营养的食品之一。搭配了肉松，既营养又方便，再加上素火腿条、黄瓜、嫩姜，口感更好的同时，营养也更均衡。备孕妈妈还可以根据自己的口味搭配寿司中的食材，只要保证营养均衡即可。

烹饪常识

做寿司卷可以选用寿司米，因为寿司米黏性较强，这样做好的寿司卷会较美观且不易松散。

备孕期案例 2 紫菜蛋花汤

原料 紫菜250克，鸡蛋2个，姜5克，葱2克

调料 盐5克，味精3克

做法 ①将紫菜用清水泡发后，捞出清洗干净；葱清洗干净，切成葱花；姜去皮，洗净切末。②锅上火，加入水煮沸后，下入紫菜。③待紫菜再沸时，打入鸡蛋，至鸡蛋成形后，下入姜末、葱花，调入调味料即可。

专家点评 紫菜属中叶状藻体可食的种群，其蛋白质、铁、磷、钙、核黄素、胡萝卜素等含量居各种蔬菜之冠，故紫菜有"营养宝库"的美称。而且紫菜所含的多糖具有明显增强细胞免疫和体液免疫功能作用，可促进淋巴细胞转化，提高机体的免疫力。这道汤除了可以给备孕妈妈滋补身体，还可以给产后新妈妈滋补身体，加快体质恢复的速度。

烹饪常识

紫菜非常容易煮熟，汤沸后稍微煮一下即可。此汤出锅后，淋入少许香油味道更好。

[备孕期 吃 什么？]

草鱼
CAO YU

【水产类】

[别 名] 混子、鲩鱼、油鲩

【适用量】 每天食用100克为宜。

【热量】 113千卡/100克。

【性味归经】 性温，味甘，无毒。归肝、胃经。

【主打营养素】

蛋白质、维生素、锌

◎草鱼含有丰富的蛋白质，而且容易被人体吸收，可供给人体必需的氨基酸。草鱼还富含锌元素及多种维生素，有增强体质、美容养颜的功效。

◎食疗功效

草鱼具有暖胃、平肝、祛风、活痹、截疟、降压、祛痰及轻度镇咳等功能。此外，草鱼对增强体质、延缓衰老有食疗作用。而且多吃草鱼还可以预防乳腺癌。对于身体瘦弱、食欲不振的人及备孕女性来说，草鱼肉嫩而不腻，可以开胃、滋补。

◎选购保存

将草鱼放在水中，凡游在水的底层，且鳃盖起伏均匀在呼吸的为鲜活草鱼。先将草鱼宰杀处理，清洗干净，用厨房纸抹干表面水分，分别装入保鲜袋，入冰箱保存。一般冷藏保存，必须二天之内食用。

营养成分表

营养素	含量（每100克）
蛋白质	16.60克
脂肪	5.20克
维生素A	11微克
维生素B₁	0.04毫克
维生素B₂	0.11毫克
维生素E	2.03毫克
钙	38毫克
磷	203毫克
镁	31毫克
铁	0.80毫克
锌	0.87毫克
硒	6.66微克
铜	0.05毫克

◎搭配宜忌

草鱼+豆腐 ✓ 可增强免疫力
草鱼+冬瓜 ✓ 可祛风、清热、平肝

草鱼+西红柿 ✗ 会抑制铜元素析放
草鱼+甘草 ✗ 会引起中毒

温馨提示

草鱼的营养丰富，功能强大，对胎儿的生长发育有积极的促进作用。孕产妇可以吃草鱼，注意少量食用即可。另外，常吃草鱼头可以增智、益脑。但若食用过多会诱发各种疮疥，因此备孕女性及产妇要适量食用。

[备孕期 吃 什么？]

备孕期案例 1　苹果草鱼汤

|原料| 草鱼300克，苹果200克，桂圆50克

|调料| 花生油30克，盐少许，味精、葱段、姜末各3克，高汤适量

|做法| ❶将草鱼收拾干净切块；苹果清洗干净，去皮、核，切块；桂圆清洗干净备用。❷净锅上火倒入花生油，将葱、姜爆香，下入草鱼微煎，倒入高汤，调入盐、味精，再下入苹果、桂圆煲至熟即可

|专家点评| 这道汤有浓浓的苹果味，酸酸甜甜，很开胃，可养脾虚，补充气血不足，治疗水肿、头晕和失眠。苹果有助消化、润肺悦心、开胃、补中益气及清热化痰的功效。桂圆肉有补心脾、益智补肾的功效。草鱼肉中含蛋白质、脂肪、18种氨基酸等，有补脾益气、利水消肿之效，有助于备孕妈妈调理身体，滋养脾胃。

烹饪常识

鱼肉切厚一些，否则容易煲散；要掌握好火候和时间，否则煲出来的鱼汤口感都不好。

备孕期案例 2　润肺鱼片汤

|原料| 草鱼肉200克，水发百合10克，干无花果4颗，马蹄（罐装）5颗

|调料| 盐5克，香油3毫升

|做法| ❶将草鱼肉清洗干净切片；水发百合清洗干净，干无花果浸泡清洗干净；马蹄稍洗切片备用。❷净锅上火倒入水，调入盐，下入草鱼肉、水发百合、干无花果、马蹄煲至熟，淋入香油即可。

|专家点评| 百合可润肺止咳、清心安神，对肺燥、脾症具有较好的食疗作用。草鱼，在河鱼中它性味最平和且肥嫩可口，有暖胃、补虚之功。百合配以有凉血解毒、清热止渴、利尿通便功效的马蹄，及有美容驻颜、促进食欲的无花果煲草鱼片为汤，鲜爽可口，有润肺暖胃、滋阴润燥、开胃健食之效，为备孕妈妈的营养靓汤。

烹饪常识

鱼胆有毒不能吃；草鱼要新鲜，煮时火候不能太大，以免把鱼肉煮散。烹调时不用放味精就很鲜美。

[备孕期 吃什么？]

带鱼
DAI YU
【水产类】

【适用量】每天80克左右。
【热量】127千卡/100克。
【性味归经】性温，味甘。归肝、脾经。

[别 名] 裙带鱼、海刀鱼

【主打营养素】
维生素A、卵磷脂
◎带鱼中含有丰富的维生素A，维生素A有维护细胞功能的作用，可保持皮肤、骨骼、牙齿、毛发健康生长。带鱼中卵磷脂丰富，对提高智力、增强记忆大有帮助。

◎食疗功效

带鱼可补五脏、祛风、杀虫，对脾胃虚弱、消化不良、皮肤干燥者尤为适宜，可用作迁延性肝炎、慢性肝炎辅助食疗食材。常吃带鱼还可滋润肌肤，保持皮肤的润湿与弹性。此外，带鱼油有养肝止血作用，主要用于治疗肝炎、疮疖、痈肿等。多食带鱼，对脾胃虚弱、消化不良的人及备孕妈妈调养身体十分有益。

◎选购保存

要选择银灰色或银白色，鱼体表面鱼鳞分布均匀，且鱼肚完整无破损的带鱼；如果鱼肚有破损，说明曾经在非冷冻环境下放得时间较长，不宜选购。带鱼宜冷冻保存。

营养成分表

营养素	含量（每100克）
蛋白质	17.70克
脂肪	4.90克
碳水化合物	3.10克
维生素A	29微克
维生素B_1	0.02毫克
维生素B_2	0.06毫克
维生素E	0.82毫克
钙	28毫克
镁	43毫克
铁	1.20毫克
锌	0.70毫克
硒	36.57微克
铜	0.08毫克

◎搭配宜忌

带鱼+豆腐 ✓ 可补气养血
带鱼+牛奶 可健脑补肾、滋补强身

带鱼+南瓜 ✗ 会引起中毒
带鱼+菠菜 不利营养的吸收

温馨提示

备孕女性及孕产妇多吃带鱼对宝宝很有好处，会使宝宝更聪明。不过带鱼属发物，剖腹产的妈妈最好在伤口愈合后再吃。另外，要注意出血性疾病患者，如血小板减少、血友病、维生素K缺乏等病症患者要少吃或不吃带鱼。

[备孕期 什么？]

备孕期案例 1　家常烧带鱼

原料 | 带鱼800克

调料 | 盐5克，葱白10克，料酒15毫升，蒜20克，淀粉30克，香油少许

做法 | ①带鱼收拾干净，切块；葱白清洗干净，切段；蒜去皮洗净，切片备用。②带鱼加盐、料酒腌渍5分钟，再抹一些淀粉，下油锅中炸至金黄色。③添入水，烧熟后，加入葱白、蒜片炒匀，以水淀粉勾芡，淋上香油即可。

专家点评 | 带鱼营养丰富，脂肪含量较少，非常适合怀孕前的女性食用。这道菜色泽深黄，味道鲜美，鱼肉软嫩，营养丰富，富含蛋白质、不饱和脂肪酸、钙、磷、镁及多种维生素。孕前备孕妈妈吃这道菜有滋补强壮、和中开胃及养肝补血的功效。

烹饪常识

把带鱼放在温热的碱水中浸泡，然后用清水清洗干净，鱼鳞就会洗得很干净。

备孕期案例 2　手撕带鱼

原料 | 带鱼350克，熟芝麻5克

调料 | 盐3克，料酒、酱油、葱花各10克，香油适量

做法 | ①带鱼收拾干净，汆水后捞出，沥干水分。②油锅烧热，放入带鱼炸至金黄色，待凉后撕成小条。③油锅烧热，下入鱼条，调入盐、料酒、酱油炒匀，淋入香油，撒上熟芝麻、葱花即可。

专家点评 | 带鱼是高脂肪鱼类，所含脂肪多为不饱和脂肪酸，带鱼含蛋白质也很高，还含有较丰富的钙、磷及多种维生素，可为大脑提供丰富的营养成分。特别是带鱼中卵磷脂丰富，对提高智力、增强记忆大有帮助。金黄的带鱼丝配以营养丰富的熟芝麻，这道菜不仅酥香味美，独具风味，可引起备孕妈妈的食欲，而且营养丰富，是备孕妈妈补虚损、益胃气、健脑的美食。

烹饪常识

如果带鱼比较脏，可用淘米水清洗，这样不但能把鱼清洗干净，而且还可避免手被弄脏弄腥。

[备孕期 吃什么？]

三文鱼

SAN WEN YU

【水产类】

[别 名] 撒蒙鱼、大马哈鱼

【适用量】每次以80克左右为宜。

【热量】139千卡/100克。

【性味归经】性平，味甘。入脾、胃经。

【主打营养素】

Ω-3不饱和脂肪酸

◎三文鱼中含有丰富的不饱和脂肪酸，可以促进胎儿发育、预防产后抑郁、提高乳汁营养质量，同时，还可以控制孕产妇体重，促进产后皮肤和体型的恢复。

◎ 食疗功效

三文鱼能有效降低血脂和血胆固醇，防治心血管疾病。它所含的Ω-3脂肪酸更是脑部、视网膜及神经系统所必不可少的物质，有增强脑功能、防治老年痴呆症和预防视力减退的功效。三文鱼还能有效地预防诸如糖尿病等慢性疾病的发生、发展，可帮助备孕妈妈有效防治以上疾病。

◎ 选购保存

新鲜的三文鱼鳞要完好无损，透亮有光泽，鱼头短小，颜色乌黑而有光泽。将买回来的三文鱼切成小块，然后用保鲜膜封好，再放入冰柜保鲜，以便随时取用。

营养成分表

营养素	含量（每100克）
蛋白质	17.20克
脂肪	7.80克
维生素A	45克
维生素B_1	0.07毫克
维生素B_2	0.18毫克
维生素E	0.78毫克
叶酸	4.80微克
钙	13毫克
镁	36毫克
铁	0.30毫克
锌	1.11毫克
硒	29.47微克
铜	0.03毫克

◎ 相宜搭配

三文鱼+芥末	可除腥、补充营养
三文鱼+柠檬 ✓	有利于营养吸收
三文鱼+蘑菇酱	营养丰富
三文鱼+米饭	可降低胆固醇含量

温馨提示

三文鱼鳞小刺少，肉色橙红，肉质细嫩鲜美，既可直接生食，又能烹制菜肴，是深受人们喜爱的鱼类。同时由它制成的鱼肝油更是营养佳品。从备孕、孕期到产后，其都是女性的优选食物。

[备孕期 吃 什么？]

备孕期案例 1 豆腐蒸三文鱼

|原料| 老豆腐400克，新鲜三文鱼300克

|调料| 葱丝、姜丝各5克，盐3克

|做法| ❶豆腐洗净横面平剖为二，平摆在盘中；三文鱼收拾干净，斜切成约1厘米厚的片状，依序排列在豆腐上。❷葱丝、姜丝铺在鱼上，均匀撒上盐。❸蒸锅中加2碗水煮开后，将盘子移入，以大火蒸3~5分钟即可。

|专家点评| 三文鱼不但鲜甜美味，其营养价值也非常高，蕴含多种有益身体的营养成分，包括蛋白质、维生素A、维生素D和维生素E以及多种矿物质。另外，三文鱼含有不饱和脂肪，能有效地预防慢性传染病、糖尿病及某些癌症，减少积聚在血管内的脂肪。常吃三文鱼，对脑部发育十分有益，对备孕妈妈和胎儿的健康都很有好处。

烹饪常识

选用口感嫩一点的豆腐烹饪，味道更好。三文鱼最佳成熟度为七成熟，三文鱼原料在这样的成熟度，口感才软滑鲜嫩、香糯松散。

备孕期案例 2 天麻归杞鱼头汤

|原料| 三文鱼头1个，天麻、当归各10克，枸杞子5克，西蓝花150克，蘑菇3朵

|调料| 盐6克

|做法| ❶鱼头去鳞、腮，清洗干净；西蓝花撕去梗上的硬皮，洗净切小朵。❷将天麻、当归、枸杞子洗净，以5碗水熬至约剩4碗水，放入鱼头煮至将熟。❸加入西蓝花和蘑菇煮熟，加盐调味即成。

|专家点评| 三文鱼鱼头肉质细嫩，除了含蛋白质、钙、磷、铁之外，还含有卵磷脂，可增强记忆力。其次，三文鱼鱼鳃下的肉呈透明的胶状，富含胶原蛋白，能增强身体活力，修补人体细胞组织，再加天麻、当归、枸杞煲汤，有益气养肝、强筋骨、活血行气之效，是备孕妈妈滋养身体的佳选。

烹饪常识

将西蓝花在加盐的凉水里浸泡10分钟，能将花朵里的小虫泡出来，再用清水洗净就行了。炖汤时可用小火慢慢地炖，这样汤汁更鲜。

[备孕期 吃 什么?]

鳝鱼
SHAN YU
【水产类】

[别名] 黄鳝、长鱼

【适用量】每次50克为宜。
【热量】89千卡/100克。
【性味归经】性温，味甘。入肝、脾、肾经。

【主打营养素】
DHA、卵磷脂、维生素A
◎鳝鱼富含的DHA和卵磷脂是构成人体各器官组织细胞膜的主要成分，而且是脑细胞不可缺少的营养。鳝鱼还含有丰富的维生素A，能增强视力，促进皮膜的新陈代谢。

◎食疗功效

鳝鱼具有补气养血、祛风湿、强筋骨、壮阳等功效，对降低血液中胆固醇的浓度，预防因动脉硬化而引起的心血管疾病有显著的食疗作用，还可用于辅助治疗面部神经麻痹、中耳炎、乳房肿痛等病症，适宜于备孕妈妈调养身体时食用。

◎选购保存

鳝鱼要选在水中游动灵活，身体上无斑点、溃疡，粗细均匀的。鳝鱼宜现杀现烹，死后的鳝鱼体内的组氨酸会转变为有毒物质，故所加工的鳝鱼必须是活的。假如不能一时吃完，可放入水缸内养几天，水质最好用井水及河水。

营养成分表

营养素	含量（每100克）
蛋白质	18.00克
脂肪	1.40克
碳水化合物	1.20克
维生素A	50克
维生素B₁	0.06毫克
维生素B₂	0.98毫克
维生素E	1.34毫克
钙	42毫克
镁	18毫克
铁	2.50毫克
锌	1.97毫克
硒	34.56微克
铜	0.05毫克

◎搭配宜忌

鳝鱼+青椒 ✓	可降低血糖
鳝鱼+苹果	可治疗腹泻
鳝鱼+菠菜 ✗	易导致腹泻
鳝鱼+银杏	会引起中毒

温馨提示

鳝鱼是不错的滋补佳品，备孕妈妈及孕产妇都可以食用，特别适合产后体虚的妈妈。如果孕产妇本身对鳝鱼过敏，最好不要吃。供食用的鳝鱼应当由鲜活鳝鱼烹调，不宜采用死了好几个小时的鳝鱼，否则食用后会引起中毒。

[备孕期 吃 什么？]

备孕期案例 1　山药鳝鱼汤

原料 鳝鱼2条，山药25克，枸杞子5克

调料 精盐5克，葱段、姜片各2克

做法 ①将鳝鱼收拾干净切段，氽水；山药去皮清洗干净，切片；枸杞子清洗干净备用。②净锅上火，调入精盐、葱段、姜片，下入鳝鱼、山药、枸杞子煲至熟即可。

专家点评 鳝鱼的营养价值很高。含有维生素B_1和维生素B_2、烟酸及人体所需的多种氨基酸等，可以预防因食物不消化引起的腹泻，还可以保护心血管。同时，鳝鱼还具有补血益气、宣痹通络的保健功效。而山药是强肾补虚佳品。山药鳝鱼汤此道养生汤是备孕爸爸和备孕妈妈的补益养生靓汤，可益脾补肾、补中益气。

烹饪常识

鳝鱼若用热水烫去其表面的黏液，煮出的汤可减少腥味。用葱姜爆锅，再把鳝鱼加入料酒翻炒一下，再煲汤也可以去除鳝鱼的腥味，使汤汁鲜美。

备孕期案例 2　党参鳝鱼汤

原料 鳝鱼175克，党参3克

调料 色拉油20毫升，精盐5克，味精2克，葱段、姜末各3克，香油4毫升

做法 ①将鳝鱼收拾干净切段；党参清洗干净备用。②锅上火倒入水烧沸，下入鳝段氽水，至没有血色时捞起冲净。③净锅上火倒入色拉油，将葱、姜、党参炒香，再下入鳝段煸炒，倒入水，调入精盐、味精煲至熟，最后淋入香油即可。

专家点评 这道汤含有丰富的蛋白质、蔗糖、葡萄糖、菊糖、生物碱、黏液质、烟酸、维生素A、维生素B_1、维生素B_2、维生素E及钙、磷、钾、钠、镁等多种营养素，有滋阴补血、健脾补气、强健筋骨的作用。适宜气血不足所致面色苍白、神疲乏力、少气懒言的备孕妈妈饮用。

烹饪常识

鳝鱼不要跟胡椒一同食用，因为胡椒是泄气的。为了体现这道汤的原味和本生的鲜味可以不放味精或少放一些味精，鸡精也一样。

[备孕期 什么?]

泥鳅

NI QIU

【水产类】

[别名] 蜻、鳅鱼

【适用量】每次100克左右为宜。
【热量】96千卡/100克。
【性味归经】性温,味甘。入脾、肝经。

【主打营养素】
维生素、钙、铁、锌
◎泥鳅是鱼类中含钙最多的一种,而且维生素和铁、锌含量也高于普通鱼类,食用可强身健体,补血益气,其中所含的锌元素,能提高备孕妈妈的受孕几率。

◎ 食疗功效

泥鳅具有暖脾胃、祛湿、疗痔、壮阳、止虚汗、补中益气、强精补血的功效,是治疗急慢性肝病、阳痿、痔疮等症的辅助佳品。此外,泥鳅皮肤中分泌的黏液即所谓"泥鳅滑液",有较好的抗菌、消炎的作用,对小便不通、痈肿及备孕妈妈调养身体有很好的食疗作用。

◎ 选购保存

要选购新鲜、无异味的泥鳅食用。泥鳅用清水漂一下,放在装有少量水的塑料袋中,扎紧口,放在冰箱中冷冻,泥鳅长时间都不会死掉,只是呈冬眠状态。

营养成分表

营养素	含量(每100克)
蛋白质	17.90克
脂肪	2.00克
碳水化合物	1.70克
维生素A	14微克
维生素B_1	0.10毫克
维生素B_2	0.33毫克
维生素E	0.79毫克
钙	299毫克
镁	28毫克
铁	2.90毫克
锌	2.76毫克
硒	35.30微克
铜	0.09毫克

◎ 搭配宜忌

泥鳅+豆腐 ✓ 可增强免疫力
泥鳅+黑木耳 可补气养血、健体强身

泥鳅+茼蒿 ✗ 会降低营养
泥鳅+黄瓜 不利于营养吸收

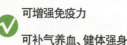

泥鳅含有丰富的营养,其所含脂肪成分较低,胆固醇更少,属高蛋白低脂肪食品,是人们所喜爱的水产佳品。孕妇和产妇也是可以吃的,但一定要吃熟的(生吃有寄生虫),炖的时候记得放几片姜。

[备孕期 吃 什么？]

备孕期案例 1　老黄瓜煮泥鳅

原料 泥鳅400克，老黄瓜100克

调料 盐3克，醋10毫升，酱油15毫升，香菜少许

做法 ①泥鳅收拾干净，切段；老黄瓜清洗干净，去皮，切块；香菜清洗干净。②锅内注油烧热，放入泥鳅翻炒至变色，注入适量水，并放入黄瓜焖煮。③煮至熟后，加入盐、醋、酱油调味，撒上香菜即可。

专家点评 这道汤中泥鳅肉质细嫩，爽利滑口，清鲜腴美，营养丰富，属高蛋白、低脂肪食物，胆固醇更少，泥鳅还富含维生素A、维生素B_1以及铁、磷、钙等元素，有利于抗衰老，有"天上斑鸠，地下泥鳅"、"水中人参"的说法，有补中益气、养肾生精功效；老黄瓜则含有丰富的维生素E，可起到美容养颜的作用，所含的黄瓜酶，有很强的生物活性，能有效地促进机体的新陈代谢，适合备孕妈妈食用。

烹饪常识

将泥鳅放入清水中养三天，待其吐净泥沙后再食用。老黄瓜清洗干净后，应去掉瓤，否则会影响口感。

备孕期案例 2　酥香泥鳅

原料 泥鳅350克，生菜100克

调料 盐3克，味精、酱油、料酒、大葱各少许

做法 ①泥鳅收拾干净切段；生菜清洗干净，铺在盘底；大葱清洗干净切段。②油锅烧热，放入大葱炒香，捞出葱留葱油，下泥鳅煎至变色后捞出。③原锅调入酱油、料酒，再放入泥鳅回锅，加盐、味精烧至收汁即可装盘。

专家点评 这道菜营养丰富，有暖中益气之功效，能解渴醒酒、利小便，对壮阳、阳痿、腹水、乳痈等症均有良好的疗效。泥鳅富含多种维生素及钙、磷、铁、锌等营养素，备孕妈妈食用可强身补血。同时，泥鳅中含有一种特殊蛋白质，有促进精子形成作用，所以备孕爸爸常食泥鳅可滋补强身，固精助阳。

烹饪常识

刚刚买回的泥鳅要放入水中，同时倒入少量的油，这样有利于泥鳅将泥沙吐净。

[备孕期 吃 什么?]

牡蛎
MU LI
【水产类】

[别 名] 蛎黄、青蚵、生蚝

【适用量】每次2~3个为宜。
【热量】73千卡/100克。
【性味归经】性凉，味咸、涩。归肝、心、肾经。

【主打营养素】
锌、牛磺酸、蛋白质

◎牡蛎富含锌，而锌在男性精液和睾丸激素以及女性的排卵和生育能力方面，都能发挥作用。牡蛎中还富含牛磺酸，有保肝利胆的作用，也可防治孕期肝内胆汁淤积症；所含的蛋白质有多种优良的氨基酸，可去除体内的有毒物质。

◎食疗功效

牡蛎肉具有滋阴、养血、补五脏、活血等功效。牡蛎对眩晕耳鸣、手足振颤、心悸失眠、烦躁不安、瘰疬瘿瘤、乳房结块、自汗盗汗、遗精尿频、崩漏带下、吞酸胃痛、湿疹疮疡等症有一定的疗效，备孕妈妈可酌量食用。

◎选购保存

若要买牡蛎，就要购买外壳完全封闭的牡蛎，不要挑选外壳已经张开的。如果已经剥壳的应选购肉质柔软隆胀、黑白分明的为佳。剥出活体牡蛎浸泡于盐水中保存。

营养成分表

营养素	含量（每100克）
蛋白质	5.30克
脂肪	2.10克
碳水化合物	8.20克
维生素A	27微克
维生素B_1	0.01毫克
维生素B_2	0.13毫克
维生素E	0.81毫克
钙	131毫克
镁	65毫克
铁	7.1毫克
锌	9.39毫克
硒	86.64微克
铜	8.31毫克

◎搭配宜忌

牡蛎+猪肉 ✓ 可滋阴润阳、润肠通便
牡蛎+百合 ✓ 可润肺调中

牡蛎+柿子 ✗ 会引起肠胃不适
牡蛎+糖 ✗ 会导致胸闷、气短

温馨提示

一般来说，牡蛎的确是孕产妇的营养佳品，补充锌不仅能让备孕妈妈身体健康，还能促进备孕爸爸精子的生成。不过在孕初期要慎食，因为牡蛎有活血的功效，可能会引起流产。

[备孕期 吃 什么？]

备孕期案例 1　牡蛎豆腐羹

原料 牡蛎肉150克，豆腐100克，鸡蛋80克，韭菜50克

调料 花生油、盐、葱段、香油、高汤各适量

做法 ①牡蛎肉清洗干净泥沙；豆腐洗净，均匀切成细丝；韭菜清洗干净切末；鸡蛋打入碗中备用。②净锅上火倒入花生油，炝香葱，倒入高汤，下入牡蛎肉、豆腐丝，调入盐煲至入味，再下入韭菜末、鸡蛋，淋入香油即可。

专家点评 牡蛎肉肥爽滑，营养丰富，含有丰富的蛋白质、脂肪、钙、磷、铁等营养成分，素有"海底牛奶"之美称。而且牡蛎体内含有大量制造精子所不可缺少的精氨酸与微量元素亚铅（精氨酸是制造精子的主要成分，亚铅能促进激素的分泌）。所以备孕爸爸非常适合饮用此汤。

做此汤时不需要再放味精了，否则会破坏原来的鲜味。豆腐用盐水焯一下可以去掉豆腐的豆腥味，并且不容易散开。

备孕期案例 2　山药韭菜煎鲜蚝

原料 山药100克，韭菜150克，鲜蚝300克，枸杞5克

调料 盐3克，地瓜粉1大匙

做法 ①将鲜蚝清洗干净杂质，沥干。②山药削去皮，清洗干净磨泥；韭菜挑弃朽叶，清洗干净切细；枸杞子泡软，沥干。③将地瓜粉加适量水拌匀，加入鲜蚝和山药泥、韭菜末、枸杞，并加盐调味。④平底锅加热放油，倒入鲜蚝等材料煎熟。

专家点评 这道菜味道鲜香，肉质酥嫩。韭菜古称"壮阳草"、"起阳草"，顾名思义，即其有补肾壮阳作用，在医学上有"春夏养阳"之说；牡蛎含锌量之高，可为食物之冠，牡蛎中还含有海洋生物特有的多种活性物质及多种氨基酸，有助孕的作用。这道菜有提高免疫力，调节精神的功效。

烹饪韭菜前一定要用水多泡一会儿，多洗几遍，最好使用淘米水浸泡，这样去除残留农药的效果最好。

[备孕期 吃 什么？]

虾

XIA

【水产类】

[别 名] 虾米、开洋、河虾

【适用量】每日50克为宜。
【热量】198千卡/100克。
【性味归经】性温，味甘、咸。归脾、肾经。

【主打营养素】

蛋白质、钙、镁

◎虾中含有丰富的蛋白质和钙，可为人体提供能量，有维持牙齿和骨骼健康的作用，能使身体更强壮。虾中还富含镁，而镁对心脏活动具有重要的调节作用，能很好地保护心血管系统。

◎食疗功效

虾具有补肾、壮阳、通乳的功效，属强壮补精食品。食用虾可治阳痿体倦、腰痛腿软、筋骨疼痛、失眠不寐、产后乳少以及丹毒、痛疽等症；虾所含有的微量元素硒能有效预防癌症。备孕妈妈、孕产妇、肾虚阳痿、男性不育症者、腰脚虚弱无力者都可以食用。

◎选购保存

新鲜的虾头尾完整，紧密相连，虾身较挺，有一定的弯曲度。将虾的沙肠挑出，剥除虾壳，然后洒上少许酒，控干水分，再放进冰箱冷冻保存。

营养成分表

营养素	含量（每100克）
蛋白质	43.70克
脂肪	2.60克
碳水化合物	未测定
维生素A	21微克
维生素B_1	0.01毫克
维生素B_2	0.12毫克
维生素E	1.46毫克
钙	555毫克
钾	550毫克
镁	236毫克
铁	11毫克
锌	3.82毫克
硒	75.4微克
铜	2.33毫克

◎搭配宜忌

海虾+白菜	✓	可增强机体免疫力
海虾+西蓝花		可补脾和胃、补肾固精
海虾+猪肉	✗	会耗人阴精
海虾+南瓜		会引发痢疾

温馨提示

虾含有很高的钙，孕妈妈食用可以促进胎儿骨骼生长与脑部发育，只要孕妈妈对虾无不良反应就可以，但注意适可而止，别吃生的，以免引起肠胃不适。虾还有催乳作用，如果妇女产后乳汁少或无乳汁也可以适量食用。

[备孕期 吃 什么？]

备孕期案例 1　玉米鲜虾仁

原料｜虾仁100克，玉米粒200克，豌豆50克，火腿适量

调料｜盐3克，味精1克，白糖、料酒、水淀粉各适量

做法｜①虾仁清洗干净，沥干；玉米粒、豌豆分别清洗干净，焯至断生，捞出沥干；火腿切丁备用。②锅中注油烧热，下虾仁和火腿，调入料酒炒至变色，加入玉米粒和豌豆同炒。③待所有原材料均炒熟时加入白糖、盐和味精调味，用水淀粉勾薄芡，炒匀即可。

专家点评｜这道菜色泽鲜亮，鲜甜爽口。虾含有很高的钙，备孕时可以适量多吃虾，为胎儿骨骼生长与脑部发育提供必要的营养素；玉米中的植物纤维素能加速致癌物质和其他毒物的排出，有助于备妈妈排毒。

烹饪常识

烹饪虾仁时油温不宜过高，否则口感不佳。白糖的量可以根据自己的口味适当进行调整。

备孕期案例 2　蔬菜海鲜汤

原料｜虾30克，鱼肉、西蓝花各30克

调料｜盐、鸡精各适量

做法｜①虾收拾干净；鱼肉收拾干净切块；西蓝花清洗干净，切块。②将适量清水放入瓦煲内，煮沸后放入虾、鱼肉、西蓝花，武火煲沸后，改用文火煲30分钟。③加盐、鸡精调味，即可食用。

专家点评｜虾肉具有味道鲜美、营养丰富的特点，其中钙的含量为各种动植物食品之冠，特别适合孕妈妈食用。虾还含有微量元素硒，能预防癌症。将虾与富含营养的鱼肉、西蓝花一起煲的汤，富含备孕妈妈所需的蛋白质、维生素、钙、铁、锌等多种营养素，有强固骨骼、牙齿，加强人体新陈代谢的作用，其中含有的锌还有助于提高备孕妈妈的受孕率。

烹饪常识

虾背上的泥肠应挑去，否则影响口感。西蓝花中容易生菜虫，常有残留的农药，应用盐水浸泡，清洗干净。

[备孕期 吃什么？]

鱿鱼
YOU YU
【水产类】

[别 名] 柔鱼、枪乌贼

【适用量】每次40克为宜。
【热量】84千卡/100克。
【性味归经】性温、味甘。归肝、肾经。

【主打营养素】
蛋白质、钙、锌、铁
◎鱿鱼中富含蛋白质，有助于维持身体各项机能，可降低孕妈妈流产的风险。鱿鱼还富含钙、锌、铁元素，有利于骨骼发育和造血，能有效治疗贫血，预防缺铁性贫血。

◎食疗功效

鱿鱼具有补虚养气、滋阴养颜等功效，可降低血液中胆固醇的浓度、调节血压、保护神经纤维、活化细胞，对预防血管硬化、胆结石形成、补充脑力等有一定的食疗功效，备孕妈妈可以酌量食用。

◎选购保存

优质鱿鱼体形完整，呈粉红色，有光泽，体表略现白霜，肉肥厚，半透明，背部不红。劣质鱿鱼体形瘦小残缺，颜色赤黄略带黑，无光泽，表面白霜过厚，背部呈黑红色。鱿鱼应放在干燥通风处，一旦受潮应立即晒干，否则易生虫、霉变。

营养成分表

营养素	含量（每100克）
蛋白质	17.40克
脂肪	1.60克
维生素A	35微克
维生素B$_1$	0.02毫克
维生素B$_2$	0.06毫克
维生素E	1.68毫克
钙	44毫克
磷	19毫克
镁	42毫克
铁	0.90毫克
锌	2.38毫克
硒	38.18微克
铜	0.45毫克

◎搭配宜忌

鱿鱼+黄瓜 鱿鱼+猪蹄	✓	营养全面丰富 有补气养血的功效
鱿鱼+茶叶 鱿鱼+茄子	✗	会影响蛋白质的吸收 对人体有害

温馨提示

尽量少吃鱿鱼丝，不管多干的鱿鱼丝还是有水分易发霉，商家会往鱿鱼丝里放保鲜剂和防腐剂保鲜。鱿鱼富含高蛋白能补脑，如果孕产妇对海鲜不过敏，又很想吃鱿鱼的话，建议吃新鲜的鱿鱼且注意不要过量。

[备孕期 吃 什么？]

备孕期案例 1　荷兰豆炒鲜鱿

原料 鱿鱼80克，荷兰豆150克

调料 盐、味精各3克，生抽10克

做法 ①鱿鱼收拾干净，切成薄片，入水中焯一下；荷兰豆清洗干净，撕去豆荚，切去头、尾。②炒锅上火，注油烧至六成热，放入鱿鱼稍炒至八成熟。③下入荷兰豆煸炒均匀，加盐、味精、生抽调味，盛盘即可。

专家点评 鱿鱼是一种低热量食品，含有丰富的钙、磷、铁元素，对骨骼发育和造血十分有益，可预防贫血。鱿鱼还含有大量牛磺酸，可抑制血中的胆固醇含量，恢复视力，改善肝脏功能。其含的多肽和硒等微量元素有抗病毒、抗射线作用。这道菜有滋阴养胃、补虚润肤的功能，适合备孕妈妈食用。

烹饪常识

鱿鱼要剖开去除内脏和黑膜后再烹饪；鱿鱼须炒熟透后再食，因为鲜鱿鱼中有多肽，若未煮透就食用，会导致肠运动失调。

备孕期案例 2　游龙四宝

原料 鱿鱼、虾仁、香菇、干贝各100克，油菜50克

调料 盐3克，味精2克，料酒、香油各适量

做法 ①鱿鱼收拾干净后切花；虾仁收拾干净；香菇清洗干净后切片；干贝用温水泡发；油菜清洗干净，焯水后捞出装盘。②油锅烧热，烹入料酒，放入鱿鱼、虾仁、干贝、香菇，炒至将熟时放入盐、味精、香油，入味后盛入盛油菜的盘中即可。

专家点评 这道菜营养十分丰富，含有蛋白质、人体所需的氨基酸、钙、铁、锌等营养成分，不仅有利于骨骼发育和造血，预防缺铁性贫血，还有强身健体的功效。此外，还有缓解疲劳、恢复视力、改善肝脏功能的作用，是备孕妈妈的上佳选择。

烹饪常识

清洗前应将鱿鱼泡在溶有小苏打粉的热水里，泡透后，去掉鱼骨，剥去表皮。鱿鱼要用旺火快炒，这样口感更脆爽，才好吃。

[备孕期 吃 什么？]

章鱼

ZHANG YU

【水产类】

[别名] 八爪鱼、小八梢鱼

【适用量】每天食用50克左右为宜。

【热量】135千卡/100克。

【性味归经】性平、味甘咸。入肝、脾、肾经。

【主打营养素】

蛋白质、精氨酸

◎墨鱼蛋白质含量丰富，有修补机体组织、维持机体正常代谢、提供热能的作用。章鱼中精氨酸的含量较高，而精氨酸是精子形成的必要成分。

◎食疗功效

章鱼能调节血压，对于气血虚弱、高血压、低血压、动脉硬化、脑血栓、痈疽肿毒等病症疗效显著，具有益气养血的功效。章鱼还有增强男子性功能的作用。宜体质虚弱、气血不足、营养不良之人食用；适宜备孕妈妈、产妇乳汁不足者食用。

◎选购保存

选购章鱼时要注意它的皮肤是否光亮透明，如果皮肤呈现混浊黯淡的颜色，则代表不新鲜。将章鱼内脏、皮膜清除，用水冲洗干净并擦干水分后用保鲜膜包覆，入冰箱中冷藏，可保存3～5天。

营养成分表

营养素	含量（每100克）
蛋白质	17.40克
脂肪	1.60克
维生素A	35微克
维生素B_1	0.02毫克
维生素B_2	0.06毫克
维生素E	1.68毫克
钙	44毫克
磷	19毫克
镁	42毫克
铁	0.90毫克
锌	2.38毫克
硒	38.18微克
铜	0.45毫克

◎搭配宜忌

章鱼+猪蹄 ✓ 可补充营养
章鱼+黑木耳 ✓ 有美容养颜的功效

章鱼+柿子 ✗ 会导致腹泻
章鱼+甘草 ✗ 会引起中毒

温馨提示

除了备孕女性、男性可以食用章鱼外，孕妇也是可以吃章鱼的，其对身体没有影响。但是不建议吃章鱼小零食，因为里面添加剂较多，而自己做着吃就比较安全。同时，章鱼能催乳生肌，产后气血虚弱、头昏体倦者也可以食用。

[备孕期 吃 什么？]

备孕期案例 1 黄瓜章鱼煲

原料 章鱼250克，黄瓜200克

调料 高汤适量，精盐5克

做法 ①将章鱼收拾干净切块；黄瓜清洗干净切块备用。②净锅上火倒入高汤，烧沸后调入精盐。③下入黄瓜烧开5分钟，再下入章鱼煲至熟即可。

专家点评 章鱼的肉很肥厚，是优良的海产食品，含有丰富的蛋白质、矿物质等营养元素，还富含抗疲劳、抗衰老，能延长人类寿命等重要的保健因子——天然牛磺酸。备孕妈妈饮用此汤可以补血益气，增强身体免疫力。另外，此汤还适于气血虚弱、头昏体倦、产后乳汁不足的产后新妈妈饮用，因为这道汤除了可补气血，强身体，还可以催乳生肌。

烹饪常识

章鱼嘴和牙里均是沙子，清洗时须挤出。章鱼非常容易熟，煲制的时间不宜过长。

备孕期案例 2 章鱼海带汤

原料 章鱼150克，胡萝卜75克，海带片45克

调料 精盐少许，味精3克，高汤适量

做法 ①将章鱼收拾干净切块；胡萝卜去皮清洗干净切片，海带片清洗干净备用。②净锅上火倒入高汤，大火烧开。③高汤煮沸后，下入章鱼、海带片、胡萝卜片烧开，调入精盐、味精，煲至熟即可。

专家点评 这是一道鲜美爽口的滋阴养胃益血汤。海带中含有大量的碘，碘可以刺激垂体，使女性体内雌激素水平降低，恢复卵巢的正常机能，纠正内分泌失调。章鱼可抑制血液中的胆固醇含量，缓解疲劳，恢复视力，改善肝脏功能。胡萝卜入汤，具有促进机体生长、防止呼吸道感染及保护视力的作用。这道汤味道香甜鲜美，有健脾开胃、养阴生津、补虚润肤的功效，适宜备孕妈妈调养身体时食用。

烹饪常识

章鱼也有墨囊，清洗时要注意及时冲干净。另外，章鱼肉嫩，性凉，吃时加姜更好。

[备孕期 什么？]

墨鱼

MO YU

【水产类】

[别 名] 乌贼、花枝、墨斗鱼

【适用量】每天食用40克左右为宜。

【热量】83千卡/100克。

【性味归经】性温，味微咸。归肝、肾经。

【主打营养素】

蛋白质、锌

◎墨鱼蛋白质含量丰富，有修补机体组织、维持机体正常代谢、提供热能的作用。墨鱼还富含锌，有利于备孕爸爸精子量增加，增加受孕机会。

◎食疗功效

墨鱼具有补益精气、健脾利水、养血滋阴、制酸、温经通络、通调月经、收敛止血、美肤乌发的功效；墨鱼肉中含有一种可降低胆固醇的氨基酸，可防止动脉硬化。常吃墨鱼，可提高免疫力，防止骨质疏松，缓解倦怠乏力，对食欲不振等作用显著，适宜备孕妈妈滋养身体时食用。

◎选购保存

优质鲜墨鱼的腹部颜色是均匀的；劣质鲜墨鱼放有"吊白块"，腹部的颜色不均匀，会起泡。墨鱼用塑料袋装好，放于冰箱冷冻保存。

◎搭配宜忌

搭配	宜忌	功效
墨鱼+黄瓜	✓	可清热利尿、健脾益气
墨鱼+木瓜	✓	可补肝肾
墨鱼+碱	✗	不利于营养吸收
墨鱼+茄子	✗	可引起霍乱

营养成分表

营养素	含量（每100克）
蛋白质	17.40克
脂肪	1.60克
维生素A	35微克
维生素B_1	0.02毫克
维生素B_2	0.06毫克
维生素E	1.68毫克
钙	44毫克
磷	19毫克
镁	42毫克
铁	0.90毫克
锌	2.38毫克
硒	38.18微克
铜	0.45毫克

温馨提示

除了备孕妈妈，孕妇和产妇都可以吃墨鱼，但是不要吃太多，不然很容易造成消化不良。另外，由于墨鱼含有丰富的蛋白质，胆固醇过高的妈妈要慎吃，否则会发胖，不利于顺产。另外，腐烂的墨鱼含有大量的致癌物质，也不可食用。

[备孕期 吃 什么？]

备孕期案例 1　富贵墨鱼片

|原料| 墨鱼片150克，西蓝花250克，姜、笋片各5克

|调料| 干葱花3克，盐、味精、香油各少许

|做法| ①将墨鱼片改刀后，待用。②净锅放水烧开，下入西蓝花汆熟，排在碟上。③把墨鱼片加调料炒好，放在西蓝花上即可。

|专家点评| 这道菜可以说是一道强强联合的保健菜，此菜养血滋补，强身健体，尤其适合备孕妈妈食用。墨鱼营养丰富，具有养血滋阴、健胃理气的功效。西蓝花可以解缓肌肤老化，一直是被世人所推荐的十大健康食品之一，被誉为"蔬菜之皇"。此外，备孕爸爸食用此菜还可以增强对病毒的抵御能力，因为此菜养血滋阴，强身壮阳，营养丰富又可保健康，真是备孕爸爸和备孕妈妈的健康选择。

烹饪常识

墨鱼体内含有很多墨汁，不易清洗，可先撕去表皮，拉掉灰骨，放入有水的盆中进行清洗。

备孕期案例 2　木瓜炒墨鱼片

|原料| 墨鱼300克，木瓜150克，芦笋、莴笋各适量

|调料| 盐4克，味精2克

|做法| ①墨鱼收拾干净，切片；木瓜去皮洗净，切块；芦笋清洗干净，切段；莴笋清洗干净，去皮，切块备用。②墨鱼汆水后捞出，沥干；油锅烧热，放墨鱼、盐炒匀，再加木瓜、芦笋、莴笋，翻炒，再加入味精，炒匀即可。

|专家点评| 这道菜色香味俱全，可激发备孕妈妈的食欲。此菜富含多种营养成分，如蛋白质、脂肪、维生素A、B族维生素及钙、磷、铁、核黄素等备孕妈妈必需物质，是备孕妈妈孕前的健康美食，有补气强身、滋补肝肾、养血滋阴的作用。因为此菜还有止血、催乳等功效，所以还适合产后妈妈食用。

烹饪常识

清洗墨鱼时，应将其头浸入水中，以免墨鱼中的墨汁四处飞溅。食用新鲜墨鱼时一定要去除内脏。

[备孕期 吃 什么？]

西瓜
XI GUA
【水果类】

[别名] 寒瓜、夏瓜

【适用量】每天100～150克为宜。
【热量】34千卡/100克。
【性味归经】性寒，味甘。归心、胃、膀胱经。

【主打营养素】
酶类、维生素C、有机酸
◎西瓜富含酶类、维生素C以及有机酸等营养成分，有平衡血糖的作用。另外，西瓜具有生津止渴的作用，对治疗肾炎、膀胱炎等疾病有辅助疗效。

◎食疗功效

西瓜具有清热解暑、除烦止渴、降压美容、利水消肿等功效。西瓜富含多种维生素，具有平衡血压、调节心脏功能、预防癌症的作用，可以促进新陈代谢，有软化及扩张血管的功能。常吃西瓜还可以使头发秀美稠密。备孕妈妈可酌量食用。

◎选购保存

瓜皮表面光滑、花纹清晰，用手指弹西瓜可听到"嘭嘭"声音的是熟瓜，另外，熟瓜会浮在水面上，生瓜则沉入水里。未切开时可低温保存5天左右，切开后用保鲜膜裹住，可低温保存3天左右的时间。

营养成分表

营养素	含量（每100克）
蛋白质	0.60克
脂肪	0.10克
碳水化合物	5.80克
膳食纤维	0.30克
维生素A	75微克
维生素B_1	0.02毫克
维生素B_2	0.03毫克
维生素C	6毫克
维生素E	0.10毫克
钙	8毫克
铁	0.30毫克
锌	0.17毫克
硒	9.54微克

◎搭配宜忌

| 西瓜+冬瓜 西瓜+鳝鱼 ✓ | 可治疗暑热烦渴、尿浊等症 |
| | 可补虚损、祛风湿 |

| 西瓜+海虾 西瓜+鱼肉 ✗ | 会引起呕吐、腹泻等反应 |
| | 会降低锌的吸收 |

温馨提示

西瓜吃多了易伤脾胃，所以多食会引起腹胀、腹泻、食欲下降，还会积寒助湿，引起咽喉炎。脾胃虚寒、贫血衰弱的孕产妇不宜食用，其他体质的孕产妇可适量食用，也千万不可因其能解暑而过量食用。

[备孕期 吃 什么？]

备孕期案例 1　西瓜炒鸡蛋

原料｜西瓜100克，鸡蛋3个

调料｜盐3克，葱、生抽、香油各10克

做法｜① 葱清洗干净，切成碎末；鸡蛋打入碗中，加盐，用筷子沿顺时针方向搅拌均匀；西瓜用挖球器挖成小球。② 炒锅上火，下油烧至六成热，下鸡蛋炒散，炒至金黄色时，下入西瓜炒匀。③ 再放入盐、生抽、香油调味，撒上葱花，盛盘即可。

专家点评｜这道菜营养丰富，几乎包含人体所需要的各种营养成分，含有大量的蔗糖、果糖、葡萄糖，丰富的维生素A、B族维生素、维生素C和维生素P，多量的有机酸、氨基酸、磷、钙、铁等矿物质，具有开胃口、助消化、解渴生津、利尿、祛暑疾、降血压、滋补身体的效用，适合备孕妈妈食用。

烹饪常识

炒鸡蛋时要用中小火慢炒，以防火急了有焦糊现象，那样炒出的鸡蛋就不嫩了。

备孕期案例 2　蜜汁火方蛋

原料｜火腿上方（带皮的）500克，西瓜500克，柠檬1个

调料｜蜂蜜100克，砂糖200克

做法｜① 将火腿上方清洗干净切块；西瓜扣成圆珠；柠檬挤汁放入碗中。② 将火腿块加蜂蜜、砂糖装入碗中，加水至覆盖表层，再将碗放入锅中用中火蒸1小时，取出，把碗中的水倒一部分入锅中。③ 在锅中的火腿汤中加入柠檬汁，勾薄芡，淋在火腿上，用西瓜圆珠伴边即可。

专家点评｜这道菜色泽鲜艳，火腿的瘦肉香咸带甜，肥肉香而不腻，美味可口。西瓜饱含水分与果糖、多种维生素、矿物质及氨基酸，可改善汗多口渴、小便量少、尿色深黄等症状。备孕妈妈食用此菜可滋养身体。

烹饪常识

放水蒸火腿的时候，水一定要覆盖原料表面。火腿可以多清洗几遍，以便去除咸味。

[备孕期 吃 什么？]

香蕉

XIANG JIAO

【水果类】

[别 名] 蕉子、甘蔗、大蕉

【适用量】每天1~2根为宜。
【热量】25千卡/100克。
【性味归经】性寒，味甘。入肺、大肠经。

【主打营养素】

氨基酸、钾

◎ 香蕉含有一种特殊的氨基酸，这种氨基酸能帮助人体制造"开心激素"，减轻心理压力，解除忧郁，令人快乐开心。香蕉中的钾能降低机体对钠盐的吸收，故其有降血压的作用。

◎食疗功效

香蕉具有清热、通便、解酒、降血压、抗癌的功效，还有润肠通便、润肺止咳、清热解毒、助消化和滋补的作用，常吃香蕉还能健脑。香蕉含有的纤维素可使大便软滑，易于排出，对便秘、痔疮患者大有益处，适合发热、口干烦渴、大便干燥难解、中毒性消化不良的人及备孕妈妈调养身体时食用。

◎选购保存

果皮颜色黄黑泛红，稍带黑斑，表皮有皱纹的香蕉风味最佳。香蕉手捏后有软熟感的一定是甜的。香蕉买回来后，最好用绳子串起来，挂通风地方。

营养成分表

营养素	含量（每100克）
蛋白质	1.40克
脂肪	0.20克
碳水化合物	22克
膳食纤维	1.20克
维生素A	10微克
维生素B_1	0.02毫克
维生素B_2	0.04毫克
维生素C	8毫克
维生素E	0.24毫克
钙	7毫克
铁	0.40毫克
锌	0.18毫克
硒	0.87微克

◎搭配宜忌

香蕉+牛奶 ✓ 可提高对维生素B12的吸收
香蕉+芝麻   可补益心脾、养心安神

香蕉+红薯 ✗ 会引起身体不适
香蕉+西瓜   会引起腹泻

温馨提示

香蕉含有被称为"智慧之盐"的磷，又有丰富的蛋白质、糖、钾、维生素A和维生素C，同时纤维素也较多，堪称相当好的营养食品，孕产妇可以食用。不过因其性寒，不宜食用过量，脾胃虚寒的孕产妇则不宜吃。

[备孕期 吃 什么?]

备孕期案例 1　香蕉薄饼

原料 香蕉1根，面粉300克，鸡蛋1个

调料 盐、葱花各4克，味精1克

做法 ① 把鸡蛋打匀，放入捣成泥的香蕉，加水、面粉调成面糊。② 再放些葱花、盐、味精搅匀。③ 油锅烧热，放入少许油，将面糊倒入锅内（一般放3勺），摊薄，两面煎至金黄色即可。

专家点评 香蕉几乎含有所有的维生素和矿物质，食物纤维含量丰富，而热量却很低。而且其中所含的钾能防止血压上升及肌肉痉挛；镁则具有消除疲劳的效果，是非常有益健康的食物。用香蕉制作的煎饼风味独特，特别适合备孕妈妈食用，也非常适合孕早期的孕妈妈食用，它不仅可以提供丰富的营养，还能缓解紧张情绪。

> **烹饪常识**
> 煎饼的面糊宁少勿多：分量少的话，煎饼较小块，会外酥里嫩；分量过多的话，煎饼容易夹生，不易煎熟。

备孕期案例 2　脆皮香蕉

原料 香蕉1根，吉士粉10克，面粉250克，泡打粉10克，白糖20克

调料 生粉30克，水125克

做法 ① 将白糖、吉士粉、面粉、泡打粉、生粉放入碗中，加入水和匀制成面糊。② 香蕉去皮切段，放入调好的面糊中，均匀裹上一层面糊。③ 将面糊放入烧热的油锅中，炸至金黄色即可捞出。

专家点评 香蕉中含有丰富的钾，备孕妈妈缺钾，会出现全身软弱无力，胃肠无法蠕动现象，导致腹胀、肠麻痹，严重者还会影响心肌收缩，引起心律紊乱，诱发心力衰竭。若每天吃上一根香蕉，就可以满足体内钾的需求，同时还可以稳定血压，保护胃肠道。而且常吃香蕉还能健脑。

> **烹饪常识**
> 香蕉不要买熟得过头的，就是有黑斑的那种，因为太软不好整型。炸香蕉时一定要控制好油温，以免炸焦。

[备孕期 吃 什么？]

草莓
CAO MEI
【水果类】

[别 名] 洋莓果、红莓

【适用量】每日100～150克为宜。

【热量】30千卡/100克。

【性味归经】性凉，味甘、酸。归肺、脾经。

【主打营养素】
维生素C、果胶、纤维素
◎草莓中含有丰富的维生素C，可以防治牙龈出血，促进伤口愈合，并会使皮肤细腻而有弹性。而草莓中含有的果胶及纤维素，可促进胃肠蠕动，改善便秘，预防痔疮、肠癌的发生。

◎食疗功效

草莓具有生津润肺、养血润燥、健脾、解酒的功效，可以用于干咳无痰、烦热干渴、积食腹胀、小便灼痛、醉酒等。草莓中还含有一种胺类物质，对白血病、再生障碍性贫血等血液病也有辅助治疗作用。草莓多吃也不会受凉或上火，是老少皆宜的健康食品，备孕妈妈可酌量使用。

◎选购保存

应选购硕大坚挺、果形完整、无畸形、外表鲜红发亮及果实无碰伤、冻伤或病虫害的果实。草莓保存前不要清洗，带蒂轻轻包好勿压，放入冰箱中即可。

营养成分表

营养素	含量（每100克）
蛋白质	1.00克
脂肪	0.20克
碳水化合物	7.10克
膳食纤维	1.10克
维生素A	5微克
维生素B_1	0.02毫克
维生素B_2	0.03毫克
维生素C	47毫克
维生素E	0.71毫克
钙	18毫克
铁	1.80毫克
锌	0.14毫克
硒	0.70微克

◎搭配宜忌

草莓+蜂蜜 ✓ 可补虚养血
草莓+牛奶 ✓ 有利于吸收维生素B12

草莓+黄瓜 ✗ 会破坏维生素C
草莓+樱桃 ✗ 容易上火

温馨提示

吃草莓要注意两点：首先不要买畸形草莓。正常生长的草莓外观呈心形。畸形草莓往往是在种植过程中滥用激素造成的，长期大量食用这样的果实，有可能损害人体健康。特别是孕妇和儿童，不能食用畸形草莓。

[备孕期 什么？]

备孕期案例 1 草莓塔

|原料| 草莓、奇异果、凤梨、镜面果胶各适量，奶油布丁馅1000克

|调料| 鸡蛋50克，低筋面粉330克，奶油170克，糖粉100克

|做法| ①将奶油、糖粉拌打后，分次加入蛋液并拌匀。②再用压拌的方式拌入低筋面粉，拌匀后放入塑胶袋中，入冰箱冷藏约30分钟。③取出擀平成约0.5厘米厚的面皮，用圆模压扣出适当大小，再放入塔模中压实结合，边缘多出的修除。④用叉子在塔皮部戳洞后，排入烤盘入烤箱烤至表面金黄（约15分钟），取出待凉。⑤将冰凉的布丁馅填入挤花袋中，适量填入塔皮中，摆上水果，刷上果胶即可。

|专家点评| 备孕期需要多种营养，这道美食富含多种有效成分，而且草莓的果肉中含有大量的糖类、蛋白质、有机酸、果胶等营养物质，这些都是备孕妈妈所需要的。

烹饪常识

草莓表面粗糙，不易清洗干净，用淡盐水浸泡10分钟既能杀菌又较易清洗。

备孕期案例 2 优格土豆铜锣烧

|原料| 优格适量，土豆50克，草莓2颗，芒果半个，小蓝莓3颗，蜂蜜（枫糖浆）20克

|调料| 低筋面粉150克，鸡蛋2个，沙拉油10克，水1杯，泡打粉2克，盐少许

|做法| ①土豆去皮清洗干净，蒸熟后压成泥；芒果去皮，挖成球状。②鸡蛋打散，加低筋面粉、沙拉油、水、泡打粉、盐拌匀，煎成铜锣烧，盛盘。③铜锣烧均匀铺入土豆泥，摆上芒果球、草莓，再淋上蜂蜜，倒入优格，放上小蓝莓即可。

|专家点评| 草莓鲜红艳丽，酸甜可口，是一种色香味俱佳的水果。它含有丰富的维生素和矿物质，还含有葡萄糖、果糖、柠檬酸、苹果酸、胡萝卜素、核黄素等。这些营养素对备孕妈妈的健康很有益。

烹饪常识

洗草莓前不要把草莓蒂摘掉，以免在浸泡中让污物通过"创口"渗入果实内。

[备孕期 吃什么？]

橙子

CHENG ZI

【水果类】

[别 名] 甜橙、黄果、金橙

【适用量】每天1~2个为宜。
【热量】47千卡/100克。
【性味归经】性凉、味酸。归肺经。

【主打营养素】

维生素C、维生素B₁、柠檬酸

◎橙子富含维生素C，能增强人体抵抗力，亦能将脂溶性有害物质排出体外；富含维生素B₁，能帮助葡萄糖新陈代谢；而富含的柠檬酸可促进胃液生成，有消食开胃的作用。

◎食疗功效

橙子有化痰、健脾、温胃、助消化、增食欲、增强毛细血管韧性、降低血脂等功效。果皮可作为健胃剂、芳香调味剂。经常食用橙子能保持皮肤湿润，强化免疫系统，有效防止流感等病毒的侵入，有助于维持大脑活力，提高敏锐度，备孕妈妈食用时对健康有益。

◎选购保存

要选购果实饱满、有弹性、着色均匀、能散发出香气的橙子。另外，还要留意橙子的颜色是否特别鲜艳，最好选购正常成色的。橙子较耐储藏，可放在阴凉通风处保存半个月，但不要堆在一起存放。

营养成分表

营养素	含量（每100克）
蛋白质	0.80克
脂肪	0.20克
碳水化合物	11.1克
膳食纤维	0.60克
维生素A	27微克
维生素B₁	0.05毫克
维生素B₂	0.04毫克
维生素C	33毫克
维生素E	0.56毫克
钙	20毫克
铁	0.40毫克
锌	0.14毫克
硒	0.31微克

◎搭配宜忌

橙子+玉米 ✓	可促进维生素的吸收
橙子+蜂蜜	治胃气不和、呕逆少食
橙子+虾 ✗	会产生毒素
橙子+黄瓜	会破坏维生素C

温馨提示

食用橙子后不要立即饮用牛奶，因为橙子中的维生素C可破坏牛奶中的蛋白质，容易导致腹泻、腹痛。中医认为橙子还有通乳的功效，且有很好的补益作用，所以产后妈妈也可以适当吃一些橙子，但不宜过量。

[备孕期 吃 什么?]

备孕期案例 1　什锦水果杏仁

|原料| 杏仁粉24克，洋菜粉8克，柳橙40克，西瓜60克，苹果40克

|调料| 脱脂鲜奶120毫升，水240毫升

|做法| ① 将水放入锅中，开中火煮，水沸后加入杏仁粉搅拌煮至均匀，待再沸腾时加入洋菜粉，边煮边搅拌，待成黏稠状即可熄火，倒入方形模型，凉凉至凝固。② 将凝固的杏仁豆腐倒出，切小块，备用；柳橙清洗干净，去皮，切小丁；西瓜清洗干净，去皮，切小丁；苹果清洗干净后去皮，切小丁。③ 将杏仁豆腐丁、柳橙丁、西瓜丁、苹果丁放入碗中加入牛奶拌匀即可。

|专家点评| 杏仁富含蛋白质、脂肪、胡萝卜素、B族维生素、维生素C及钙、磷、铁等营养成分。柳橙含有170种以上不同的植物化学成分，具有解毒、消炎等功效。常食此菜有清热解毒、增强免疫力的作用，适合备孕妈妈补养身体时食用。

> 烹饪常识
> 也可以在煮杏仁豆腐时，加入少许牛奶，那样味道更佳。

备孕期案例 2　橙子当归鸡煲

|原料| 橙子、南瓜各100克，肉鸡175克，当归6克

|调料| 精盐3克，白糖3克

|做法| ① 将橙子、南瓜清洗干净切块；肉鸡斩块汆水；当归清洗干净备用。② 煲锅上火倒入水，调入精盐、白糖，下入橙子、南瓜、鸡肉、当归煲至熟即可。

|专家点评| 橙子是富含维生素C的天然抗氧化剂，具有强烈的抗氧化功能，同时也是清洁身体和增强能量的佳品，可以帮助备孕妈妈消除身体炎症，促进细胞再生。橙子与温中益气的鸡肉、增强肌体免疫力的南瓜以及有补血活血作用的当归一同煲的汤，不仅有助于补血养气，还可以提高免疫力。

> 烹饪常识
> 橙皮和橙肉之间的那层白色的纤维素最好不要扔掉。

[备孕期 吃什么？]

柚子
YOU ZI
【水果类】

[别 名]文旦、气柑

【适用量】每日50克为宜。
【热量】41千卡/100克。
【性味归经】性寒，味甘、酸。归肺、脾经。

【主打营养素】
钙、叶酸

◎柚子能帮助身体吸收钙及铁质。而其中所含的天然叶酸，对于备孕或怀孕中的妈妈，有预防贫血症状发生和促进胎儿发育的作用，同时还能预防胎儿畸形。

营养成分表

营养素	含量（每100克）
蛋白质	0.80克
脂肪	0.20克
碳水化合物	9.50克
膳食纤维	0.40克
维生素A	2微克
烟酸	0.30毫克
维生素B_2	0.03毫克
维生素C	23毫克
钙	4毫克
钾	119毫克
铁	0.30毫克
锌	0.40毫克
硒	0.70微克

◎搭配宜忌

柚子+鸡肉	✓	可补肺、下气、消痰止咳
柚子+胡萝卜		会破坏维生素C
柚子+黄瓜	✗	会破坏维生素C
柚子+螃蟹		会刺激肠胃，引起不良反应

备孕期案例：西红柿沙田柚汁

|原料| 沙田柚半个，西红柿1个

|调料| 蜂蜜适量

|做法| ①将沙田柚清洗干净，切开，放入榨汁机中榨汁；然后将西红柿清洗干净，切块。②西红柿、沙田柚汁、凉开水放入榨汁机内榨汁。饮用前可加入适量蜂蜜于汁中。

|专家点评| 本饮品有开胃消食、美白养颜的功效，经常食用本品，对预防便秘、健脾和胃很有好处。柚子含有丰富的蛋白质、糖类、有机酸及维生素A、维生素C和钙、磷、镁、钠等营养成分，可增强毛细血管韧性、降低血脂等，对高血压、冠心病等患者及备孕妈妈调养身体有补益作用。

[备孕期 吃 什么？]

猕猴桃
MI HOU TAO
【水果类】

【适用量】每天1~2个为宜。
【热量】56千卡/100克。
【性味归经】性寒，味甘、酸。归胃、膀胱经。

[别 名] 狐狸桃、洋桃、藤梨

【主打营养素】
维生素C、维生素E
◎猕猴桃含有丰富的维生素C，能预防糖尿病引起的心脑血管疾病以及感染性疾病；猕猴桃还含有一种天然糖醇类物质——肌醇，对调节糖代谢、降低血糖有很好的疗效。

营养成分表

营养素	含量（每100克）
蛋白质	0.80克
脂肪	0.60克
碳水化合物	14.50克
膳食纤维	2.60克
维生素A	22微克
维生素B_1	0.05毫克
维生素B_2	0.02毫克
维生素C	62毫克
维生素E	2.43毫克
钙	27毫克
铁	1.20毫克
锌	0.57毫克
硒	0.28微克

◎搭配宜忌

猕猴桃+橙子	✓	可预防关节磨损
猕猴桃+薏米		可抑制癌细胞
猕猴桃+牛奶	✗	会出现腹痛、腹泻等不良反应
猕猴桃+胡萝卜		会破坏维生素C

备孕期案例：猕猴桃苹果汁

|原料| 猕猴桃2个，苹果半个，柠檬1/3个

|做法| ①猕猴桃、苹果、柠檬清洗干净，去皮，切块。②把猕猴桃、苹果、柠檬放入果汁机中，加50毫升水搅打均匀。③倒入杯中即可饮用。

|专家点评| 本饮品有生津解热、调中下气、滋补强身的功效。鲜猕猴桃中维生素C的含量在水果中是最高的，它还含有丰富的蛋白质、碳水化合物、多种氨基酸和矿物质元素，都为人体所必需，而且它果实鲜美，风味独特，酸甜适口，营养丰富，可以很好地提高备孕妈妈的食欲。

[备孕期 吃什么？]

黄豆

HUANG DOU

【杂粮类】

[别名] 大豆、黄大豆

【适用量】每天食用30克左右为宜。

【热量】359千卡/100克。

【性味归经】性平，味甘。入脾、大肠经。

【主打营养素】

铁、锌、钙、蛋白质

◎黄豆含丰富的铁，易吸收，可防止缺铁性贫血，对孕产妇尤为重要；所含锌具有促进生长发育、防止不育症的作用。同时，黄豆还富含钙和蛋白质，有强身健体的作用。

营养成分表

营养素	含量（每100克）
蛋白质	35.00克
脂肪	16.00克
碳水化合物	34.20克
膳食纤维	7.70克
维生素A	37微克
维生素B_1	0.41毫克
维生素B_2	0.20毫克
维生素E	18.90毫克
钙	191毫克
铁	8.20毫克
锌	3.34毫克
硒	6.16毫克
铜	1.35微克

◎搭配宜忌

黄豆+胡萝卜 ✓	有助于骨骼发育
黄豆+红枣	有补血、降血脂的功效
黄豆+虾皮 ✗	会影响钙的消化吸收
黄豆+核桃	可导致腹胀、消化不良

备孕期案例：鸭子炖黄豆

|原料| 鸭半只，黄豆200克

|调料| 姜5克，上汤750克，盐、味精各适量

|做法| ①将鸭洗净斩块；黄豆洗净；姜洗净，切片。②鸭块与黄豆一起入锅中过沸水，捞出。③上汤倒入锅中，放入鸭子、黄豆和姜片，炖1小时后调入盐、味精即可。

|专家点评| 黄豆的蛋白质含量丰富，有助于降低血浆胆固醇水平，促进骨质健康，促进肾功能。黄豆脂肪中含有50％以上人体必需的脂肪酸，可提供优质食用油。将黄豆与有滋阴清热、活血利水的鸭同煲，有荤有素，很适合备孕妈妈在胃口不佳时候食用。

[备孕期什么？]

花生

HUA SHENG

【干果类】

[别　名] 长生果、落花生

【适用量】每日40克为宜。
【热量】298千卡/100克（生花生）。
【性味归经】性平，味甘。归脾、肺经。

【主打营养素】
卵磷脂、脑磷脂、脂肪油、蛋白质

◎花生富含卵磷脂和脑磷脂，能促使细胞发育和增强大脑的记忆力。花生中含丰富的脂肪油和蛋白质，对产后乳汁不足者，有滋补气血、养血通乳作用。

营养成分表

营养素	含量（每100克）
蛋白质	12.00克
脂肪	25.40克
碳水化合物	13.00克
膳食纤维	7.70克
维生素A	2微克
维生素B_2	0.04毫克
维生素C	14毫克
维生素E	2.93毫克
钙	8毫克
铁	3.40毫克
锌	1.79毫克
硒	4.50微克
铜	0.65毫克

◎搭配宜忌

花生+猪蹄 可补血催乳
花生+红枣　可健脾、止血

花生+螃蟹 会导致肠胃不适，引起腹泻
花生+黄瓜　会导致腹泻

备孕期案例 红豆花生乳鸽汤

|原料| 红豆、花生各50克，桂圆肉30克，乳鸽200克

|调料| 盐5克

|做法| ①红豆、花生、桂圆肉洗净，浸泡。②乳鸽宰杀后去毛、内脏，洗净，斩大件，入沸水中汆烫，去除血水。③将清水1800克放入瓦煲内，煮沸后加入以上全部原料，大火煲沸后，改用文火煲2小时，加盐调味即可。

|专家点评| 这道汤中的乳鸽的肉厚而嫩，滋养作用较强，富含蛋白质和少量无机盐等营养成分，是不可多得的食品佳肴；花生含钙量丰富，有强壮骨骼的作用。再加上有补血益气的红豆及桂圆肉，此汤对备孕妈妈有补养效果。

[备孕期 禁 什么？]

芹菜

不宜吃芹菜的原因

男性激素即为雄激素，由睾丸产生，故又叫"睾酮"。睾酮对男性性欲的产生和性功能维持非常重要，对促进精子产生、维持、促进第二性征及性器官的发育也很重要。

男性多吃芹菜会抑制睾丸酮的生成，从而产生杀精作用，会减少精子数量，降低精子质量。据国外医生实验发现，健康良好、有生育能力的年轻男性连续多日食用芹菜后，精子数量会明显减少甚至可至难以受孕的程度，这种情况在停止食用芹菜后几个月又会恢复正常。

忌食关键词

抑制睾丸酮的生成、杀精

猪腰

不宜吃猪腰的原因

现在很多人喜欢吃动物内脏，尤其是吃烧烤时，猪腰更是成为很多男人的最爱，他们认为吃腰子补肾，但请当心重金属镉损精不育。

根据台湾医院最先研究发现：猪、牛、羊的肾脏里面均含有不同程度的重金属镉，男人食用的时候多多少少会将镉吸入身体，不仅会造成精子的数目减少，而且受精卵着床也会受到影响，很可能造成不育。如果再加上本身就是吸烟人群，不育几率可高达六成。所以在备孕期尽量不要食用猪腰。

忌食关键词

含重金属镉、损精、不孕不育

烤牛羊肉

不宜吃烤牛羊肉的原因

烤牛羊肉香味浓郁，风味独特，深受大家的喜爱。不过有人发现爱吃烤羊肉的少数妇女生下的孩子患有弱智、瘫痪或畸形等疾病。经过调查和现代医学研究得知，这些妇女和其所生的畸形儿都是弓形虫感染的受害者。

当人们接触了感染弓形体病的畜禽并吃了这些畜禽未熟的肉时，常可被感染。被感染弓形虫后妇女可能没有自觉症状，但当其妊娠时，感染的弓形虫可通过子宫感染给胎儿，引发胎儿畸形。弓形虫感染是发生胎儿畸形的主要因素。

忌食关键词

弓形虫感染、胎儿畸形

[备孕期 禁 什么？]

酸菜、泡菜

不宜吃酸菜、泡菜的原因

忌食关键词

亚硝酸、各种添加剂、营养破坏

酸菜、泡菜是我国部分地区人们喜欢的一种食物，它们虽然可口，但是计划怀孕的女性却不宜食用。因为酸菜、泡菜中不仅含有微量的亚硝胺，还添加有防腐剂、调味品、色素等大量对人不宜的化学物质，有致癌作用，还可以诱发胎儿畸形。

酸菜、泡菜在腌渍过程中，维生素C被大量破坏，人体如果缺乏维生素C，会使抑制肾内草酸钙结晶体沉积和减少结石形成的能力降低，如果长期贪食酸菜、泡菜，还可能引起泌尿系统结石。

浓 茶

不宜喝浓茶的原因

忌食关键词

咖啡因、浓茶因、降低怀孕机会

许多人习惯饮茶，因为饮茶有益人体健康。但是准备生育的女性，注意不宜喝茶太浓、太多。因为备孕妈妈如果每天喝过多浓茶，有可能使日后怀孕的成功率降低。专家指出，浓茶中含有丰富的咖啡因与浓茶因，备孕妈妈过多摄入可致雌激素分泌减少，而体内雌激素水平下降，就有可能对卵巢的排卵功能构成不利影响，使得怀孕机会降低。

相关数据显示：平均每天喝浓茶超过3杯的备孕妈妈，其怀孕机会要比从不喝浓茶的女性降低27%；每天喝2杯浓茶的备孕妈妈的怀孕机会比不喝的备孕妈妈低10%左右。

咖 啡

不宜喝咖啡的原因

忌食关键词

咖啡因、降低受孕几率

美国全国环境卫生科学研究所的研究人员对104位希望怀孕的女性进行研究后得出结论：咖啡对受孕有直接影响。在这些女性中，每天喝一杯咖啡以上的女性，怀孕的可能性只是不喝此种饮料者的一半。

咖啡中的咖啡因作为一种能够影响到女性生理变化的物质可以在一定程度上改变女性体内雌、孕激素的比例，从而间接抑制受精卵在子宫内的着床和发育。计划怀孕的备孕妈妈们如果长期大量饮用咖啡，可以使心律加快，血压升高，不仅易患心脏病，而且还会降低受孕几率。

[备孕期 禁 什么？]

可乐

不宜喝可乐的原因

甜甜的、冒着小气泡的可乐是不少人钟爱的日常饮品。不过，研究表明，可乐型的饮料会直接伤害精子，影响男性生育能力。如果受损伤的精子和卵子结合，很有可能导致胎儿畸形或者先天不足。

多数可乐型饮料都含有咖啡因，很容易通过胎盘的吸收进入胎儿体内，危及胎儿的大脑、心脏等重要器官，使胎儿畸形或患先天性痴呆症。而且可乐型饮料的含糖量也较高，多饮容易引起体重增加，提高患糖尿病的风险。

忌食关键词：伤害精子、含糖较高、胎儿畸形

酒

不宜饮酒的原因

大量事实证明，嗜酒会影响后代。因为酒的主要成分是酒精，当酒被胃、肠吸收后，会进入血液运行到全身，大部分在肝脏内代谢。随着饮酒量的增加，血液中的浓度随之增高，对身体的损害作用也相应增大。酒精在体内达到一定浓度时，对大脑、心脏、肝脏、生殖系统都有危害。

酒精使生殖细胞受到损害后，受毒害的卵子就很难迅速恢复健康，也可能使精卵不健全。而且酒后受孕可造成胎儿发育迟缓，发生胎儿畸形的可能性也较大。所以，备孕时饮酒对胎儿不利，备孕爸妈应戒酒。

忌食关键词：酒精、精卵不健全、胎儿畸形

黑棉籽油

不宜吃黑棉籽油的原因

黑棉籽油是从棉子中提取的一种粗制棉油，是一种未经加工处理的棉籽油，含有大量棉酚，是国家规定允许含量的10~90倍。试验证明棉酚对男性生精功能有明显的抑制作用，而且对女性子宫内膜也有直接的副作用。

棉酚可破坏子宫内膜，使内膜萎缩，子宫变小，使子宫内膜血液循环量逐渐下降，不利于孕卵着床而造成不孕。即使孕卵已经着床，也会因营养物质缺乏，使已植入子宫内膜的胚胎或胎儿不能继续生长发育而死亡，出现死胎现象。因此，备孕妈妈应禁食黑棉籽油。

忌食关键词：棉酚、破坏子宫内膜、死胎

[备孕期 禁 什么？]

辣椒

不宜吃辣椒的原因

> **忌食关键词**
> 辛热、刺激性、消耗肠道水分

辣椒是大辛大热之品，食用过多会危害人体的健康。因为辣椒中含有的辣椒素极易消耗肠道水分而使胃腺体分泌减少，造成胃痛、肠道干燥、痔疮、便秘而且辣椒中还含有麻木神经的物质，会对胎儿的神经造成影响。

如果备孕妈妈本来就消化不良，或有便秘的症状，过量食用辣椒会加重这些症状，也会影响孕期对胎儿的营养供给，甚至增加分娩的困难。产妇也要尽量少吃辣椒，因为生了孩子本来就容易得痔疮，受到辣椒刺激会让她更容易染上此症。

花椒

不宜吃花椒的原因

> **忌食关键词**
> 性温、辛辣、消耗肠道水分

花椒味辛，性温，有小毒，归脾、胃、肾经，是辛辣的调料，虽然可以除各种肉类的腥膻臭气，能促进唾液分泌，增加食欲，但建议备孕妈妈还是不要食用，因为花椒容易引起上火气滞。

因为花椒容易消耗肠道水分而使胃腺体分泌减少，引起胃痛、肠道干燥、痔疮、便秘，肠道发生秘结后，使腹压增加，压迫子宫内的胎儿，易造成胎儿不安，羊水早破，自然流产、早产等不良后果。因此在计划怀孕前3~6个月应戒除吃辛辣食物的习惯。

胡椒

不宜吃胡椒的原因

> **忌食关键词**
> 热性、辛辣、消化功能紊乱

胡椒是热性的食物，过量食用会引起人的消化功能紊乱，比如，胃部不适、消化不良、便秘，甚至发生痔疮。如果孕前及孕期或产后始终维持着进食胡椒的习惯，一方面可能会加重孕妇的消化不良、便秘或痔疮的症状，另一方面也会对胎儿有不利的影响。

因此，计划怀孕的备孕妈妈，为了能够生一个健康的宝宝，在开始计划怀孕时就应该注意少吃像胡椒这样辛辣的食物。为了宝宝的健康，在孕期及产期，不宜多吃，制作菜肴时放少许胡椒粉是可以的。

第二章

孕早期
吃什么，禁什么

孕早期（即女性怀孕的第1个月到第3个月）胎儿真正在孕妈妈的身体里落户了，这是一段期待幸福与甜蜜时刻到来的时期。这个阶段的营养对孕妈妈和宝宝来说非常重要，为了胎儿的健康成长，孕妈妈应了解一些饮食常识以及在这一阶段能吃什么，不能吃什么，把身体养得棒棒的，为宝宝打下坚实的基础。

孕早期 饮食须知

◎孕早期是胎儿细胞分化、人体器官形成的主要时期，也是母体内发生适应性生理变化的时期。这一阶段的饮食成了准妈妈们的头等大事。

1 孕妈妈要继续补充叶酸

孕前要补充叶酸，孕后还要继续补充，如果孕妈妈在孕早期缺乏叶酸，会影响胎儿大脑和神经系统的正常发育，严重时将造成无脑儿和脊柱裂等先天畸形，也可使胎盘发育不良而造成流产、早产等。

孕早期孕妇体内叶酸水平明显低于非孕妇女，而且孕早期是胎儿中枢神经系统生长发育的关键期，脑细胞增殖迅速，最易受到不良因素的影响。如果在这个关键期补充叶酸，可使胎儿患神经管畸形的危险性减少。

当然，叶酸也并非补得越多越好。长期过量服用叶酸，会干扰孕妈妈的锌代谢，锌元素不足，同样会影响胎儿发育。所以服用叶酸一定要在医生或保健人员的指导下使用，切忌滥用。

2 孕妈妈不能吃霉变的食物

霉菌在自然界中到处都有，其产生的霉菌素对人体危害很大，如果孕妇吃了则危害更大。研究表明，孕妈妈食用霉变食品中毒而发生昏迷、剧烈呕吐等症状，或因呼吸不正常而造成缺氧，都是影响胎儿正常发育的不良因素。

在妊娠早期2~3个月，胚胎正处在高度增殖、分化时期，由于霉菌毒素的危害，可使染色体断裂或畸变，产生遗传性疾病或畸形胎儿，如先天性心脏病、先天性愚钝型胎儿等，甚至导致胚胎停止发育而发生死胎或流产。

除此之外，霉菌毒素长期作用于人体，可致人体细胞癌变，如黄曲霉素可致肝癌。因此，孕妈妈在日常生活中要讲

叶酸是人体细胞生长和分裂所必需的物质之一，可以防止胎儿畸形，所有女性怀孕前后都应该补充叶酸。

究饮食卫生，不吃霉变的大米、玉米、花生、薯类、菜类以及甘蔗、柑橘等食品，以防霉菌毒素殃及胎儿。

3 孕妈妈不能全吃素食

有些孕妈妈怕身体发胖，平时多以素食为主，不吃荤食，怀孕后加上妊娠反应比较大，就更不想吃荤腥油腻的食物，结果全吃素食了。这种做法可以理解，但是孕期长期吃素会不利于胎儿的健康生长。因为母体如果摄入营养不足，就会造成胎儿营养不良，势必会影响到胎儿的健康。

孕妈妈全吃素食而不吃荤食，最直接的影响是会造成牛磺酸缺乏。虽然人体自身也能合成少量的牛磺酸，但是对于孕妈妈而言，由于牛磺酸需要的量比平时大，人体本身合成牛磺酸的能力又有限，加上

为了自身和胎儿的健康，孕妈妈的饮食应该荤素搭配均衡。

全吃素食，而素食中又普遍缺乏这一营养成分。久而久之，必然会造成牛磺酸缺乏。那么，孕妈妈从外界摄取一定量的牛磺酸，以维持正常的生理功能就十分必要了。牛磺酸的摄取最健康、最安全的方法就是从荤菜中来补充。

因此，为了自己的身体健康和胎儿的正常发育，吃素食的孕妈妈也应适量吃些荤食，注意做到荤素搭配，以避免造成大人、宝宝营养不良。

4 孕妈妈饮水首选白开水

怀孕期间多饮水可以增加循环血量，促进新陈代谢，提高孕妈妈自身免疫功能，对胎儿的生长发育也有积极的促进作用。但是，专家提醒孕妈妈，饮水也有一定的讲究：首选白开水。其次是矿泉水。少喝茶水，最好不喝纯净水、可乐和咖啡，鲜榨纯果汁每天也不要超过300克。

白开水对人体有"内洗涤"的作用，比较容易透过细胞膜，能促进新陈代谢，增加血红蛋白含量，从而提高机体免疫功能。同时，白开水还可以降低血液中能引起孕妈妈呕吐的激素浓度。经过煮沸消毒后的白开水清洁卫生，能避免致病菌引发的疾病，应是孕妈妈补充水分的主要来源。白开水的水源只要是合格的自来水即可，但不要喝久沸或反复煮沸的开水。

如果要饮用矿泉水，应尽量选择可靠的品牌，合格的矿泉水应无异味、杂味。但孕妈妈尽量不要喝冷水，要稍温热后再喝，以免刺激肠道，引起子宫收缩。需要

孕妈妈注意的是，喝饮水机上的桶装水要注意出厂日期，每桶水要在1周内喝完，以免时间过长滋生细菌。饮水机也要使用半年清洗一次内胆，达到洁净的目的。

需要提醒孕妈妈的是，孕期不宜喝纯净水。纯净水、太空水、蒸馏水都属于纯水。其优点是没有细菌、病毒，缺点是大量饮用时，会带走体内有用的微量元素，进而降低人体免疫力。

另外，要少喝茶水。饮茶容易提高孕妈妈的神经兴奋性，可能导致其睡眠不深、心跳加快、胎动增加等情况出现。而且茶叶中所含的鞣酸可能与食物中的钙、铁元素结合，生成一种不能被机体吸收的复合物，影响钙、铁的吸收，从而影响到胎儿发育，导致孕妈妈贫血。

可乐和咖啡也会提高孕妈妈的神经兴奋性，而且因可乐含有咖啡因、色素、碳酸等成分，还会加重孕妈妈缺钙的症状，因此，为慎重起见，孕妈妈最好不要饮用咖啡和可乐。

早餐很重要，孕妈妈应该保证每天早上都吃早餐。

5 孕妈妈一定要吃早餐

孕妈妈孕期的营养很重要。早餐是一天的第一餐，它的重要性就不必多说了。如果孕妈妈不吃早餐，不仅自己挨饿，也会让胎儿挨饿，这对胎儿的生长发育极其不利。所以孕妈妈一定要吃早餐，而且还要吃好。

有些孕妈妈在怀孕之前就有不吃早餐的习惯，这一习惯是很不好的。为了改掉不吃早餐的习惯，孕妈妈可以稍微早点起床，早餐前先活动一段时间，比如散步、做一些简单的家务等，激活器官活动功能，促进食欲，加速前一天晚上剩余热量的消耗，以产生饥饿感，促使产生吃早餐的欲望。

为了刺激食欲，孕妈妈也可以在起床后喝一杯温开水，通过温开水的刺激和冲洗作用激活器官功能。血液稀释后，可增加血液的流动性，使肠胃功能活跃起来，同时活跃其他器官功能。当然，养成早上大便一次的习惯，排出肠内废物，也是有利于进食早餐的。

6 孕妈妈晚餐要少吃

有些孕妈妈忙碌了一整天，到了晚上空闲下来了，吃饭时就大吃特吃，这样对健康是不利的。晚饭既是对下午劳动消耗的补充，又是对晚上及夜间休息时热量和营养物质需求的供应。但是，晚饭后人的活动毕竟有限，晚间人体对热量和营养物质的需求量并不大，特别是睡眠时，只要能提供较少的热量和营养物质，使身体维持基础代谢的需要就够了。

如果孕妈妈吃得过饱，营养摄入过多，就会增加肠胃负担，睡眠时肠胃活动减弱，不利于食物的消化吸收。所以孕妈妈晚餐应少吃一点，并以细软、清淡为宜，这样有利于消化，也有利于睡眠，还能为胎儿正常发育提供良好的条件。

7 不要强迫孕妈妈吃东西

孕吐是孕妈妈保护腹中胎儿的一种本能反应。如果孕妈妈觉得某种食品很难吃，就不应强迫孕妈妈吃这种东西，而应根据孕吐的症状，对孕妈妈的日常饮食做出相应调整，以适应腹中胎儿生长发育的需要。

营养学家主张孕妈妈的饮食应以"喜纳适口"为原则，尽量满足其对饮食的嗜好，尽量避免可能会让她觉得恶心的食物或气味。如果孕妈妈觉得好像吃什么都会觉得恶心，不要着急，可以吃那些能提起孕妈妈胃口的东西，哪怕这些食物不能让孕妈妈达到营养均衡也没关系。不管什么东西，多少吃进去一点，总比吃一大顿但全都吐出去了要强很多。

8 调整饮食缓解孕吐症状

孕妈妈孕吐吃不下东西时，首先应该在饮食上进行调整，以满足孕妈妈和胎儿的营养需求。首先，可让孕妈妈多吃些富含蛋白质的清淡食物，帮助抑制恶心症状。其次，孕妈妈应随时吃点

不要强迫孕妈妈吃她觉得难吃的食品，以免加重孕吐。

姜能够有效缓解孕吐症状，可以给孕妈妈冲一杯姜茶。

零食，一刻都不要让自己的胃空着，因为空腹是最容易引起恶心的。如，在床头放点饼干等简单的小零食，如果半夜醒来感到恶心，也可以吃点饼干来缓解一下。除此之外，姜能够有效缓解孕吐症状。可把生姜切碎，用热水冲泡，给孕妈妈冲一杯姜茶，这样可以让孕妈妈的胃感到舒服一些。另外姜糖也有同样的功效。

此外，还要避免吃含高脂肪的食物，因为它们需要更长的时间才能消化。油腻、辛辣、有酸味和油炸的食物也要少吃，因为这些食物会刺激孕妈妈已经变得脆弱的消化系统，加重孕吐症状。

9 孕妈妈不宜营养过剩

怀孕期间，为了孕妈妈和胎儿的身体健康，良好的营养是必不可少的。但物极必反，孕期摄入太多的营养不但对母子健康不利，甚至有害。

孕妈妈过多摄入主食，使热量超标，会导致母亲过胖、胎儿过大。母亲过胖可能引起孕期血糖过高、妊高征（即妊娠高血压征），胎儿过大会导致难产。而胎儿体重越重，难产发生率越高。如新生儿体重大于3500克，难产率可达53%；新生儿体重超过4000克，难产率高达68%。而且，由于营养过剩，体重超过4500克的巨大胎儿也时有出现。这些肥胖婴儿出世时，由于身体脂肪细胞大量增殖，往往导致将来发生肥胖、糖尿病、高血压等代谢性疾病。

判断孕妈妈是否营养过剩最简便、最常用的指标就是体重。怀孕期间每月称体重至少1次。孕前体重正常的女性，妊娠后的前3个月内体重可增加1.1~1.5千克；3个月后，每周增加0.35~0.4千克，至足月妊娠时，体重比孕前增加10~12.5千克。如体重增加过快、肥胖过度，应及时调整饮食结构，并去医院咨询。

10 食糖过量宝宝易患近视

如今，由于生活水平不断提高，人们的饮食结构越来越精细，摄入的细粮越来越多，其中的糖分也越来越多。

从营养成分上分析，对于正常人来讲，摄入过多的糖分，可能会造成体内糖分堆积，而糖分在体内新陈代谢时，需要大量的维生素，糖分堆积过多，人体内的维生素就会因消耗过大而不足，而眼部视细胞发育同样也需要大量的维生素参与，

孕妈妈食糖过多，会使得胎儿的晶体过早发育，更容易导致近视发生。

若人体内维生素不足，就会影响其发育。

对孕妈妈来说更是如此，如果摄入了过多的饮料和细粮，导致体内糖分过多，就会导致眼球晶体发育环境异常，使得胎儿的晶体过早发育，就更容易导致近视发生。有动物实验表明，让动物摄入过多糖分，对于它们的视力都有影响。因此为了胎儿的健康发育，孕妈妈要尽量少进食糖。

11 要谨防被污染的食物

食物从其原料生产、加工、包装、运输、储存、销售至食用前的整个过程中，都有可能不同程度地受到农药、金属、霉菌毒素以及放射性核素等有害物质的污染。如果孕妈妈食用被农药污染的蔬菜、水果后，极易导致基因正常控制过程中发生转向或胎儿生长迟缓，从而导致胎儿先天畸形，严重的可使胎儿发育停止，流产、早产或者出现死胎。

因此，孕妈妈在日常生活中尤其应当重视饮食卫生，防止食物污染。应尽量选用新鲜天然食品，避免食用含食品添加剂、色素、防腐剂物质的食品。食用蔬菜前要充分清洗干净，水果应去皮后再食用，以避免农药污染。

另外，在家庭炊具中应使用铁锅或不锈钢炊具，避免使用铝制品及彩色搪瓷制品，以防止铝元素、铅元素对人体细胞的伤害。

12 孕妈妈宜食用有机农产品

如果经济条件允许并且买得到，应该多购买有机农产品给孕妈妈吃。这是因为现代化的农产品大多在种植的过程中会使用化学肥料、杀虫剂，这样的产品大多含化学污染的残留物，对孕妈妈和宝宝有一定影响。而有机农产品则多不用这些农药和化学肥料，产品就更为卫生、安全，且往往更具有丰富的食物纤维和营养素，也比传统种植的农产品更安全。

此外，在购买猪肉、鸡肉等肉类菜时，也最好能挑选有机饲养的家畜、家禽，这样的产品一般不含有激素和抗生素等化学物质，也很少携带如沙门氏菌这样的细菌，可以让孕妈妈吃得更放心。

有机的蔬菜、水果往往更具有丰富的食物纤维和营养素，且更安全。

[孕早期 什么？]

西红柿
XI HONG SHI
【蔬菜菌菇类】

【适用量】每天2个为宜。
【热量】19千卡/100克。
【性味归经】性凉，味甘、酸。归肺、肝、胃经。

[别　名] 番茄、番李子、洋柿子

【主打营养素】
番茄红素、苹果酸、柠檬酸
◎西红柿特有的番茄红素有保护血管内壁的作用，可预防妊娠高血压；所含的苹果酸和柠檬酸，有助于胃液对脂肪及蛋白质的消化，可以增强孕妈妈的食欲。

◎食疗功效

西红柿具有止血、降压、利尿、健胃消食、生津止渴、清热解毒的功效，可以预防妊娠高血压、宫颈癌、胰腺癌等症。适合食欲不振、习惯性牙龈出血、高血压、急慢性肾炎者及孕妇等食用。

◎选购保存

要选择颜色粉红，而且蒂的部位一定要圆润，如果蒂部再带着淡淡的青色，就是最沙最甜的了。保存时可以将西红柿放入食品袋中，扎紧口，放在阴凉通风处，每隔一天打开口袋透透气，擦干水珠后再扎紧。

营养成分表

营养素	含量（每100克）
蛋白质	0.90克
脂肪	0.20克
碳水化合物	4.00克
膳食纤维	0.50克
维生素A	92微克
维生素C	19毫克
维生素E	0.57毫克
叶酸	5.60微克
烟酸	0.49毫克
钙	10毫克
铁	104毫克
锌	0.13毫克
磷	23微克

◎搭配宜忌

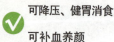

西红柿+芹菜 ✓ 可降压、健胃消食
西红柿+蜂蜜　　可补血养颜

西红柿+南瓜 ✗ 会降低营养
西红柿+红薯　　会引起呕吐

温馨提示

青色的西红柿不宜食用。因为未成熟的西红柿含有大量的毒西红柿碱，孕妈妈食用后，可能出现恶心、呕吐、全身乏力等中毒症状，对胎儿发育有害。备孕期、孕早期、孕中期、孕晚期都宜吃西红柿。

[孕早期 吃 什么？]

孕早期案例 1　西红柿炒鸡蛋

原料 西红柿500克，鸡蛋2个

调料 白糖10克，盐适量，淀粉5克

做法 ①西红柿清洗干净，去蒂，切成块；鸡蛋打入碗内，加入少许盐，搅匀。②将炒锅放油，先将鸡蛋倒入，炒成散块，盛出。③炒锅中再放些油，油烧热后放入西红柿翻炒几下，再放入炒好的鸡蛋，搅炒均匀，加入白糖、盐，再翻炒几下，用淀粉勾芡即成。

专家点评 这道菜营养丰富，对孕妈妈的身体极为有利，还对胎儿的神经系统发育有利，有健脑的功效。西红柿营养丰富，人称"蔬菜中的冠军"，在被孕吐困扰的孕初期，西红柿可是孕妈妈的得力助手。

烹饪常识

炒鸡蛋要用小火，以免炒老。在做西红柿炒鸡蛋的时候就有形成鲜味的物质析出，不需要再放提鲜的味精或者鸡精。

孕早期案例 2　西红柿豆腐汤

原料 西红柿250克，豆腐2块

调料 盐3克，胡椒粉、味精各1克，淀粉15克，香油5克，熟菜油150克，葱花25克

做法 ①将豆腐洗净切成小粒；西红柿洗净入沸水烫后，剖开，切成粒；豆腐入碗，加西红柿、胡椒粉、盐、味精、淀粉、少许葱花一起拌匀。②炒锅置中火上，下菜油烧至六成热，倒入豆腐、西红柿，翻炒至香。③约炒5分钟后，撒上剩余葱花，调入盐，淋上香油即可。

专家点评 西红柿中富含的胡萝卜素在人体内可转化为维生素A，能促进胎儿骨骼生长，预防佝偻病。同时，西红柿有增加胃液酸度、帮助消化、调整胃肠功能的作用。

烹饪常识

西红柿清洗干净后放于碗中，在表面划十字刀口，放入沸水中烫一会儿，再放入冷水中，西红柿就很好剥皮了。

[孕早期什么？]

包菜
BAO CAI

【蔬菜菌菇类】

[别 名] 圆白菜、结球甘蓝

【适用量】每次80克为宜。
【热量】22千卡/100克。
【性味归经】性平，味甘。归脾、胃经。

【主打营养素】

叶酸、维生素C、维生素E、B族维生素

◎包菜富含叶酸，叶酸是胎儿神经发育的关键营养素。包菜还富含多种维生素，有调节新陈代谢的作用，对保证胚胎器官的形成发育有重要作用。

◎食疗功效

包菜有补骨髓、润脏腑、益心力、壮筋骨、祛结气、清热止痛、增强食欲、促进消化、预防便秘的功效，对睡眠不佳、失眠多梦、耳目不聪、皮肤粗糙、皮肤过敏、关节屈伸不利、胃脘疼痛等病症患者有食疗作用。特别适合动脉硬化患者、胆结石症患者、肥胖患者、孕妇及有消化道溃疡的人食用。

◎选购保存

选购包菜以结球紧实、修整良好，无老帮、焦边、侧芽萌发，无病虫害损伤的包菜为佳。包菜可置于阴凉通风处保存2周左右。

营养成分表

营养素	含量（每100克）
蛋白质	1.50克
脂肪	0.20克
碳水化合物	4.60克
膳食纤维	1克
维生素A	12微克
维生素C	40毫克
维生素E	0.50毫克
叶酸	100微克
烟酸	0.40毫克
钙	49毫克
铁	0.60毫克
锌	0.25毫克
硒	0.96微克

温馨提示

包菜能抑制癌细胞，通常秋天种植的包菜抑制率较高，因此秋冬时期的包菜可以多吃。不过购买时不宜多，以免搁放几天后，减少了菜品本身应具有的营养素。包菜营养丰富，除了孕早期可以食用外，其他孕期及产期也可以食用。

◎搭配宜忌

包菜+西红柿	✓	可益气生津
包菜+猪肉		补充营养、通便
包菜+黄瓜	✗	会降低营养价值
包菜+兔肉		会引起腹泻或呕吐

[孕早期 吃 什么？]

孕早期案例 1　芝麻炒包菜

原料｜黑芝麻10克，包菜嫩心500克

调料｜盐、味精各适量

做法｜①黑芝麻清洗干净，入锅内小火慢炒，当炒至芝麻发香时盛出凉凉，碾压成粉状。包菜嫩心清洗干净，切小片。②炒锅上火，花生油烧热，投入包菜心炒1分钟后加盐，用旺火炒至包菜熟透发软，加味精拌匀，起锅装盘，撒上芝麻屑拌匀即成。

专家点评｜包菜富含叶酸，这是甘蓝类蔬菜的一个优点，所以孕妈妈应当多吃些包菜。同时，包菜中含有大量人体必需的营养素，如多种氨基酸、胡萝卜素等，其维生素C含量尤多，有提高人体免疫功能的作用。

> **烹饪常识**
> 包菜心炒制的时间不宜过长，以免影响口感。如果觉得芝麻碾压麻烦，也可以直接撒上炒香的黑芝麻。

孕早期案例 2　包菜炒肉片

原料｜五花肉150克，包菜200克

调料｜盐、蒜末、白糖、酱油、淀粉各适量

做法｜①五花肉清洗干净，切片，用盐、白糖、酱油、淀粉腌5分钟；包菜摘下叶片，清洗干净，撕成小块。②锅下油烧热，爆香蒜末，放入包菜炒至叶片稍软，加入盐炒匀，盛起。③另起油锅，放入猪肉片翻炒片刻，放入炒过的包菜炒匀，盛出即可。

专家点评｜包菜的营养价值与大白菜相差无几，其中维生素C的含量丰富。包菜中富含的叶酸对巨幼细胞贫血和胎儿畸形有很好的预防作用。将包菜与富含蛋白质的五花肉一同炒制，包菜不仅吸收了肉汁味道变得更香更美味了，而且营养更加全面。

> **烹饪常识**
> 五花肉若放入冰箱冷冻一下，就可以切出薄薄的片状了。五花肉可以稍炸出油，这样炒出来的包菜味道更佳。

[孕早期 吃 什么？]

芥蓝
GAI LAN
【蔬菜菌菇类】

[别 名] 白花芥蓝

【适用量】每次100克为宜。
【热量】19千卡/100克。
【性味归经】性平，味甘。归肝、胃经。

【主打营养素】
膳食纤维、维生素A、镁
◎芥蓝中含有的可溶性膳食纤维可以润肠通便，减缓餐后血糖的上升速度。芥蓝中富含维生素A和镁元素，不仅能保证胎儿皮肤、胃肠道和肺部的健康，还有助于胎儿骨骼正常发育。

◎食疗功效

芥蓝具有利尿化痰、解毒祛风、清心明目、降低胆固醇、软化血管、预防心脏病的作用，不过久食也会抑制性激素的分泌。此外，芥蓝中含有大量膳食纤维，能防止便秘。非常适合食欲不振、便秘、高胆固醇患者以及孕妈妈食用。

◎选购保存

以叶色翠绿、柔软，薹茎新嫩的芥蓝为佳，茎部太粗或中间有白点的芥蓝质地较老，含纤维多，咀嚼有渣，不够脆嫩。芥蓝不宜保存太久，建议购买新鲜的芥蓝后尽快食用。

营养成分表

营养素	含量（每100克）
蛋白质	2.80克
脂肪	0.40克
碳水化合物	2.50克
膳食纤维	1.60克
维生素A	575微克
维生素B_1	0.02毫克
维生素B_2	0.09毫克
维生素C	76毫克
钙	178毫克
镁	52毫克
铁	2毫克
锌	1.30毫克
硒	0.88微克

◎搭配宜忌

芥蓝+西红柿 ✓ 有防癌的功效
芥蓝+山药 　　 有消暑的功效

芥蓝+黄瓜 ✗ 破坏人体对维生素C的吸收
芥蓝+牛奶 　　 破坏营养

温馨提示

芥蓝的食用部分为带叶的菜薹，因为芥蓝含淀粉多，所以口感不如菜心柔软，但十分爽脆，别有风味。芥蓝属于平性蔬菜，所以孕产妇都是可以吃的，但尽量不要生吃。另外，长期吃芥蓝会抑制性激素的分泌。

[孕早期 **吃** 什么？]

孕早期案例 1　清炒芥蓝

原料｜芥蓝400克，胡萝卜30克

调料｜盐3克，鸡精1克

做法｜①将芥蓝清洗干净，沥干水分待用；胡萝卜清洗干净，切片。②锅注油烧热，放入芥蓝快速翻炒，再加入胡萝卜片一起炒至熟。③加盐和鸡精调味，装盘即可。

专家点评｜芥蓝中含有有机碱，这使它带有一定的苦味，能刺激人的味觉神经，增进食欲，还可加快胃肠蠕动，有助消化。它还含有大量膳食纤维，能防止便秘。清炒芥蓝鲜嫩清脆，能激发孕妈妈的食欲，非常适于妊娠呕吐、食欲不振的孕早期孕妈妈食用。

烹饪常识

芥蓝有苦涩味，炒时加入少量糖和酒，可以改善口感。另外，加入香菜，此菜味道会更美味。

孕早期案例 2　芥蓝炒核桃

原料｜芥蓝350克，核桃仁200克

调料｜盐3克，鸡精1克

做法｜①将芥蓝清洗干净，切段；核桃仁也清洗干净，入沸水锅中余水，捞出沥干待用。②锅注油烧热，下入芥蓝爆炒，再倒入核桃仁一起翻炒片刻。③最后调入盐和鸡精调味，装盘即可。

专家点评｜核桃仁中含有较多的蛋白质及人体营养必需的不饱和脂肪酸，这些成分皆为大脑组织细胞代谢的重要物质，能滋养脑细胞，增强脑功能；将核桃与有增进食欲作用的芥蓝共同烹调，不仅能有效缓解孕吐，还有助于孕妈妈补充多种营养，这对胎儿的发育极为有益。

烹饪常识

因为芥蓝梗粗，不易熟透，所以要多炒一会儿。将芥蓝梗除去硬皮味道会更好。

[孕早期 吃 什么？]

西蓝花
XI LAN HUA
【蔬菜菌菇类】

【适用量】每日60克为宜。
【热量】33千卡/100克。
【性味归经】性凉，味甘。归肾、脾、胃经。

[别 名] 花椰菜、青花菜

【主打营养素】
维生素E、维生素K
◎西蓝花含有丰富的维生素E，有保胎、安胎、预防流产的作用，还有改善血液循环、修复组织的作用；西蓝花还含有丰富的维生素K，可促进血液正常凝固及骨骼生长。

◎食疗功效

西蓝花有爽喉、开音、润肺、止咳的功效。长期使用可以减少乳腺癌、直肠癌及胃癌等癌症的发病几率。西蓝花能够阻止胆固醇氧化，防止血小板凝结成块，因而减少心脏病与中风的危险。适合口干舌燥、消化不良、食欲不振、大便干结者，体内缺乏维生素K者及孕妇滋补食用。

◎选购保存

选购西蓝花要注意花球要大，紧实，色泽好，花茎脆嫩，以花芽尚未开放的为佳，而花芽黄化、花茎过老的西蓝花则说明品质不佳。西蓝花用保鲜膜封好置于冰箱中可保存1周左右。

营养成分表

营养素	含量（每100克）
蛋白质	4.10克
脂肪	0.60克
碳水化合物	4.30克
膳食纤维	1.60克
维生素A	1202微克
维生素B_1	0.09毫克
维生素B_2	0.13毫克
维生素C	51毫克
维生素E	0.91毫克
钙	67毫克
铁	1毫克
锌	0.78毫克
硒	0.70微克

◎搭配宜忌

西蓝花+胡萝卜		可预防消化系统疾病
西蓝花+西红柿	✓	可防癌抗癌
西蓝花+枸杞		有利于营养吸收
西蓝花+牛奶	✗	会影响钙质吸收

温馨提示

患有红斑狼疮者不宜食用西蓝花；患尿路结石者则忌食西蓝花。西蓝花营养丰富，除了在孕期适宜食用，产后也宜食用，不过由于西蓝花性凉，要注意不能过量食用，而体质偏寒的妈妈则宜少食。

[孕早期  什么？]

孕早期案例 1　素拌西蓝花

原料 | 西蓝花60克，胡萝卜、香菇各15克

调料 | 盐少许

做法 | ①西蓝花清洗干净，切朵；胡萝卜清洗干净，切片；香菇清洗干净，切片。②将适量的水烧开后，先把胡萝卜放入锅中烧煮至熟，再把西蓝花和香菇放入开水中烫一下。③最后加入盐拌匀即可捞出。

专家点评 | 这道菜含有丰富的植物蛋白、维生素A、维生素C、维生素K等营养成分，非常适合孕妈妈及产后妈妈食用。其含有的维生素C，能增强肝脏的解毒能力，提高机体免疫力；此外，含有的抗氧化、防癌症的微量元素，长期食用可以减少乳腺癌、直肠癌及胃癌等癌症的发病率。

烹饪常识

西蓝花的菜柄切成圆片或切成条烹调会使其熟得更快。西蓝花烫至八成熟即可，过熟则不鲜嫩。

孕早期案例 2　什锦西蓝花

原料 | 胡萝卜30克，黄瓜50克，西蓝花200克，荷兰豆100克，木耳10克，百合50克

调料 | 蒜蓉10克，盐4克，鸡精2克

做法 | ①黄瓜清洗干净，去皮切段；西蓝花洗净去根切朵；百合清洗干净，切片；胡萝卜去皮切片；荷兰豆去筋洗净，切菱形段；木耳泡发切片。②锅中加水、少许盐及鸡精烧沸，放入备好的材料焯烫、捞出。③净锅入油烧至四成热，放进蒜蓉炒香，倒入焯过的原材料翻炒，调入剩余盐、鸡精炒匀至香，即可出锅。

专家点评 | 西蓝花营养丰富，有滋补之功，有助于提高孕妈妈的身体素质，预防先兆流产，帮助孕妈妈孕育健康的胎儿。

烹饪常识

干百合清洗干净，放在有开水的容器中，加盖浸泡半小时后清洗干净即可烹饪。

[孕早期什么？]

莲藕

LIAN OU

【蔬菜菌菇类】

[别 名] 莲根、藕丝菜

【适用量】每次食用200克左右为宜。

【热量】70千卡/100克。

【性味归经】性凉，味辛、甘。归肺、胃经。

【主打营养素】

淀粉、蛋白质、维生素C、碳水化合物、维生素B_6

◎莲藕中含有丰富的淀粉、蛋白质、维生素C及碳水化合物，能为孕妈妈提供热量，预防牙龈出血，有助于胎儿的健康发育。而其所含的维生素B_6是妊娠呕吐的克星。

◎食疗功效

莲藕具有滋阴养血的功效，可以补五脏之虚、强壮筋骨、补血养血。生食能清热润肺、凉血行淤，熟食可健脾开胃、止泄固精。对于淤血、吐血、衄血、尿血、便血的人以及孕妇、白血病患者极为适宜。

◎选购保存

要选择两端的节很细、藕身圆而笔直、用手轻敲声音厚实、皮颜色为淡茶色、没有伤痕，且藕节之间的间距长的莲藕。没有湿泥的莲藕通常已经过处理，不耐保存，尽量现买现食；有湿泥的莲藕较好保存，可置于阴凉处保存约1周。

营养成分表

营养素	含量（每100克）
蛋白质	1.90克
脂肪	0.20克
碳水化合物	16.40克
膳食纤维	1.20克
维生素A	3微克
维生素B_1	0.09毫克
维生素B_2	0.03毫克
维生素C	44毫克
维生素E	0.73毫克
镁	19毫克
铁	1.4毫克
锌	0.23毫克
硒	0.39微克

◎搭配宜忌

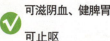

莲藕+猪肉 ✓ 可滋阴血、健脾胃
莲藕+生姜 ✓ 可止呕

莲藕+菊花 ✗ 会导致腹泻
莲藕+人参 ✗ 药性相反

温馨提示

熟藕，其性也由凉变温，有养胃滋阴、健脾益气的功效，是一种很好的食补佳品。而用莲藕加工制成的藕粉，既富营养，又易于消化，有养血止血、调中开胃之功效。因此，在整个孕期孕妈妈都可以食用莲藕，孕早期尤为适合。

[孕早期 吃 什么？]

孕早期案例 1 莲藕排骨汤

原料 莲藕350克，排骨250克

调料 盐6克，高汤适量，鸡精5克

做法 ①莲藕清洗干净，切块，排骨清洗干净，斩块。②排骨入沸水中氽透。③瓦罐中加入高汤、莲藕、排骨、盐、鸡精，用锡纸封口，放入煨缸，用木炭煨制4小时即可。

专家点评 这道汤味道鲜美，能增强脾胃的吸收能力，并可消除恶心和胃痛的症状。莲藕富含淀粉、蛋白质和B族维生素、维生素C、矿物质、钙、磷等，熟吃则可消除恶心、下痢和胃痛的症状。排骨可提供人体生理活动必需的优质蛋白质、脂肪，尤其是丰富的钙质可维护骨骼健康，有滋阴润燥、益精补血的功效。

烹饪常识 挑选煮汤的莲藕以老、皮较黑者为佳。在烹饪此汤时，排骨可以先氽水，这样炖出来的汤更清甜。

孕早期案例 2 莲藕猪心煲莲子

原料 猪心350克，莲藕100克，口蘑35克，火腿30克，莲子10克

调料 色拉油10克，盐6克，葱、姜、蒜各3克

做法 ①将猪心清洗干净，切块，氽水；莲藕去皮，清洗干净，切块；口蘑清洗干净，切块；火腿切块；莲子清洗干净备用。②煲锅上火倒入色拉油，将葱、姜、蒜爆香，下入猪心、莲藕、口蘑、火腿、莲子煸炒，倒入水，调入盐煲至熟即可。

专家点评 用猪心、莲藕、莲子等煲出的汤汤醇肉嫩，味道鲜美，有健脾益胃、补虚益气、镇静补心的作用，孕妈妈食用，有益身体健康。

烹饪常识 莲藕切开之后马上放进醋里去除涩味可以防止变色。煲此汤的时候要用小火慢慢煲熟。

[孕早期 吃 什么？]

姜
JIANG
【蔬菜菌菇类】

[别 名] 生姜

【适用量】每日10克为宜。
【热量】41千卡/100克。
【性味归经】性微温，味辛。归脾、胃、肺经。

【主打营养素】
挥发油、姜烯、姜酮的混合物
◎姜的挥发油能增强胃液的分泌和胃壁的蠕动，从而帮助消化。姜中分离出来姜烯、姜酮的混合物均有明显的止呕吐作用。

◎食疗功效

姜具有发汗解表、温中止呕、温肺止咳、解毒的功效，对外感风寒、胃寒呕吐、风寒咳嗽、腹痛腹泻、鱼蟹中毒等病症有食疗作用，可以有效缓解孕吐，孕早期妈妈可以适量食用。此外，姜提取液具有显著的抑制皮肤真菌和杀灭阴道滴虫的功效，可治疗各种痈肿疮毒。生姜还有抑制癌细胞活性的作用。

◎选购保存

优质姜应完整饱满，节疏肉厚，无须根，无损伤，无烂顶，无黑心。姜喜阴湿暖，忌干怕冷，适宜存贮温度为15℃左右。

营养成分表

营养素	含量（每100克）
蛋白质	1.30克
脂肪	0.60克
碳水化合物	7.60克
膳食纤维	2.70克
维生素A	28毫克
维生素B_1	0.02毫克
维生素B_2	0.03毫克
维生素C	4毫克
镁	27毫克
铁	44毫克
锌	0.34毫克
硒	0.56微克
铜	0.14毫克

◎搭配宜忌

生姜+红糖 ✓ 可预防感冒
生姜+醋 可减缓恶心、呕吐症状

生姜+马肉 ✗ 会导致痢疾
生姜+白酒 易伤肠胃

温馨提示

姜是一种极为重要的调味品，同时也可作为蔬菜单独食用。在孕早期生姜可以缓解孕吐，但是吃姜不要一次吃太多。产后的女性坐月子时，餐餐以姜醋佐膳，有利体质复原及喂养婴儿。另外，姜水洗浴还可以防风湿头痛。

[孕早期 吃 什么？]

孕早期案例 1　生姜泡仔鸡

|原料| 嫩鸡肉400克，生姜50克，香菜少许

|调料| 盐3克，味精1克，醋8克，老抽10克

|做法| ❶鸡肉清洗干净，切块；生姜清洗干净，切块；香菜清洗干净，切段。❷油锅烧热，下姜块炒香，入鸡肉翻炒至变色时注水焖煮。❸最后加入盐、醋、老抽煮至熟，加入味精调味，撒上香菜即可。

|专家点评| 这道菜可帮助孕妈妈缓解孕吐，补充营养。生姜中分离出来的姜烯、姜酮的混合物有明显的止呕吐作用。鸡肉中蛋白质的含量较高，种类多，而且消化率高，很容易被人体吸收利用，有增强体质、强壮身体的作用。鸡肉还含有对人体生长健康有重要作用的磷脂类成分。

烹饪常识

烂姜、冻姜不要吃，因为姜变质后会产生致癌物。如果想去除生姜皮，可用酒瓶盖周围的齿来削姜皮。

孕早期案例 2　姜橘鲫鱼汤

|原料| 鲫鱼250克，生姜片30克，橘皮10克

|调料| 胡椒、盐各3克

|做法| ❶将鲫鱼宰杀，去鳞、鳃和内脏，清洗干净。❷锅中加适量水，放入鲫鱼，用小火煨熟，加生姜片、橘皮，稍煨一会儿，再加胡椒、盐调味即可。

|专家点评| 生姜和橘皮有助于减轻孕妈妈的恶心感和呕吐症状。鲫鱼肉味鲜美，肉质细嫩，它营养全面，含丰富的蛋白质、钙、铁、磷等营养成分，食之鲜而不腻，略感甜味。将生姜、橘皮和鲫鱼煮汤，有温中散寒、补脾开胃的功效，适宜胃寒腹痛、食欲不振、消化不良、虚弱无力等症状的孕妈妈食用。

烹饪常识

鲫鱼去鳞剖腹清洗干净后，放入盆中倒一些黄酒，就能除去鱼的腥味，并能使鱼滋味鲜美。

[孕早期 什么？]

扁豆
BIAN DOU

【蔬菜菌菇类】

[别名] 菜豆、季豆

【适用量】每天食用40克左右为宜。

【热量】37千卡/100克。

【性味归经】性平，味甘。归脾、胃经。

【主打营养素】

膳食纤维、维生素C、叶酸

◎扁豆中含有丰富的膳食纤维，可促进排便，预防便秘。扁豆中富含的维生素C有增强免疫力、清除胆固醇的功效。此外，扁豆还富含孕妈妈需要的叶酸，有助于胎儿健康发育。

营养成分表

营养素	含量（每100克）
蛋白质	2.70克
脂肪	0.20克
碳水化合物	8.20克
膳食纤维	2.10克
维生素A	25毫克
维生素B_1	0.04毫克
维生素B_2	0.07毫克
维生素C	13毫克
维生素E	0.24毫克
镁	34毫克
铁	1.90毫克
锌	0.72毫克
硒	0.94微克

◎搭配宜忌

扁豆+鸡肉 ✓ 可填精补髓、活血调经
扁豆+猪肉 可补中益气、健脾胃

扁豆+蛤蜊 ✗ 可导致腹痛
扁豆+橘子 可导致高钾血症

蒜香扁豆

孕早期案例

|原料| 扁豆350克

|调料| 蒜泥50克，盐、味精各适量

|做法| ①扁豆清洗干净，去掉筋，整条截一刀，入沸水中稍焯。②在锅内加入少许油烧热，下入蒜泥煸香，加入扁豆同炒。③待扁豆煸炒至软时，放入适量盐、味精炒至熟透装盘即可。

|专家点评| 这道菜味道鲜美，色泽诱人，有开胃消食的功效。扁豆中含有叶酸及维生素A、维生素C等营养成分，有健脾、益气的作用，适合食欲不佳的孕妈妈食用。

[孕早期吃什么？]

口蘑

KOU MO

【蔬菜类】

[别 名] 白蘑、云盘蘑、银盘

【适用量】每次食用30克为宜。
【热量】242千卡/100克。
【性味归经】性平，味甘。归肺、心经。

【主打营养素】

膳食纤维、烟酸

◎ 口蘑中含有大量的膳食纤维，有润肠通便、排毒的功效，还可促进胆固醇的排泄，降低胆固醇含量。口蘑还含有大量的硒，硒可调节甲状腺的工作，提高免疫力。

营养成分表

营养素	含量（每100克）
蛋白质	38.70克
脂肪	3.30克
碳水化合物	31.60克
膳食纤维	17.20克
烟酸	44.30毫克
维生素B_1	0.07毫克
维生素B_2	0.08毫克
维生素E	8.57毫克
钙	169毫克
镁	167毫克
铁	19.40毫克
锌	9.04毫克
硒	未测定

◎ 搭配宜忌

口蘑+鸡肉 ✓	可补中益气
口蘑+鹌鹑蛋	可防治肝炎
口蘑+野鸡 ✗	容易引发痔疮
口蘑+驴肉	会导致腹痛、腹泻

孕早期案例 口蘑山鸡汤

|原料| 口蘑20克，山鸡400克，红枣、枸杞各30克，莲子50克

|调料| 姜3片，盐、鸡精各适量

|做法| ①将口蘑清洗干净，切块；山鸡处理干净，剁块；红枣、莲子、枸杞泡发，洗净。②将山鸡入沸水中汆透捞出，入冷水中清洗干净。③待煲中水烧开，下入姜片、山鸡块、口蘑、红枣、莲子、枸杞一同煲炖90分钟，调入适量盐、鸡精即可。

|专家点评| 这道汤有滋补强身、增进食欲、防治便秘的效果，特别适合孕早期的孕妈妈食用。

[孕早期 什么？]

鸡腿菇
JI TUI GU
【蔬菜菌菇类】

[别 名] 刺蘑菇、毛头鬼伞

【适用量】每次60克左右为宜。

【热量】257千卡/100克。

【性味归经】性平，味甘。归脾、胃、肝经。

【主打营养素】
蛋白质、生物活性酶
◎ 鸡腿菇中富含蛋白质，蛋白质是维持免疫机能最重要的营养素，为构成白细胞和抗体的主要成分，能提高机体免疫力。鸡腿菇中还含有多种生物活性酶，有帮助消化的作用。

营养成分表

营养素	含量（每100克）
蛋白质	25.90克
脂肪	2.90克
碳水化合物	未测定
膳食纤维	7.10克
维生素A	未测定
维生素B_1	未测定
维生素B_2	未测定
维生素E	未测定
钙	106.70毫克
镁	191.47毫克
铁	1376微克
锌	0.092毫克
铜	0.045毫克

◎ 搭配宜忌

鸡腿菇+牛肉　可健脾养胃
鸡腿菇+猪肉 ✓ 可增强营养
鸡腿菇+鱿鱼　可降低胆固醇
鸡腿菇+蜂蜜 ✗ 降低营养

孕早期案例：鸡腿菇煲排骨

|原料| 排骨250克，鸡腿菇100克

|调料| 料酒8克，酱油、葱、姜各5克，盐、鸡精各适量

|做法| ①先将排骨洗净，斩断，用料酒、酱油稍腌；鸡腿菇清洗干净，对切。②然后将排骨放入砂锅，加入水及葱、姜，以及适量盐、鸡精煲熟，捞出装盘，并保留砂锅中的汁水，下入鸡腿菇略煮，盛出铺入装有排骨的碗中即可。

|专家点评| 这道菜经常食用有助于增进食欲、促进消化、增强人体免疫力，尤其适合孕妈妈食用。

[孕早期 吃 什么？]

豆腐

DOU FU

【杂粮类】

[别 名] 水豆腐、老豆腐

【适用量】每天食用50克左右为宜。
【热量】81千卡/100克
【性味归经】性凉，味甘。归脾、胃、大肠经。

【主打营养素】
大豆蛋白
◎豆腐中含有的大豆蛋白属完全蛋白，含有人体必需的八种氨基酸，且比例也接近人体需要，是孕妈妈补充营养的很好的食物之一，有增强免疫力的作用。

营养成分表

营养素	含量（每100克）
蛋白质	8.10克
脂肪	3.70克
碳水化合物	3.80克
膳食纤维	0.40克
烟酸	0.20毫克
维生素B_1	0.04毫克
维生素B_2	0.03毫克
维生素E	2.71毫克
钙	164毫克
镁	27毫克
铁	1.90毫克
锌	1.11毫克
硒	2.30微克

◎搭配宜忌

豆腐+鱼 豆腐+西红柿	✓	有补钙的功效 可补脾健胃
豆腐+蜂蜜 豆腐+鸡蛋	✗	会引起腹泻 会影响蛋白质吸收

孕早期案例 豆腐鱼头汤

|原料| 鲢鱼头半个，豆腐200克，清汤适量

|调料| 盐6克，葱段2克，姜片2克，香菜末少许，香油适量

|做法| ①先将半个鲢鱼头治净，斩大块；豆腐洗净切块备用。②然后净锅上火倒入清汤，调入盐、葱段、姜片，下入鲢鱼头、豆腐煲至熟，淋入香油，撒入少许香菜末即可。

|专家点评| 豆腐和鱼头都是高蛋白、低脂肪和多维生素的食品，二者均含有丰富的健脑物质，特别是鱼头营养丰富，含有鱼肉中所缺乏的卵磷脂，有助于胎儿大脑发育。

[孕早期 吃 什么？]

猪肉

ZHU ROU

【肉禽蛋类】

[别 名] 豕肉、豚肉、彘肉

【适用量】每天100克为宜。
【热量】395千卡/100克。
【性味归经】性温，味甘、咸。归脾、胃、肾经。

【主打营养素】

维生素B₁、锌、蛋白质
◎猪肉富含维生素B₁和锌，经常适量食用可促进胎儿的大脑发育；猪肉中还富含蛋白质，可维持机体正常代谢，并为机体提供热能，可降低孕妈妈流产的风险。

◎ 食疗功效

猪肉具有滋阴润燥、补虚养血的功效，对消渴羸瘦、热病伤津、便秘、燥咳等病症有食疗作用。猪肉既可提供血红素（有机铁）和促进铁吸收的半胱氨酸，又可提供人体所需的脂肪酸，所以能从食疗方面来改善缺铁性贫血，孕妇食用有滋补养身的作用。

◎ 选购保存

新鲜猪肉肌肉有光泽、红色均匀，用手指压肌肉后凹陷部分能立即恢复。买回的猪肉先用水清洗干净，然后分割成小块，装入保鲜袋，再放入冰箱保存。

营养成分表

营养素	含量（每100克）
蛋白质	13.20克
脂肪	37克
碳水化合物	14.5克
膳食纤维	8克
维生素A	18微克
维生素B₁	0.22毫克
维生素B₂	0.16毫克
维生素E	0.35毫克
烟酸	2.6毫克
钙	6毫克
铁	1.60毫克
锌	2.06毫克
硒	11.97微克

温馨提示

猪肉营养丰富，富含蛋白质、脂肪、铁、锌等营养素，有补虚养血、增强免疫力等作用，不仅备孕女性可以食用，孕妇以及产妇也可以食用。不过猪肉不宜过食，肥肉尤其如此。因过食可助热，使人体脂肪蓄积，身体肥胖。

◎ 搭配宜忌

猪肉+白萝卜 ✓ 可消食、除胀、通便
猪肉+白菜 可开胃消食

猪肉+虾 ✗ 会耗人阴精
猪肉+鲤鱼 有害健康

[孕早期 吃 什么？]

孕早期案例 1　梨子肉丁

原料　梨1个，胡萝卜半根，玉米粒50克，猪瘦肉200克

调料　豉油、糖、淀粉、蚝油、盐、柠檬汁各适量

做法　❶将梨清洗干净削皮，去核后切小块；胡萝卜清洗干净去皮，切小块。❷瘦肉清洗干净切小块，加入豉油、糖、淀粉、盐、蚝油腌匀，下锅滑油，捞出后待用。❸锅烧热，将瘦肉炒至半熟，加入梨、胡萝卜、玉米粒略炒，下糖、盐、柠檬汁、淀粉炒匀炒熟即成。

专家点评　这道菜清新爽脆，十分诱人，可以很好地提高孕妈妈的食欲。此菜有促进机体正常生长，增强免疫功能的作用。

> **烹饪常识**
> 梨切开后与空气接触会因发生氧化作用而变成褐色，可在盐水里泡15分钟左右。

孕早期案例 2　松子焖酥肉

原料　五花肉250克，油菜150克，松子10克

调料　盐3克，白糖10克，酱油、醋、料酒各适量

做法　❶五花肉清洗干净；油菜清洗干净备用。❷锅注入水烧开，放入油菜焯熟，捞出沥干摆盘。❸起油锅，加入白糖烧化，再加盐、酱油、醋、料酒做成味汁，放入五花肉裹匀，加适量清水，焖煮至熟，盛在油菜上，用松子点缀即可。

专家点评　这道菜不仅营养丰富，香味袭人，而且是一种具有美肤养颜、丰肌健体的佳肴。因为猪肉含有丰富的蛋白质、脂肪、铁等营养素，有滋养脏腑、润滑肌肤、补中益气的作用，特别适合孕妈妈食用。

> **烹饪常识**
> 松子最好放在密封的容器里保存，以防油脂氧化变质。油菜也可以用生菜代替。

[孕早期什么？]

猪骨
ZHU GU
【肉禽蛋类】

[别 名] 猪脊骨、猪排骨

【适用量】每天食用100克左右为宜。
【热量】264千卡/100克。
【性味归经】性温，味甘、咸。归脾、胃经。

【主打营养素】
磷酸钙、骨胶原、骨黏蛋白

◎猪骨中磷酸钙、骨胶原、骨黏蛋白含量丰富，尤其是丰富的钙质可维护骨骼健康，具有滋阴润燥、益精补血的作用，有助于母体和胎儿的健康。

◎食疗功效

猪骨有补脾、润肠胃、生津液、丰肌体、泽皮肤、补中益气、养血健骨、延缓衰老、延年益寿的功效。儿童经常喝猪骨汤，能及时补充人体所必需的骨胶原等物质，增强骨髓造血功能，有助于骨骼的生长发育。孕妇喝猪骨汤可强筋健骨。

◎选购保存

应选购富有弹性、其肉呈红色的新鲜猪骨。用浸过醋的湿布将猪骨包起来，可保鲜一昼夜；可将猪骨放入冰箱中冷藏；将猪骨煮熟放入刚熬过的猪油里，可保存较长时间。

营养成分表

营养素	含量（每100克）
蛋白质	18.30克
脂肪	20.40克
碳水化合物	1.70克
维生素A	12微克
维生素B_1	0.80毫克
维生素B_2	0.15毫克
维生素E	0.11毫克
钙	8毫克
磷	125毫克
镁	17毫克
铁	0.80毫克
锌	1.72毫克
硒	10.30微克

温馨提示

多喝猪骨汤是非常有益的，孕早期不一定要大补特补，主要还是要注意营养均衡。猪骨营养丰富，除了适宜孕早期食用，孕中期、孕晚期及产褥期也都可以食用。

◎搭配宜忌

猪骨+洋葱	✓	可抗衰老
猪骨+西洋参		可滋养生津
猪骨+甘草	✗	会引起中毒
猪骨+苦瓜		会阻碍钙质吸收

[孕早期 吃 什么？]

孕早期案例 1 芋头排骨汤

原料 猪排骨350克，芋头300克，白菜100克，枸杞30克

调料 葱花20克，料酒5克，老抽6克，盐3克，味精1克

做法 ①猪排骨清洗干净，剁块，氽烫后捞出；芋头去皮，清洗干净；白菜清洗干净，切碎；枸杞洗净。②锅倒油烧热，放入排骨煎炒至黄色，加入料酒、老抽炒匀后，加入沸水，撒入枸杞，炖1小时，加入芋头、白菜煮熟。③加入盐、味精调味，撒上葱花起锅即可。

专家点评 这道汤不仅能增强孕妈妈的食欲，还能够使皮肤润泽，同时提高机体的免疫力。

> **烹饪常识**
> 猪排骨最好用五花肉上方的子排，质地较嫩，也可以氽烫后直接煲，但色泽较淡。

孕早期案例 2 玉米板栗排骨汤

原料 猪排骨350克，玉米棒200克，板栗50克

调料 花生油30克，盐、味精各3克，葱花、姜末各5克，高汤适量

做法 ①将猪排骨清洗干净，斩块，氽水；玉米棒洗净切块；板栗清洗干净，备用。②净锅上火倒入花生油，将葱花、姜末爆香，下入高汤、猪排骨、玉米棒、板栗，调入盐、味精煲至熟即可。

专家点评 猪排骨含有大量磷酸钙、骨胶原、骨黏蛋白等，可为人体提供钙质；玉米中含蛋白质、维生素和矿物质都比较丰富；板栗中含有蛋白质、维生素等多种营养素，所以这道汤有补血养颜、开胃健脾、强筋健骨的作用，很适合孕妈妈食用。

> **烹饪常识**
> 排骨氽水时汤面会出现一层泡沫，这就是被煮出来的血水，把排骨捞出后要用清水冲洗干净。

[孕早期 吃 什么？]

鸭肉

YA ROU

【肉禽蛋类】

【适用量】每天食用60为宜。
【热量】240千卡/100克。
【性味归经】性寒，味甘。归脾、胃、肺、肾经。

[别 名] 鹜肉、家凫肉、白鸭肉

【主打营养素】
蛋白质、多种矿物质、B族维生素、维生素E
◎鸭肉内含有丰富的蛋白质、B族维生素和维生素E，以及磷、锌、铜等多种矿物质，可开胃消食、滋补身体、增强免疫力，是孕妈妈补充营养的健康食材。

◎ 食疗功效

鸭肉具有养胃滋阴、清肺解热、大补虚劳、利水消肿之功效，用于辅助治疗咳嗽痰少、咽喉干燥、阴虚阳亢之头晕头痛、水肿、小便不利。鸭肉不仅脂肪含量低，且所含脂肪主要是不饱和脂肪酸，能起到保护心脏的作用，非常适合孕妇食用。

◎ 选购保存

鸭的体表光滑，呈乳白色，切开后切面呈玫瑰色，表明是优质鸭，如果鸭皮表面渗出轻微油脂，可以看到浅红或浅黄颜色，同时内切面为暗红色，则表明鸭的质量较差。保存鸭肉的方法很多，我国农村用熏、腊、风、腌等方法保存。

营养成分表

营养素	含量（每100克）
蛋白质	15.50克
脂肪	19.70克
碳水化合物	0.20克
维生素A	52微克
维生素B_1	0.08毫克
维生素B_2	0.22毫克
维生素E	0.27毫克
钙	6毫克
磷	122毫克
镁	14毫克
铁	2.20毫克
锌	1.33毫克
硒	12.25微克

◎ 搭配宜忌

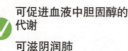

鸭肉+白菜　✓　可促进血液中胆固醇的代谢
鸭肉+山药　　　可滋阴润肺

鸭肉+甲鱼　✗　会导致水肿、泄泻
鸭肉+栗子　　　会引起中毒

温馨提示

鸭肉是各种美味名菜的主要原料。人们常言"鸡鸭鱼肉"四大荤，鸭肉蛋白质含量比畜肉含量高得多，脂肪含量适中且分布较均匀，而且容易被人体吸收。鸭肉不仅适合孕早期妈妈用来补身体，还有助于产妇产后身体恢复。

[孕早期 吃 什么？]

孕早期案例 1 老鸭莴笋枸杞煲

|原料| 莴笋250克，老鸭150克，枸杞10克

|调料| 盐少许，胡椒粉3克，葱、姜、蒜各2克

|做法| ①将莴笋去皮，清洗干净，切块；老鸭处理洗干净，斩块，氽水；枸杞清洗干净，备用。②煲锅上火倒入水，调入盐、葱、姜、蒜，下入莴笋、老鸭、枸杞煲至熟，调入胡椒粉即可。

|专家点评| 鸭肉脂肪含量高而不腻，富含蛋白质、铁、钾等多种营养素，有祛病健身之效，孕妇食用后能增强免疫力，有利于孕期保健。莴笋含丰富的叶酸，有流产史和贫血倾向的孕妇可多吃，此外，芦笋还含有丰富的维生素和膳食纤维，可以预防孕期便秘。

烹饪常识

鸭肉有一股很大的臊味，如果在烹调时想去掉这种味道，应先将鸭子尾端两侧的臊豆去掉。

孕早期案例 2 老鸭红枣猪蹄煲

|原料| 老鸭250克，猪蹄1个，红枣4颗

|调料| 盐少许

|做法| ①将老鸭处理干净，斩块氽水；猪蹄清洗干净，斩块氽水备用；红枣清洗干净。②净锅上火倒入水，调入盐，下入老鸭、猪蹄、红枣煲至熟即可。

|专家点评| 这道汤是清补佳品，它不仅营养丰富，而且因老鸭常年在水中生活，性偏凉，有滋五脏之阳、清虚劳之热、补血行水、养胃生津的功效。再放入富含钙、铁、维生素C、维生素E等的红枣和富含胶原蛋白、脂肪等的猪蹄，可起到营养互补的效果，有助于孕妈妈开胃健脾，预防缺铁性贫血。

烹饪常识

煲鸭的时间须在2个小时以上，因为这样汤的味道才会更浓。如果要节约时间，可用高压锅来炖煮，会更易熟烂。

[孕早期 什么？]

鳙鱼
YONG YU
【水产类】

[别 名] 花鲢鱼、大头鱼

【适用量】每天食用100克为宜。
【热量】100千卡/100克。
【性味归经】性温，味甘。归胃经。

【主打营养素】
不饱和脂肪酸
◎鳙鱼中富含不饱和脂肪酸，它的主要成分就是我们所说的"脑黄金"，这是一种人类必需的营养素，主要存在于大脑的磷脂中，可以起到维持、提高、改善大脑机能的作用。

◎ 食疗功效

鳙鱼具有补虚弱、暖脾胃、祛头眩、益脑髓、疏肝解郁、健脾利肺、祛风寒、益筋骨的功效。同时，鳙鱼富含磷脂，可改善记忆力，特别是其头部脑髓含量很高，经常食用，能祛头眩、益智力、助记忆、延缓衰老。此外，孕妇经常食用还能起到润泽皮肤的美容作用。

◎ 选购保存

以鲜活、鱼体光滑、整洁、无病斑、无鱼鳞脱落的鳙鱼为佳。将鱼洗剖干净后抹少许盐腌渍4小时，春、秋季可存放一周时间，冬天则更长。

营养成分表

营养素	含量（每100克）
蛋白质	15.30克
脂肪	2.20克
碳水化合物	4.70克
维生素A	34微克
维生素B_1	0.04毫克
维生素B_2	0.11毫克
维生素E	2.65毫克
钙	82毫克
镁	26毫克
铁	0.80毫克
锌	0.76毫克
硒	19.47微克
铜	0.07毫克

◎ 搭配宜忌

鳙鱼+苹果	可止腹泻
鳙鱼+豆腐	可补钙
鳙鱼+西红柿	不利于营养吸收
鳙鱼+甘草	易引起身体不适

温馨提示

吃鳙鱼鱼头时要对所食鱼头的来源有所了解，比如环境受到严重污染，头大、身瘦、尾小的畸形鱼，变质鱼以及死了太久的鱼，这样的鱼头都不要吃。鳙鱼的温补效果很好，还可用于为产妇增乳，所以产妇也可以放心食用。

[孕早期 吃 什么？]

孕早期案例 1 　下巴划水

|原料| 鳙鱼1条

|调料| 盐、酱油、水淀粉、糖、姜、蒜、料酒、老抽各适量

|做法| ①将鳙鱼处理干净抹干，鱼头对半切开，鱼肉切条，下锅煎半熟；姜、蒜清洗干净切末。②另起锅，爆香姜蒜末，加入适量酱油、糖、料酒、盐、老抽和水烧开，再加入鱼头、鱼尾和鱼肉，中火焖烧10分钟。③捞出鱼装盘，将锅内的汤汁加水淀粉勾芡，淋在鱼身上即可。

|专家点评| 在孕早期，孕妈妈食用这道菜，可开胃消食，保证营养摄入。鱼头肉质细嫩、营养丰富，对胎儿大脑的发育尤为重要。

烹饪常识

勾芡的时候要将火关小，以防止煳锅。煎鱼的时候，火不宜过大，以免鱼煎焦。

孕早期案例 2 　香菜豆腐鱼头汤

|原料| 鳙鱼头450克，豆腐250克，香菜30克

|调料| 姜2片，盐适量

|做法| ①鱼头去鳃，剖开，洗净后用盐腌2小时；香菜清洗干净。②豆腐清洗干净，沥干水，切块；将豆腐、鱼头两面煎至金黄色。③锅中下入鱼头、姜，加入沸水，大火煮沸后，加入煎好的豆腐，煲30分钟，放入香菜，稍滚即可，不用加盐。

|专家点评| 这道汤是孕期的一道好食谱。鱼头肉质细嫩、营养丰富，含蛋白质、脂肪、钙、磷、铁、锌等营养成分。豆腐营养丰富，含有铁、钙、磷、镁等人体必需的多种元素，有增加营养、帮助消化、增进食欲的功能。

烹饪常识

烹制鱼、虾等水产时不用放味精，因为它们本身就具有很好的鲜味。做这道菜宜选用老豆腐。

[孕早期 吃 什么？]

鳜鱼

GUI YU

【水产类】

[别名] 桂鱼

【适用量】每次食用80克为宜。
【热量】117千卡/100克。
【性味归经】性平，味甘。归脾、胃经。

【主打营养素】
蛋白质、多种矿物质、维生素

◎鳜鱼中富含蛋白质、维生素A、钙、磷、锌等多种营养素，不仅能增强孕妈妈的免疫能力，还有开胃消食的作用，可帮助孕吐厉害的孕妈妈改善胃口。

◎ 食疗功效

鳜鱼肉质细嫩、厚实、少刺，营养丰富，具有补气血、健脾胃之功效，可强身健体、延缓衰老。鳜鱼的肉和胆等还具有一定的药用价值，可以补充气血、益脾健胃等。孕产妇常食鳜鱼，可起到补五脏、益精血、健体的作用，为补益强壮的保健佳品。

◎ 选购保存

优质的鳜鱼眼球突出，角膜透明，鱼鳃色泽鲜红，腮丝清晰，鳞片完整有光泽、不易脱落，鱼肉坚实、有弹性。将鱼处理干净后，放入冰箱冷藏即可。

营养成分表

营养素	含量（每100克）
蛋白质	19.90克
脂肪	4.20克
维生素A	12微克
维生素B_1	0.02毫克
维生素B_2	0.07毫克
维生素E	0.87毫克
钙	63毫克
磷	217毫克
镁	32毫克
铁	1毫克
锌	1.07毫克
硒	26.50微克
铜	0.10毫克

◎ 搭配宜忌

鳜鱼+白菜 ✓ 可增强造血功能
鳜鱼+马蹄 ✓ 有利尿通便的作用

鳜鱼+干枣 ✗ 会令人腹部作痛
鳜鱼+甘草 ✗ 会引起中毒

温馨提示

鳜鱼以肉质细嫩丰满，肥厚鲜美，内部无胆，少刺而著称，故为鱼中之上品。明代医学家李时珍将鳜鱼誉为"水豚"，意指其味鲜美如河豚。

[孕早期 吃 什么？]

孕早期案例 1　松鼠全鱼

原料 鳜鱼1条

调料 盐、高汤、松仁、料酒、面粉、淀粉、葱姜末、番茄酱、醋、生抽、白糖各适量

做法 ① 将鳜鱼处理干净，打花刀，用盐、料酒腌渍入味，并周身裹匀面粉。② 锅内加油烧热，将处理好的鱼放入油锅内炸至金黄色，起锅装盘。③ 锅留底油，用葱姜末炝锅，加入高汤、番茄酱、醋、生抽、白糖，烧开后用淀粉勾芡，浇在鱼身上，撒上松仁即成。

专家点评 这道菜酸香鲜美，味道极佳，是孕早期的一款好食谱。鳜鱼肉质细嫩，易消化，适于脾胃消化功能不佳的孕妈妈食用。

烹饪常识
鳜鱼的脊鳍和臀鳍有尖刺，刺上有毒腺组织，人被刺伤后有肿痛、发热、畏寒等症状，加工时要特别注意。

孕早期案例 2　吉祥鳜鱼

原料 鳜鱼1条，黄豆芽100克，西蓝花适量

调料 盐、味精、酱油、淀粉各适量

做法 ① 将鳜鱼处理干净，切成片（保留头尾），以盐、淀粉上浆备用。② 黄豆芽择洗干净，焯水，装盘垫底；西蓝花掰成小朵，清洗干净，焯水备用；鳜鱼头、尾入蒸锅蒸熟，摆在黄豆芽上。③ 鱼片下入沸水锅中氽熟，倒在黄豆芽上，以西蓝花围边，调入酱油、味精即可。

专家点评 孕妈妈食用鳜鱼，既可以补气血又可以益虚劳。再加上维生素丰富的黄豆芽和西蓝花，在色泽方面颜色丰富、鲜艳，十分诱人，在营养方面有滋补之功，有助于孕妈妈补充营养。

烹饪常识
将鳜鱼处理干净后，在牛奶中泡一会儿，既可除去鱼腥味，又能增加鲜味。黄豆芽焯水的时间不宜过长，以免破坏营养。

[孕早期 什么?]

苹果
PING GUO
【水果类】

[别 名] 滔婆、柰、柰子

【适用量】每日一个为宜。
【热量】52千卡/100克。
【性味归经】性凉，味甘、微酸。归脾、肺经。

【主打营养素】
钾、苹果酸、维生素C
◎孕妈妈多吃苹果可消除妊娠呕吐，并补充维生素C等营养素，其中苹果所含的钾可以调节水、电解质平衡，防止因频繁呕吐而引起酸中毒。

◎ 食疗功效

苹果具有润肺、健胃、生津、止渴、止泻、消食、顺气、醒酒的功能，而且对于癌症有良好的食疗作用，非常适合孕妇食用。苹果含有大量的纤维素，常吃可以使肠道内胆固醇减少，缩短排便时间，能够减少直肠癌的发生。

◎ 选购保存

应挑选个头适中、果皮光洁、颜色艳丽的，另外，用手或餐巾纸擦拭苹果，如留下淡淡的红色或绿色，可能是工业蜡，千万别买。苹果放在阴凉处可以保存7~10天，如果装入塑料袋放入冰箱中则可以保存更长时间。

营养成分表

营养素	含量（每100克）
蛋白质	0.20克
脂肪	0.20克
碳水化合物	13.50克
膳食纤维	1.20克
维生素A	3微克
维生素B_1	0.06毫克
维生素B_2	0.02毫克
维生素C	4毫克
维生素E	2.12毫克
钙	4毫克
铁	0.60毫克
锌	0.19毫克
硒	0.12微克

◎ 搭配宜忌

苹果+洋葱 ✓ 可降糖降脂，保护心脏
苹果+香蕉 ✓ 可防止铅中毒

苹果+白萝卜 ✗ 易导致甲状腺肿大
苹果+海鲜 ✗ 易导致腹痛、恶心

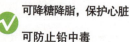

"一天一个苹果，医生远离我"，苹果不单是健康之果，还是智慧之果、美容之果。它能够缓解妊娠呕吐、孕期水肿等多种妊娠反应。我国民间还有孕期吃苹果，将来宝宝皮肤白嫩的说法。所以，除了孕早期，其他孕期也可以食用苹果。

[孕早期 吃 什么？]

孕早期案例 1 苹果青提汁

|原料| 苹果150克，青提150克

|调料| 柠檬汁适量

|做法| ①将苹果清洗干净，去皮、核，切块；将青提清洗干净，去核。②将苹果和青提一起放入榨汁机中，榨出果汁。③在榨好的果汁中加入柠檬汁，搅拌均匀即可饮用。

|专家点评| 苹果不仅富含锌等微量元素，还富含碳水化合物、多种维生素等营养成分，尤其是细纤维含量高，有利于胎儿大脑的发育。将苹果与青提榨汁，再混合柠檬汁，口味酸甜，不仅可以有效缓解孕早期妈妈孕吐，还有助于胎儿的健康发育，非常适合孕早期妈妈饮用。

柠檬汁可根据个人口味适量加入，最后轻轻搅拌均匀即可。青提可用淀粉浸泡后再清洗。

孕早期案例 2 苹果菠萝桃汁

|原料| 苹果1个，菠萝300克，桃子1个

|调料| 柠檬汁适量

|做法| ①分别将桃子、苹果、菠萝去皮并清洗干净，均切成小块，入盐水中浸泡。②将桃子、苹果、菠萝一起放入榨汁机中，榨出果汁，然后加入柠檬汁，搅拌均匀即可。

|专家点评| 苹果含丰富的锌，锌是构成核酸及蛋白质不可或缺的营养素，多吃苹果可以促进胎儿大脑发育，增强记忆力；苹果所含的丰富的膳食纤维可促进消化，缓解孕期便秘；菠萝含膳食纤维、烟酸和维生素A等，可补脾胃、益气血；桃子富含B族维生素、维生素E等，可促进胎儿发育。

切开的苹果不宜长时间暴露在空气中，否则暴露在外的果肉与空气接触，会发生氧化反应而变成褐色，影响味道。

[孕早期 什么？]

橘子

JU ZI

【水果类】

【适用量】每日一个为宜。
【热量】77千卡/100克。
【性味归经】性平，味甘、酸。归肺、脾、胃经。

[别 名] 福橘、蜜橘、黄橘

【主打营养素】

维生素A、维生素C

◎橘子富含维生素A，能保证胎儿皮肤、胃肠道和肺部的健康。橘子富含的维生素C是提高孕妈妈身体免疫力，参与人体正常代谢的重要营养物质，对孕妈妈本身及胎儿的生长发育都有好处。

◎食疗功效

橘子具有开胃理气、生津润肺、化痰止咳等功效，可用于脾胃气滞、胸腹胀闷、呃逆少食、胃肠燥热、肺热咳嗽等症。橘子富含维生素C和柠檬酸，具有消除疲劳和美容的作用，孕妇可以适量食用。另外，食用柑橘可以降低沉积在动脉血管中的胆固醇，有助于使动脉粥样硬化发生逆转。

◎选购保存

挑选表面平滑光亮、外表皮薄、果实成熟，果蒂不要干枯的才是新鲜的。储存时装在有洞的网袋中，放置通风处即可。如果要长期储存，放进冰箱保鲜，可以保存一个月不变质。

营养成分表

营养素	含量（每100克）
蛋白质	0.70克
脂肪	0.20克
碳水化合物	11.90克
膳食纤维	0.40克
维生素A	148微克
维生素B_1	0.08毫克
维生素B_2	0.04毫克
维生素C	28毫克
维生素E	0.92毫克
钙	35毫克
铁	0.2毫克
锌	0.08毫克
硒	0.30微克

◎搭配宜忌

橘子+玉米 ✓	有利于吸收维生素
橘子+生姜	可防治感冒
橘子+牛奶 ✗	影响蛋白质的消化吸收
橘子+动物肝脏	会破坏维生素C

温馨提示

橘子含热量较多，如果一次食用过多，就会"上火"，促发口腔炎、牙周炎、大便秘结等症；此外为避免其对胃黏膜产生刺激而引起不适，最好不要空腹吃橘子。孕妈妈可食用橘子，也需注意不要过量，吃完后要记得刷牙。

[孕早期 吃 什么？]

孕早期案例 1　橘子优酪乳

原料｜橘子2个

调料｜优酪乳250毫升

做法｜①将橘子清洗干净，去皮、子，备用。②将橘子放入榨汁机内，榨出汁，加入优酪乳，搅拌均匀即可。

专家点评｜橘子含有丰富的糖类、维生素、苹果酸、柠檬酸、蛋白质、膳食纤维以及多种矿物质等；优酪乳除了含有钙、磷、钾之外，还含有维生素A、叶酸及烟酸等。将橘子汁与营养丰富的优酪乳搅拌成果汁，酸甜可口，可以缓解孕吐，还有助于消化及防止便秘，帮助有益菌抑制有害菌生长，从而改善肠内的菌群比例，促进肠胃的正常蠕动。

烹饪常识

要选择有品质保证的优酪乳。因为这样不仅在制造卫生条件上获得保障，也可确保所使用的是安全菌种。

孕早期案例 2　芒果橘子汁

原料｜芒果150克，橘子1个

调料｜蜂蜜适量

做法｜①将芒果清洗干净，去皮，切成小块备用。②将橘子去皮，去子，撕成瓣。③将芒果、橘子放入榨汁机中榨汁，加入蜂蜜搅拌均匀即可。

专家点评｜橘子深受孕妈妈喜欢，其果实细嫩多汁，清香鲜美，酸甜宜人，营养极为丰富。它的维生素C含量很丰富，同时还含大量的糖、蛋白质、氨基酸等多种有机物和人体必需的多种矿物质；与芒果榨汁，有益胃止呕、生津解渴及止眩晕等功效，可以有效缓解孕妈妈的孕吐症状，不过吃橘子容易上火，孕妈妈注意不要食用过量。

烹饪常识

要选用自然成熟、表皮颜色均匀、有香味的芒果。加入糖水，此饮品的味道会更好。

[孕早期 什么？]

柠檬
NING MENG
【水果类】

[别名] 益母果、柠果、黎檬

【适用量】每日1~2片为宜。
【热量】35千卡/100克。
【性味归经】性微温，味甘、酸。归肺、胃经。

【主打营养素】
柠檬酸、维生素
◎柠檬味酸，能补充人体所需的维生素C，而且对孕早期的呕吐能起到很好的止吐效果。柠檬富含的维生素C和维生素P能缓解钙离子促使血液凝固，有效预防妊娠高血压综合征。

◎食疗功效

柠檬具有生津祛暑、化痰止咳、健脾消食之功效，可用于暑天烦渴、孕妇食少、胎动不安、高血脂等症。柠檬富含维生素C，对于预防癌症和一般感冒都有帮助，还可用于辅助治疗坏血病，柠檬汁外用也是美容洁肤的佳品。另外，吃柠檬还能防治肾结石。

◎选购保存

一定要选手感硬实，表皮看起来紧绷绷、很亮丽，拈一拈分量较沉，发育良好的果实，才会芳香多汁又不致酸味太浓。完整的柠檬在常温下可以保存一个月左右。

◎搭配宜忌

柠檬+香菇 ✓	可活血化淤、降压降脂
柠檬+马蹄	可生津解渴
柠檬+牛奶 ✗	会影响蛋白质的吸收
柠檬+橘子	会导致消化道溃疡

营养成分表

营养素	含量（每100克）
蛋白质	1.10克
脂肪	1.20克
碳水化合物	6.20克
膳食纤维	1.30克
维生素A	未测定
维生素B_1	0.05毫克
维生素B_2	0.02毫克
维生素C	22毫克
维生素E	1.14毫克
钙	101毫克
铁	0.80毫克
锌	0.65毫克
硒	0.50微克

温馨提示

孕早期妈妈可以放置一些柠檬在床边，早上起来嗅一嗅，有消除晨吐的功效。柠檬中含有一种成分为圣草枸橼酸苷，可减少脏器功能障碍、白内障等并发症的发病率。

[孕早期 吃 什么？]

孕早期案例 1　柠檬汁

原料｜柠檬2个

调料｜蜂蜜30毫升，凉开水60毫升

做法｜❶将柠檬清洗干净，对半切开后榨成汁。❷将柠檬汁及蜂蜜、凉开水倒入有盖的大杯中。❸盖紧盖子摇动10~20下，倒入小杯中即可。

专家点评｜柠檬汁是新鲜柠檬经榨后得到的汁液，酸味极浓，伴有淡淡的苦涩和清香味道。柠檬汁可为孕早期妈妈常喝的饮品，有良好的安胎止呕、增强免疫力、延缓衰老的作用。此外，柠檬中的柠檬酸能使钙易深化，可大大提高孕妈妈对钙的吸收率，增加孕妈妈的骨密度，进而预防孕期小腿抽筋。

> **烹饪常识**
> 用食盐搓洗柠檬表面可以起到除菌的作用。蜂蜜的使用量可以根据个人口味来决定，但不宜过甜。

孕早期案例 2　柠檬柳橙香瓜汁

原料｜柠檬1个，柳橙1个，香瓜1个

做法｜❶柠檬清洗干净，切块；柳橙去皮后取出子，切成可放入榨汁机的大小；香瓜清洗干净，去子，切块。❷将柠檬、柳橙、香瓜依次放入榨汁机中，搅打成汁即可。

专家点评｜柠檬含柠檬酸、苹果酸等有机酸和橙皮苷、柚皮苷等黄酮苷，还含有维生素C、维生素B_1、维生素B_2和烟酸、钙、磷、铁等；柳橙营养极为丰富而且全面，含有丰富的维生素C、钙、磷、钾、β-胡萝卜素、柠檬酸等；香瓜含有大量的碳水化合物及柠檬酸、胡萝卜素和B族维生素等，且水分充沛。用这三种水果榨汁，不仅有助于孕妈妈安胎，还有助于胎儿健康发育。

> **烹饪常识**
> 果汁不宜加热，加热会使水果的香气跑掉，令一些营养成分特别是维生素C遭到破坏。

[孕早期 什么？]

石榴

SHI LIU

【水果类】

[别　名] 甜石榴、海榴

【适用量】每日40克为宜。
【热量】63千卡/100克。
【性味归经】性温，味甘、酸、涩。归肺、肾、大肠经。

【主打营养素】

维生素C

◎石榴中含有丰富的维生素C，维生素C可以保护细胞，提高人体的免疫力，而且维生素C还可以促进铁的吸收，可以预防孕妈妈缺铁性贫血。

◎食疗功效

石榴具有生津止渴、涩肠止泻、杀虫止痢的功效。石榴含有石榴酸等多种有机酸，能帮助消化吸收，增强食欲；石榴有明显的收敛、抑制细菌、抗病毒的作用；石榴所含的维生素C和胡萝卜素都是强抗氧化剂，可防止细胞癌变。

◎选购保存

选购时，以果实饱满、重量较重，且果皮表面色泽较深的较好。石榴不宜保存太长时间，建议买回后1周之内吃完。适宜贮藏温度为2~3℃，空气相对湿度以85%~90%为宜。

营养成分表

营养素	含量（每100克）
蛋白质	1.40克
脂肪	0.20克
碳水化合物	18.70克
膳食纤维	4.80克
维生素A	未测定
维生素B_1	0.05毫克
维生素B_2	0.03毫克
维生素C	9毫克
维生素E	4.91毫克
钙	9毫克
铁	0.30毫克
锌	0.19毫克
硒	未测定

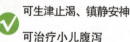

孕妈妈适当吃石榴可以预防胎儿大脑发育受损，还可有效缓解孕妈妈食欲不振的状况，尤其是孕早期，妊娠反应严重的时期，孕妈妈可以吃石榴以缓解孕吐症状。吃石榴不光对孕妈妈自身的健康有好处，还对宝宝的大脑发育也很有好处。

◎搭配宜忌

石榴+冰糖 ✓ 可生津止渴、镇静安神
石榴+苹果 　 可治疗小儿腹泻

石榴+土豆 ✗ 会引起食物中毒
石榴+带鱼 　 会导致头晕、恶心

[孕早期 吃 什么？]

孕早期案例 1 石榴苹果汁

|原料| 石榴、苹果、柠檬各1个

|做法| ①剥开石榴的皮，取出果实；将苹果清洗干净，去核，切块；将柠檬洗净。②将苹果、石榴、柠檬放进榨汁机中榨汁即可。

|专家点评| 石榴的营养丰富，含有人体所需的多种营养成分，果实中含有维生素C和B族维生素、有机酸等，可以增强人体免疫力。苹果含丰富的锌，是构成核酸及蛋白质不可或缺的营养素，多吃苹果可以促进胎儿大脑发育；苹果丰富的膳食纤维可促进消化，缓解孕期便秘。柠檬含有维生素C、B族维生素和钙、磷等多种营养成分，有安胎止吐的作用。这道饮品酸甜适中，富含营养，是孕早期妈妈的健康饮品。

烹饪常识

使用榨汁机一定要把榨汁机按住再打开开关，直到水果搅碎为止。此果汁需要过滤后饮用。

孕早期案例 2 石榴胡萝卜包菜汁

|原料| 胡萝卜1根，石榴子少许，包菜2片，凉开水适量，蜂蜜少许

|做法| ①将胡萝卜清洗干净，去皮，切条；将包菜清洗干净，撕碎。②将胡萝卜、石榴子、包菜放入榨汁机中搅打成汁，加入蜂蜜、凉开水即可。

|专家点评| 石榴的营养特别丰富，果实中含有维生素C及B族维生素，有机酸、糖类，以及钙、磷、钾等矿物质，有健胃提神、增强食欲的作用；胡萝卜誉称"小人参"，富含蛋白质、碳水化合物、维生素A、花青素、胡萝卜素、维生素C等多种营养成分。将这两种食材和包菜一同榨汁，可缓解孕吐，补充营养。

烹饪常识

要选择质地细腻、脆嫩多汁、表皮光滑的胡萝卜为佳。此饮品加入红豆，味道会更好。

[孕早期什么？]

枇杷
PI PA
【水果类】

[别 名] 芦橘、芦枝、焦子

【适用量】每次1~2个为宜。
【热量】39千卡/100克。
【性味归经】性平，味甘、酸。归脾、肺、肝经。

【主打营养素】
苹果酸、柠檬酸
◎枇杷中含有苹果酸、柠檬酸等物质，有促进消化、增强食欲的作用，孕妈妈孕早期吃枇杷，可以预防食欲不佳、消化功能下降等症状发生，还有止呕的作用。

◎ 食疗功效

枇杷具有生津止渴、清肺止咳、和胃除逆之功效，主要用于肺热咳嗽、久咳不愈、咽干口渴、胃气不足等症，有一定的食疗作用。枇杷中B族维生素的含量也很丰富，对保护视力，保持皮肤滋润健康，促进胎儿发育有重要作用。

◎ 选购保存

要选择颜色金黄、颗粒完整、果面有茸毛和果粉的枇杷。枇杷如果放在冰箱内，会因水汽过多而变黑，一般储存在干燥通风的地方即可。如果把它浸入冷水、糖水或盐水中，可防变色。尚未成熟的枇杷切勿食用。

营养成分表

营养素	含量（每100克）
蛋白质	0.80克
脂肪	0.20克
碳水化合物	9.30克
膳食纤维	0.80克
维生素A	未测定
维生素B_1	0.01毫克
维生素B_2	0.03毫克
维生素C	8毫克
维生素E	0.24毫克
钙	17毫克
铁	1.10毫克
锌	0.21毫克
硒	0.72微克

◎ 搭配宜忌

枇杷+银耳 ✓ 可生津止渴
枇杷+蜂蜜 ✓ 可预治伤风感冒
枇杷+白萝卜 ✗ 会破坏维生素C
枇杷+海鲜 ✗ 会影响蛋白质吸收

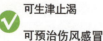

枇杷可以止渴开胃，这对食欲不佳、消化功能下降的孕妈妈来说是很有帮助的，另外枇杷还可以帮助孕妈妈补充维生素，预防流行性感冒。枇杷的果核中含有苦杏仁苷，有毒，所以千万不要误食，以免危害健康及生命。

[孕早期 吃 什么？]

孕早期案例 1　枇杷汁

原料 枇杷3个

调料 糖水适量

做法 ①将枇杷切开去核，去皮洗净。②再将切好的枇杷与糖水一起放入搅拌机中搅拌均匀即可。

专家点评 枇杷含有维生素B_1、维生素B_2、维生素C，以及钙、铁、锌、硒等矿物质，对增进食欲、帮助消化吸收、止渴解暑有很好的作用，这对于食欲不佳、消化功能下降的孕妈妈很有帮助。所以，在孕早期饮用这道饮品，对孕妈妈来说不仅能缓解孕吐，增进食欲，还能补充胎儿发育所需的各种营养。

烹饪常识
应选用新鲜的枇杷榨汁。果汁榨好之后，可过滤后再倒入杯中饮用，口感更好。

孕早期案例 2　蜜汁枇杷综合汁

原料 枇杷150克，香瓜50克，菠萝100克

调料 蜂蜜2大匙，凉开水150毫升

做法 ①香瓜清洗干净，去皮，切成小块；菠萝去皮，洗净切成块；将枇杷清洗干净，去皮。②将蜂蜜、凉开水和准备好的材料放入榨汁机中榨成汁即可。

专家点评 枇杷除富含维生素C和B族维生素外，还含有碳水化合物、纤维素、果酸、苹果酸、柠檬酸等营养成分，其中所含的胡萝卜素为鲜果中最高，其中的β-胡萝卜素在体内可以转化为维生素A，是维生素A的安全来源。而枇杷中所含的有机酸，能刺激消化腺分泌，对增进食欲、帮助消化吸收有相当大的作用，特别适合孕妈妈饮用。

烹饪常识
菠萝中含有刺激作用的苷类物质和菠萝蛋白酶，应将果皮和果刺修净，在稀盐水或糖水中浸渍，浸出苷类后再食用。

[孕早期 吃 什么？]

板栗
BAN LI
【干果类】

【适用量】每日5个为宜。
【热量】185千卡/100克（鲜板栗）。
【性味归经】性温，味甘、平。归脾、胃、肾经。

[别 名] 毛栗、瑰栗、栗子

【主打营养素】
叶酸、蛋白质

◎板栗中含有大量的叶酸，特别适合怀孕初期的孕妈妈食用。板栗中含有蛋白质和氨基酸，胎儿对蛋白质的需求量较高，适量吃一些板栗可提高孕妈妈的免疫力，有利于胎儿的发育。

◎食疗功效

板栗具有养胃健脾、补肾强腰之功效，可防治高血压病、冠心病、动脉硬化、骨质疏松等疾病，是抗衰老、延年益寿的滋补佳品，孕妈妈食用有助于滋补身体。常吃板栗，还可以有效治疗日久难愈的小儿口舌生疮和成人口腔溃疡。

◎选购保存

购买板栗时应选果壳老结、无虫眼、无黑斑、无疤印，较为干燥，果实饱满，颗粒均匀，用手捏果实感到坚实、沉甸甸，咬开肉质嫩黄的。板栗风干或晒干后连壳保存比较方便，放干燥处防霉变即可。

◎搭配宜忌

板栗+大米	✓	可健脾补肾
板栗+鸡肉		可补肾虚、益脾胃
板栗+杏仁	✗	易引起腹胀
板栗+羊肉		不易消化

营养成分表

营养素	含量（每100克）
蛋白质	4.20克
脂肪	0.70克
碳水化合物	42.20克
膳食纤维	1.70克
维生素A	32微克
维生素B_1	0.14毫克
维生素B_2	0.17毫克
维生素C	24毫克
维生素E	4.56毫克
钙	17毫克
铁	1.10毫克
锌	0.57毫克
硒	1.13微克

温馨提示

板栗素有"干果之王"的美称，可代粮，是一种价廉物美、富有营养的滋补品。板栗虽养人，又好吃，不过吃多了容易引起腹胀，孕妈妈每一次不可进食过多，因为生吃过多，会难以消化，而熟食过多，会阻滞肠胃。

[孕早期 吃 什么？]

孕早期案例 1　板栗煨白菜

原料 白菜200克，生板栗50克

调料 葱、姜、盐、鸡汤、水淀粉、料酒、味精各适量

做法 ①白菜清洗干净，切段，用开水煮透，捞出；葱清洗干净切段，姜清洗干净切片；板栗煮熟，剥去壳。②锅上火，放油烧热，将葱段、姜片爆香，下白菜、板栗炒匀，加入鸡汤，煨入味后用水淀粉勾芡，加入料酒、味精、盐，炒匀即可出锅。

专家点评 板栗中含有大量的叶酸。叶酸能参与血细胞的生成，促进胎儿神经系统的发育。板栗吃多了容易发生便秘，所以这道菜加了富含纤维素的白菜，既可以避免孕妈妈便秘，又可为胎儿补充发育所需的营养。

烹饪常识 用刀将板栗切成两瓣，去掉外壳后放入盆里，加上开水浸泡一会儿后用筷子搅拌，板栗皮就会脱去。

孕早期案例 2　板栗排骨汤

原料 鲜板栗250克，排骨500克，胡萝卜1根

调料 盐3克

做法 ①板栗入沸水中用小火煮约5分钟，捞起剥掉壳、膜。②排骨放入沸水中氽烫，捞起，清洗干净；胡萝卜削皮，清洗干净，切块。③将以上材料放入锅中，加水盖过材料，以大火煮开，转小火续煮30分钟，加盐调味即可。

专家点评 这道菜含有丰富的蛋白质、脂肪和钙、锌及维生素B_1、维生素B_2、维生素C、叶酸等营养成分。板栗可养胃健脾、补肾强筋，与具有补血益气、强筋健骨的排骨，以及有补肝明目、润肠通便的胡萝卜相配，补而不腻，可以缓解孕妈妈的不适症状。

烹饪常识 煮板栗时，一定要将包住果仁的那层薄皮去掉，这层皮煮不烂，会影响汤的口感。

[孕早期 吃 什么？]

小米
XIAO MI
【杂粮类】

[别 名] 粟米、谷子、黏米

【适用量】每天食用50克左右为宜。

【热量】358千卡/100克。

【性味归经】性凉，味甘、咸。归脾、肾经。

【主打营养素】

钙、铁、锌、硒、镁、磷、维生素B₁

◎小米含有丰富的微量元素，能有效调节血糖。小米中含有的维生素B₁，对糖尿病患者的手、足、视觉神经有保护作用。小米还可缓解精神压力、紧张等。

◎食疗功效

小米有健脾和胃、清热解渴、安眠等功效，适合脾胃虚弱、反胃呕吐、体虚胃弱、精血受损、食欲缺乏等患者食用，病人、孕妇、失眠者、体虚者、低热者、脾胃虚弱者、食不消化者、反胃呕吐者、泄泻者也可食用。小米熬粥营养丰富，人们常称之为"代参汤"。

◎选购保存

宜选购米粒大小一致，颜色均匀，呈乳白色、黄色或金黄色，有光泽，无虫，无杂质的小米。贮存于低温干燥避光处即可，也可在小米中加入几瓣大蒜，有防虫的作用。

营养成分表

营养素	含量（每100克）
蛋白质	9克
脂肪	3.10克
碳水化合物	75.10克
膳食纤维	1.60克
维生素A	17微克
维生素B₁	0.33毫克
维生素B₂	0.10毫克
维生素E	3.63毫克
钙	41毫克
镁	107毫克
铁	5.10毫克
锌	1.87毫克
硒	4.74微克

温馨提示

用小米熬煮的粥营养价值较高，较适合怀孕后没胃口的孕妈妈吃。将小米与动物性食品或豆类搭配，可以提供给孕妈妈更完善、更全面的营养。但不能食用变质或劣质的小米，变质的小米手捻易成粉状，易碎，碎米多，有异味。

◎搭配宜忌

小米+洋葱　可生津止渴、降脂降糖

小米+苦瓜 ✓ 可清热解暑

小米+黄豆　可健脾和胃、益气宽中

小米+杏仁 ✗ 会使人呕吐、泄泻

[孕早期 吃 什么？]

孕早期案例 1　小米粥

|原料| 小米、玉米各50克，糯米20克

|调料| 白糖少许

|做法| ①将小米、玉米、糯米清洗干净。②洗后的原材料放入电饭煲内，加清水后开始煲粥，煲至粥黏稠时倒出盛入碗内。③加白糖调味即可。

|专家点评| 小米含有多种维生素、氨基酸、脂肪、纤维素和碳水化合物，一般粮食中不含的胡萝卜素，小米中也有，特别是它的维生素B_1含量居所有粮食之首，含铁量很高，含磷也很丰富，有补血、健脑的作用。将小米搭配玉米和糯米一同熬煮，营养更加全面且更加丰富，非常适合孕早期妈妈滋补身体，预防缺铁性贫血。

烹饪常识

小米粥不宜太稀薄，淘米时不要用手搓，忌长时间浸泡或用热水淘米，以免营养流失。

孕早期案例 2　小米红枣粥

|原料| 小米100克，红枣20枚

|调料| 蜂蜜20克

|做法| ①红枣清洗干净，去核，切成碎末。②小米入清水中清洗干净。③将小米加水煮开，加入红枣末熬煮成粥，关火后凉至温热，调入蜂蜜即可。

|专家点评| 小米能开胃又能养胃，具有健胃消食、防止反胃和呕吐的功效。小米含有蛋白质、钙、胡萝卜素和维生素B_1、维生素B_2；红枣含维生素C，二者互补，是一种具有较高营养价值的滋补粥品，是孕妈妈缓解孕吐，滋养身体的较佳选择。此外，这道粥含铁量高，所以对于产妇产后滋阴养血也大有功效。

烹饪常识

加入蜂蜜时，粥不宜太热，否则会降低蜂蜜的营养。小米熬煮的时间可以长一些，味道更佳。

[孕早期 什么？]

牛奶
NIU NAI

【其他类】

[别 名] 牛乳

【适用量】每天食用250毫升为宜。

【热量】54千卡/100克。

【性味归经】性平，味甘。归心、肺、肾、胃经。

【主打营养素】
钙、磷、钾

◎牛奶中钙、磷、钾等矿物质含量丰富，且极易被人体吸收利用，可减少胃肠道刺激，并能有效地维持人体酸碱度的平衡，是孕妈妈的极佳饮品。

◎食疗功效

牛奶具有补肺养胃、生津润肠的功效；喝牛奶能促进睡眠安稳；牛奶中的碘、锌和卵磷脂能大大提高大脑的工作效率；牛奶中的镁元素会促进心脏和神经系统的耐疲劳性；牛奶能润泽肌肤，经常饮用可使皮肤白皙光滑，增加弹性，同时还能保护表皮、防裂、防皱。

◎选购保存

要选择品质有保证的牛奶，新鲜优质牛奶应有鲜美的乳香味，以乳白色、无杂质、质地均匀为宜。牛奶买回后应尽快放入冰箱冷藏，以低于7℃为宜。

营养成分表

营养素	含量（每100克）
蛋白质	3克
脂肪	3.20克
碳水化合物	3.40克
维生素A	24微克
维生素B_1	0.03毫克
维生素B_2	0.14毫克
维生素C	1毫克
维生素E	0.21毫克
钙	104毫克
镁	11毫克
铁	0.30毫克
锌	0.42毫克
硒	1.94微克

温馨提示

孕早期妈妈的胃口不佳可以适当喝些牛奶，并不是所有孕妈妈都适合饮用牛奶，如贫血、患有胃溃疡的孕妈妈就不能喝牛奶，可用酸奶或豆浆代替。牛奶含有人体所需的各种营养物质，产妇每天喝牛奶也有利于身体康复。

◎搭配宜忌

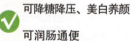

| 牛奶+木瓜
牛奶+火龙果 | ✓ | 可降糖降压、美白养颜
可润肠通便 |
| 牛奶+橘子
牛奶+食醋 | ✗ | 易发生腹胀、腹泻
不利于消化吸收 |

[孕早期 吃 什么？]

孕早期案例 1 苹果胡萝卜牛奶粥

原料 苹果、胡萝卜各25克，牛奶、大米各100克

调料 白糖5克，葱花少许

做法 ①胡萝卜、苹果清洗干净，切小块；大米淘洗干净。②锅置火上，注入清水，放入大米煮至八成熟。③放入胡萝卜、苹果煮至粥将成，倒入牛奶稍煮，加白糖调匀，撒葱花便可。

专家点评 胡萝卜中维生素A是骨骼正常生长发育的必需物质；苹果富含多种维生素，以及柠檬酸、苹果酸等有机酸，能缓解孕吐；牛奶含有丰富的优质蛋白质、脂肪、钙、铁等营养成分。这道粥有助于孕妈妈滋补身体，孕育健康的胎儿。

烹饪常识

牛奶不要煮久了，以免营养流失。煮这道粥时，可以先将胡萝卜的皮削去。

孕早期案例 2 牛奶红枣粳米粥

原料 红枣20枚，粳米100克，牛奶150毫升

调料 红糖适量

做法 ①将粳米、红枣一起清洗干净泡发。②再将泡好的粳米、红枣加入适量水煮开后改小火煮约30分钟，加牛奶煮开。③待煮成粥后，加入红糖继续煮溶即可。

专家点评 牛奶营养丰富，容易消化吸收，人称"白色血液"，是理想的天然食品，富含蛋白质、维生素A、维生素B_2、钙。红枣富含维生素A、维生素C、维生素E、胡萝卜素、磷、钾、铁、叶酸、泛酸、烟酸等营养成分，有提高人体免疫力、预防妊娠贫血的作用。粳米有帮助调节脂肪和蛋白质代谢的功能，可以改善面部色素沉着，起到美容养颜的作用。

烹饪常识

可先将红枣和粳米清洗干净，然后加清水泡发，煮粥时将泡过粳米和红枣的水也加入锅里。

[孕早期 禁 什么？]

菠菜

不宜吃菠菜的原因

很多人都认为菠菜富含铁质，多吃菠菜可供给人体较多的铁，以利补血。其实，菠菜中铁的含量并不多，其主要成分是草酸，而草酸能严重影响钙和锌的吸收，使体内钙、锌含量明显减少。

钙和锌都是人体必需的营养成分，如果钙、锌被草酸破坏，将给孕妈妈和胎儿带来不利的影响。因为孕妈妈缺锌，会使其食欲不振、味觉下降；孕妈妈缺钙会造成腿抽筋或牙病。所以孕妈妈还是少吃菠菜为好。即使吃少量菠菜，也要在做菜前放入开水中焯一下，以减少草酸含量。

忌食关键词

草酸、影响钙和锌吸收

油菜

不宜吃油菜的原因

油菜性温，味辛，为低脂肪蔬菜，且含有膳食纤维，能与胆酸盐和食物中的胆固醇及甘油三酯结合，并从粪便排出，从而减少脂类的吸收，故可用来降血脂。同时，油菜还富含钙、铁、胡萝卜素和维生素C，对抵御皮肤过度角质化大有裨益，爱美人士不妨多摄入一些油菜，可促进血液循环、散血消肿。

不过中医认为油菜有活血化淤的功效，可用于治疗产后淤血腹痛、丹毒、肿痛脓疮，所以处于怀孕早期以及有习惯性流产的孕妈妈，一定不要食用。

忌食关键词

活血化淤、流产

茄子

不宜吃茄子的原因

由于茄子性凉，味甘，属于寒凉性质的食物，《本草求真》中说："茄味甘气寒，质滑而利，孕妇食之，尤见其害"。因此，身体虚弱，有消化不良、容易腹泻、脾胃虚寒、哮喘、便溏症状的孕妈妈最好少吃或不吃。

而且秋后的老茄子含有较多茄碱，对人体有害，可见《饮食须知》："秋后食茄损目。女人能伤子官无孕"。同时，现在长得又肥又大的茄子大多是用催生激素催化而来的，不利于孕妈妈和胎儿的健康。因此，孕期内以忌食茄子为好，或减少食用次数和数量。

忌食关键词

性凉、茄碱、催生激素

[孕早期 禁 什么？]

木耳菜

不宜吃木耳菜的原因

木耳菜又叫滑腹菜、豆腐菜、落葵，是我国的古老蔬菜。因为它的叶子近似圆形，肥厚而黏滑，好像木耳的感觉，所以俗称木耳菜。木耳菜的嫩叶烹调后清香鲜美、口感嫩滑，深受大家的喜爱。

虽然木耳菜营养素含量极其丰富，尤其是钙、铁等元素含量甚高，且热量低、脂肪少，不过木耳菜性寒，味甘、酸，有滑利凉血的功效，所以处于怀孕早期以及有习惯性流产（即中医所说滑胎）的孕妈妈，一定不要食用。

忌食关键词

性寒、滑利凉血、滑胎

马齿苋

不宜吃马齿苋的原因

马齿苋又称马齿菜，既是药物又可做菜食用。但因其性寒，所以怀孕早期，尤其是有习惯性流产史的孕妈妈应禁食。正如《本草正义》中说："兼能入血破淤"。明朝李时珍也认为马齿苋有散血消肿、利肠滑胎的作用。

近代临床实践认为马齿苋汁对子宫有明显的兴奋作用，使子宫收缩次数增多、强度增大，容易造成流产。所以，孕妈妈不宜吃马齿苋，但在临产前又属例外，多食马齿苋，反而有利于顺产。

忌食关键词

散血消肿、利肠滑胎

慈 姑

不宜吃慈姑的原因

慈姑是水生的草本植物，大者如杏，小者如粟。现在优良品种的是生于广东的"白肉慈姑"。它的优点在于含丰富的淀粉质，适于长期贮存，故曾被称为"救荒本草"。

慈姑有活血的作用。《随息居饮食谱》中明确指出："慈姑功专破血，通淋，滑胎，利窍。多食动血，孕妇尤忌之"。《日华子本草》中也有怀孕人不可食的告诫。尤其是在怀孕早期和有习惯性流产史的孕妈妈，更应忌食之。因为活血破血、滑胎利窍之品均对妊娠不利。

忌食关键词

活血破血、滑胎利窍

[孕早期 禁 什么？]

海带

不宜吃海带的原因

海带几乎不含脂肪与热量，维生素含量也微乎其微，但它却含有丰富的矿物质，如钙、钠、镁、钾、磷、硫、铁、锌等，以及硫胺素、核黄素、硒等人体不可缺少的营养成分，对人体的好处很多。

但是由于海带能软坚、散结、化淤，食用后容易导致孕妈妈流产，而且如果孕妈妈过量食用海带，过多的碘又可引起胎儿甲状腺发育障碍，可能导致出生后宝宝的甲状腺功能低下。所以孕妈妈应慎食海带。

忌食关键词

化淤、流产、甲状腺发育障碍

芦荟

不宜吃芦荟的原因

芦荟是集食用、药用、美容、观赏于一身的保健植物新星，深受女性的喜欢。不过孕妈妈食用芦荟可能引起消化道不良反应，如恶心、呕吐、腹痛、腹泻甚至出现便血，严重者还可能引起肾脏功能损伤；芦荟还能使女性骨盆内脏器官充血，促进子宫的运动，孕妈妈服用容易引起腹痛，出血量增多甚至导致流产。

同时要注意，孕妈妈也不可食用含有芦荟成分的保健品及使用含有芦荟成分的护肤品。另外，哺乳期新妈妈也应谨慎食用芦荟，以免引起宝宝肠胃不适。

忌食关键词

恶心、呕吐、腹痛、流产

仙人掌

不宜吃仙人掌的原因

食用仙人掌个头肥大，刺少而软，具有降血糖、降血脂、降血压的功效，若能每天吃一片食用仙人掌，就能消除体内多余胆固醇、脂肪和糖分，起到行气活血、清热解毒、促进新陈代谢的作用。

由于仙人掌性寒又能行气活血，孕妈妈吃了可能会导致流产，另外一些人食用仙人掌会出现过敏症状，保险起见不建议孕妈妈食用仙人掌。

忌食关键词

行气活血、流产

[孕早期 禁 什么？]

黑木耳

不宜吃黑木耳的原因

❌ 忌食关键词

活血化淤、胚胎不稳固、流产

黑木耳质地柔软，味道鲜美，营养丰富，可素可荤，不但能为菜肴大添风采，而且能养血驻颜，祛病延年。现代营养学家盛赞黑木耳为"素中之荤"，其营养价值可与动物性食物相媲美，深受大家的喜爱。

但是黑木耳又具有活血化淤的功效，不利于胚胎的稳固和生长，容易造成流产，所以孕妈妈应该慎食，特别是有先兆性流产的孕妈妈更要慎食。

益母草

不宜吃益母草的原因

❌ 忌食关键词

刺激子宫、子宫强力收缩

益母草在治疗女性月经不调、胎漏难产、胞衣不下、产后血晕、淤血腹痛、崩中漏下、尿血、泻血、痈肿疮疡方面有着较高的食用功效。

但是经研究发现，益母草对妇女子宫，无论是有孕无孕，早期或晚期妊娠子宫及产后子宫有明显的兴奋作用，会使子宫强力收缩，对于孕妈妈来说存在危险。因此，为了保证胎儿的安全，孕妈妈一定要禁食益母草。

木 瓜

不宜吃木瓜的原因

❌ 忌食关键词

活血化淤、子宫收缩、激素变化

虽然木瓜有美容、护肤、乌发等功效，但是木瓜偏寒性，因此胃寒、体虚者不宜多吃，否则容易引起腹泻或胃寒。孕妈妈不宜食用太过于寒性的食物，而且木瓜具有活血化淤的作用，食用过多也不利于保胎。

另外，现代医学研究发现，木瓜中含有的木瓜苷有加强子宫收缩的作用，其含有的女性激素（青木瓜中含量最多）容易干扰体内的激素变化。所以，为了避免意外流产和早产，孕妈妈最好不要吃木瓜，无论生熟都不宜吃，因为即便木瓜烧熟了，也不能破坏木瓜苷。

[孕早期 禁 什么？]

杏

不宜吃杏的原因

杏果实色泽鲜艳、果肉多汁、风味甜美，在果品市场占据重要地位。但是，鲜杏中含有的较强的酸性会分解人体内的钙、磷以及蛋白质等物质。同时，胃内的酸液增多了还会引起消化不良和溃疡，并对牙齿造成损害。

杏属于热性食物，吃多了可能会伤及筋骨，引起旧病复发。而且，杏如果一次吃得过多，还会引起上火，使人流鼻血、生眼疾、生口疮，还可能引起拉肚子。孕妈妈本身在孕期身体属热，因此，孕妈妈还是不吃杏为好。不仅如此，杏还有滑胎作用，为孕妈妈之大忌。

忌食关键词

酸性较强、性热、上火、滑胎

山楂

不宜吃山楂的原因

山楂开胃消食、酸甜可口，由于孕妈妈怀孕后常有恶心、呕吐、食欲不振等早孕反应，所以喜欢吃些山楂或山楂制品以增进食欲。其实，山楂虽然可以开胃，但对孕妈妈很不利。

经研究表明，山楂有活血通淤的功效，对子宫有兴奋作用，孕妈妈食用过多可促进子宫收缩，进而增加流产的概率。尤其是以往有过自然流产史或怀孕后有先兆流产症状的孕妈妈，更不应该吃山楂及山楂制品。

忌食关键词

活血通淤、兴奋子宫、子宫收缩

桂圆

不宜吃桂圆的原因

桂圆主要含葡萄糖、蔗糖、维生素等物质，营养丰富。民间有"孕妇吃桂圆可保胎"的说法，但这种说法是不科学的，应该加以纠正。医学认为，桂圆虽有补心安神、养血益脾的功效，但其性温大热，极易助火，一切阴虚内热体质及患热性病者均不宜食用。

孕妈妈阴血偏虚，阴虚则滋生内热，因此往往有大便干燥、口干而胎热、肝经郁热的征候。孕妈妈食用桂圆后，不仅不能保胎，反而易出现漏红、腹痛等先兆流产症状，而孕晚期食用有可能导致"见红"、早产。

忌食关键词

性温、助火、滋生内热、流产

[孕早期 禁 什么？]

甲 鱼

不宜吃甲鱼的原因

甲鱼本身含有丰富的蛋白质，还具有通血络和活血的作用，可散淤块、打散肿瘤。因此，临床上使用甲鱼对肿瘤病人进行食物治疗，抑制肿瘤的生长。但对孕妈妈来说，甲鱼却是必须禁食的，因为它会对正在子宫内生长的胎儿造成破坏，抑制其生长，易造成流产或对胎儿生长不利。而且甲鱼本就是咸寒食物，食用可能导致堕胎，尤其是鳖甲的堕胎之力比鳖肉更强。另外，妊娠合并慢性肾炎、肝硬化、肝炎的孕妈妈吃甲鱼，有可能诱发肝昏迷。所以孕妈妈应禁食甲鱼。

忌食关键词

活血通络、破坏胎儿、咸寒

螃 蟹

不宜吃螃蟹的原因

螃蟹味道鲜美，蟹肉具有清热散结、通脉滋阴、补肝肾、生精髓、壮筋骨之功效。但是螃蟹性寒凉，有活血祛淤之功，孕早期的孕妈妈食用后会造成出血、流产。尤其是蟹爪，有明显的堕胎作用，故对孕妈妈不利。而且螃蟹这种高蛋白食物，很容易变质腐败，若是误吃了死蟹，轻则会头晕、腹疼，重则会呕吐、腹泻甚至造成流产。所以孕妈妈应禁食螃蟹。

忌食关键词

性寒凉、活血祛淤、容易腐败、堕胎

薏 米

不宜吃薏米的原因

薏米的营养价值很高，夏秋季和冬瓜煮汤，既可佐餐食用，又能清暑利湿。薏米既可用于滋补，还可用于治病，益脾而不滋腻。

但薏米性寒，中医认为，薏米具有利水滑胎的作用，孕期食用容易造成流产，尤其是孕早期三个月。《饮食须知》中提到："以其性善者下也，妊妇食之坠胎"。《本草经疏》中说："妊娠禁用"。临床上也发现，孕妈妈女性吃太多的薏米，会造成羊水流出，对胎儿不利。因此，孕妈妈应禁食薏米。

忌食关键词

性寒、利水滑胎、羊水流出

[孕早期 禁 什么？]

杏 仁

不宜吃杏仁的原因

杏仁可以分为两种，其一是苦杏仁，可以做中药，含有氢氰酸有毒的物质，能使胎儿窒息死亡。小儿食用7～10个苦杏仁即能致死。为避免其毒性物质透过胎盘屏障影响胎儿，孕妈妈应禁食苦杏仁；其二是甜杏仁，可以食用，对胎儿发育和孕妇都有好处。因而孕妇可以吃甜杏仁，不过就算是甜杏仁，虽然有一定的好处，可是吃多了会造成孕妇便秘，所以甜杏仁也要少吃。

忌食关键词

有毒、便秘、影响胎儿

方便食品

不宜吃方便食品的原因

现在市场上各种方便食品很多，如方便面、饼干等。孕妈妈营养不良会影响胎儿发育，造成新生婴儿体重不足。孕妈妈如果过分依赖方便食品，尤其是在怀孕的前3个月，虽然可以维持腹饱的状态，但是孕期所需的营养会严重不足。

科学研究表明，在孕早期，要形成良好的胎盘及其丰富的血管，特别需要脂肪酸，这对胎儿大脑发育也有好处。而孕妈妈过分依赖方便食品，会使脂肪酸不足。因此，孕妈妈千万不要多吃这类食品。

忌食关键词

营养不足、处于饱腹状态

咖 啡

不宜喝咖啡的原因

咖啡的主要成分为咖啡因、可乐宁等生物碱。咖啡因和可乐宁是兴奋中枢神经的药物，孕妈妈大量饮用咖啡后，会出现恶心、呕吐、头晕、心跳加快等症状。同时，咖啡因能迅速通过胎盘作用于胎儿，使胎儿直接受到咖啡因的不良影响。

咖啡中的咖啡碱，还有破坏维生素B_1的作用，会导致维生素B_1缺乏，出现烦躁、容易疲劳、记忆力减退、食欲下降及便秘等症状，严重的可发生神经组织损伤、心脏损伤、肌肉组织损伤及水肿。所以建议孕妈妈不要大量饮用咖啡类饮品。

忌食关键词

咖啡因、可乐宁、咖啡碱

[孕早期 禁 什么？]

浓茶

不宜喝浓茶的原因

有一些女性可能平时爱喝浓茶，可是到了怀孕期可要改掉这个习惯。因为，茶叶中含有2%~5%的咖啡因，每1000毫升浓红茶中咖啡因的含量高达12%。咖啡因具有兴奋作用，如果孕妈妈饮茶过浓、过多，不但会刺激胎动，影响胎儿的生长发育，还会造成婴儿指及趾畸形、腭裂和其他畸形的可能。

此外，茶叶中含有较丰富的咖啡碱，饮茶将加剧孕妈妈的心跳速度，增加孕妇的心、肾负担，增加排尿次数，从而使妊娠中毒的危险性增加，更不利于胎儿的健康发育。

忌食关键词：咖啡因、咖啡碱、胎儿畸形

酒

不宜喝酒的原因

酒精对胎儿的有害作用主要是损伤脑细胞，使脑细胞发育停止、数目减少，使脑的结构形态异常和功能障碍，导致不同程度的智力低下，性格异常，甚至造成脑瘫痪。致畸的主要器官为小头、小眼裂、塌鼻梁、上颌骨发育不全等头面部异常和指趾短小、先天性心脏病和内脏畸形。

致畸作用与饮酒量、酒中含酒精浓度、不同胚胎时期及孕妈妈的个人体质有关。孕期越早影响越大，在妊娠的前3个月，特别是在胎儿器官发育期（妊娠8周内）影响更大。经常饮酒较偶尔饮酒危害大，长期饮酒可致胎儿慢性酒精中毒。

忌食关键词：酒精、损伤脑细胞、胎儿慢性酒精中毒

蜜饯

不宜吃蜜饯的原因

不少怀孕初期的女性，因早孕引起胃肠道反应，喜欢食用酸甜可口的果脯蜜饯。据有关资料研究证明，妊娠早期大量食用含有食品添加剂的果脯蜜饯，对胎儿的胚胎发育是不利的。

蜜饯虽食用方便，但经过了层层加工后，蜜饯仅能保留原料的部分营养，再加上添加了防腐剂、着色剂、香精以及过高的盐和糖。这些添加物质大都是人工合成的化学物质，对组织胚胎是有一定影响的。如长期大量食用也会引起慢性中毒，甚至引起孕妇流产或胎儿畸形。

忌食关键词：添加剂、营养缺失、高盐、高糖

第四章

孕中期
吃什么，禁什么

　　孕中期（即女性怀孕的第4个月到第7个月）胎儿逐渐趋于稳定，孕妈妈也逐渐适应了怀孕的生活状态，而且妊娠反应已逐渐减轻，食欲开始增加。这个时期，孕妈妈应增加各种营养的摄入量，尽量满足胎儿迅速生长及母体营养素贮存的需要。那么，什么食物能吃，什么食物不能吃，孕妈妈一定要做到心中有数。

孕中期 饮食须知

◎随着早孕反应的消失，很多孕妇的食量明显增加，但在增加食量的同时也要注意合理摄取均衡的营养。

1 孕中期的贴心饮食建议

孕中期胎儿的生长速度逐渐加快，体重每天约增加10克左右，胎儿的骨骼开始钙化，脑发育也处于高峰期。此时，孕妈妈的胃口开始好转，孕妈妈本身的生理变化使皮下脂肪的储存量增加、子宫和乳房明显增大，孕妈妈的基础代谢也增加了10%~20%。

因此，这一阶段的日常膳食应强调食物品种多样化，主食（大米、面）350~400克，杂粮（小米、玉米、豆类等）50克左右，蛋类50克，牛乳220~250毫升，动物类食品100~150克，动物肝脏50克且每周宜食用2~3次，蔬菜400~500克（绿叶菜占2/3），经常食用菌藻类食品，水果100~200克，植物油25~40克。

由于孕中期子宫逐渐增大，常会压迫胃部，使餐后出现饱胀感，因此每日的膳食可分4~5次，但每次食量要适度，不能盲目地吃得过多而造成营养过剩。如孕妈妈体重增加过多或胎儿超重，无论对孕妈妈还是对宝宝都会产生不利影响。另外，还要注意不能过量服用补药和维生素等制剂，以免引起中毒。

孕妈妈的膳食应强调食物品种多样化。

2 孕妈妈不宜进食过多

因为孕妈妈每天需要满足自身和胎儿的双重营养需求，所以，一些人就片面地理解为孕妈妈是"一人吃两人的饭"，更有一些孕妈妈以"填鸭式"进食，其实这是不正确的。

有些孕妈妈认为蛋白质的摄取十分重要，于是在均衡膳食的基础上盲目补充蛋白质粉。结果，过多的蛋白质摄入后容易转换成脂肪，从而造成孕妈妈肥胖，而且蛋白质的过度分解和排出也会加重肾脏负担。

有些孕妈妈在怀孕期间猛吃水果，以为可以补充各种维生素、纤维素，还能让孩子皮肤变白，实际上这会使孕妈妈过胖，而且影响其他食物的吸收，造成营养不良。

孕妈妈应在营养充足但不过剩的前提下保持膳食的平衡。而且孕妈妈的膳食要多样化，尽可能食用天然食品，少食高盐、高糖及刺激性食物。另外，孕妈妈应适当多吃富含维生素和叶酸的新鲜果蔬，不仅是自身和胎儿营养所需，而且可防新生儿神经管畸形。

在合理膳食的基础上，孕妈妈要适当参加运动，也可以做一些强度不大的家务活，以促进体内新陈代谢，消耗多余的脂肪，维持营养平衡，这样才有益于孕妈妈和胎儿的健康。

3 孕妈妈不能盲目节食

通常情况下，女性怀孕后都需要增加饮食，以供给母子营养所需。但也有少数孕妈妈怕身体肥胖会影响自己的体形美或宝宝出生后较难减肥，就尽量减少进食，这种做法是非常错误的。

女性怀孕以后，为了胎儿生长和产后哺乳的需要，在孕期要比孕前增加9~13.5千克，这些增重是必要的，否则胎儿不能正常生长发育。如果孕妈妈盲目节食，就会使胎儿先天营养不良，俗话说

孕妈妈要饮食均衡，不要盲目减少进食。

"先天不足，后天难养"。孕期常节食的孕妈妈生出的宝宝身体虚弱，甚至会发生多种疾病。

另外，孕妈妈盲目节食还会影响宝宝的大脑发育。宝宝脑细胞发育最关键的一段时期是在孕期的最后3个月至出生后6个月，在这段时期如果孕妈妈节食，胎儿的脑细胞发育不完善，就极易使宝宝智力发展受限。

盲目节食造成的营养不良，对孕妈妈本身危害也很严重，会发生难产、贫血、软骨症等疾患，甚至给后半生带来痛苦和麻烦。

所以，孕妈妈不能盲目节食，只有在达到满足孕妈妈本身和胎儿营养所需的情况下，才能适当控制饮食，以防身体过胖和胎儿过大，出现难产。

4 孕妈妈不能只吃精米精面

现代人生活水平提高，食物也变得越来越精细。于是，很多孕妈妈都以精细加工的米面为主食。但是，如果长期只吃这些精细的食物非常容易造成孕妈妈和胎儿营养缺乏。人体必需的微量元素对孕妈妈和胎儿来说更为重要，若孕妇缺乏微量元素，会引起严重后果，如早产、流产、死胎、畸胎等。因此，孕妇更需要食用"完整食品"。

"完整食品"是指未经过细加工的食品或经过部分加工的食品，其所含营养尤其是微量元素更丰富，多吃这些食品可保证对孕妈妈和胎儿的营养供应。相反，一些经过细加工的精米精面，所含的微量元素和维生素常常已流失掉。而且只吃精米精面的人，往往缺乏人体所需的微量元素和维生素。

由此来看，孕妈妈不宜只吃精米精面，从长远来看，适宜粗细搭配，尤其不要因为刻意追求精致而使得某些营养元素吸收不够，要知道，粗粮里反而含有更多的营养素。另外，粗粮还有意想不到的食疗作用，能有效降低孕妈妈流产和早产的发生率。

5 孕妈妈饮食不能过咸

孕妈妈在孕中期容易产生水肿和高血压，这时应该注意，饮食不宜太咸。如果孕妈妈饮食太咸，可导致体内钠滞留，容易引起浮肿，影响胎儿的正常发育。另外，孕妈妈要定期产检，监测血压、体重和尿蛋白的情况，注意有无贫血和营养不良。

当然，建议不要吃太咸的食物，也不是说一点儿咸都不吃，这对母胎也是不好的，只有适当食用才是正确的。专家指出，中等量的食盐摄取量是每日4~10克。这其中1~2克的食盐应该来自含有钠的食品，另一部分则靠我们做饭做菜时添加进去。对于孕妈妈来说，每日食盐不超过5克即可。

此外，如果出现这些情况，孕妈妈要注意忌盐：①患有某些与妊娠有关的疾病（心脏病或肾脏病）。②孕妈妈体重增加过度，特别是同时还发现水肿、血压增高、妊娠中毒症状。

孕妈妈饮食适宜粗细搭配，满足身体和胎儿所需的多种营养。

6 孕妈妈不可多食用鱼肝油

鱼肝油的主要成分是维生素A和维生素D，有利于视觉发育、强壮骨骼，并预防、治疗佝偻病，而且对胎儿的骨骼发育有很多好处。所以，孕妈妈可以适量吃些鱼肝油。但切勿滥食鱼肝油。研究表明，滥用鱼肝油的孕妈妈产下的畸形儿的概率会增高。

如果孕妈妈体内维生素D含量过多，会引起胎儿主动脉硬化，对其智力发育造成不良的影响，导致肾损伤及骨骼发育异常，使胎儿出现牙滤泡移位，出生不久就有可能长出牙齿，导致婴儿早熟。

同时，资料表明，孕妈妈过量服用维生素A，会出现食欲减退、皮肤发痒、头痛、精神烦躁等症状，这对胎儿的发育是极为不利的。

因此，孕妈妈不宜过量食用鱼肝油，而应多吃些肉类、蛋类和骨头汤等富含矿物质的食物。同时，常到户外晒晒太阳，这样自身制造的维生素D就可以保证胎儿的正常发育，而且健康又自然。

7 孕妈妈进食不宜狼吞虎咽

孕妈妈进食是为了充分吸收营养，保证自身和胎儿的营养需要。狼吞虎咽会使食物不经过咀嚼进入胃肠道，而将食物的大分子结构变成小分子结构才有利于人体消化吸收。这种变化过程是靠消化液中的各种消化酶来完成的。

如果吃得过快、食物咀嚼得不精细，进入胃肠道后，食物与消化液接触的面积就会大大缩小，会影响食物与消化液的混合，有相当一部分食物中的营养成分不能被人体吸收，这就降低了食物的营养价值，对孕妈妈和胎儿并没有多大的好处。此外，有时食物咀嚼不够，还会加大胃的消化负担或损伤消化道黏膜，使消化液分泌减少，易患肠胃疾病。

所以，孕妈妈在进食时，慢慢咀嚼食物可以使消化液的分泌增多，这对孕妈妈摄取食物营养非常有利。对此，建议孕妈妈细嚼慢咽，增加对食物的咀嚼次数，满足自身及胎儿需要的多种营养。

孕妈妈过多食用鱼肝油，产下畸形婴儿的概率会增高。

8 孕妈妈食用冷饮要有节制

有的妇女怀孕后由于内热喜欢进食冷饮，这对身体健康不利。孕妈妈在怀孕期胃肠对冷热的刺激极其敏感。食用冷饮能使胃肠血管突然收缩、胃液分泌减少、消化功能下降，从而引起食欲不振、消化不良、腹泻，甚至引起胃部痉挛，出现剧烈腹痛现象。

孕妈妈的鼻、咽、气管等呼吸道黏膜通常充血并有水肿，倘若贪食大量冷饮，充血的血管突然收缩，血流减少，易导致局部抵抗力下降，令潜伏在咽喉、气管、鼻腔、口腔里的细菌与病毒乘虚而入，引起嗓子痛哑、咳嗽、头痛等，严重时还能引起上呼吸道感染或者导致扁桃体炎等。

贪食冷饮除引起孕妈妈发生以上病症外，胎儿也会受到一定影响，因为有人发现，腹中胎儿对冷的刺激也很敏感。当孕妈妈喝冷水或者吃冷饮时，胎儿会在子宫内躁动不安，胎动会变得频繁。因此，孕妈妈吃冷饮一定要有节制，切不可因贪吃冷食，而影响自身的健康和引起胎儿的不安。

孕妈妈也不可以吃太多的冰冷食品。因为凉食进入体内会使血管收缩，减少胎盘给孩子的血液供应，对宝宝的发育有影响。

9 孕妈妈工作餐应该这样吃

由于职业的原因，有些孕妈妈无法保证正常上下班或按时吃工作餐等，饮食比较没有规律。即使工作不定时，孕妈妈的工作餐也应按时吃，不要贪图方便，吃泡面、饼干等一些没有什么营养的食物。因为，规律的饮食对孕妈妈自身的健康和胎儿的健康发育是非常重要的。

虽然工作餐只能在公司里打发，但即使这样也不能草草了事。工作餐虽不比家里的卫生健康，可也要精心选择，这样孕妈妈才能有精力工作，又能让胎儿吸收足够的营养。

所以，孕妈妈吃工作餐的时候应该坚持"挑三拣四"和降低口味要求的原则。一顿工作餐里要米饭、鱼、肉、蔬菜都有，同类食物尽量种类丰富，并拒绝重口味的食物。

孕妈妈在怀孕期胃肠对冷热的刺激极其敏感，怀孕后吃冷饮要有节制。

10 孕妈妈晚餐须注意

孕妈妈的饮食至关重要，睡眠也不容忽视。所以，吃晚餐的时候要注意以下几点。

①不宜进食晚：如果晚餐后不久就上床睡觉，不但会加重胃肠道的负担，还会导致难以入睡。

②不宜进食过多：晚餐暴食，会使胃机械性扩大，导致消化不良及胃疼等现象。而孕妈妈一旦生病，对胎儿的影响很大。

③不宜厚味：晚餐进食大量蛋、肉、鱼等，在消化过程中会加重肠、胃、肝、胆和胰的工作负担，刺激神经中枢，让其一直处于工作状态，导致睡眠时间推迟。而且饭后活动量减少及血液循环放慢，胰岛素能将血脂转化为脂肪，积存在皮下、心膜和血管壁上，会使人逐渐胖起来，容易导致心血管系统疾病。而且过于油腻的食物会引起失眠。

因此，孕妈妈不应过晚就餐，晚餐也以清淡、稀软为好。

孕妈妈要按时吃晚餐，且晚餐以清淡为主。

11 孕妈妈营养不可过剩

怀孕期间，为了母亲和胎儿的身体健康，良好的营养是必不可少的。但凡事物极必反，孕期摄入太多的营养不但对母子健康不利，甚至还有害。

孕妈妈过多摄入主食，使热量超标，会导致母亲过胖、胎儿过大。母亲过胖可能引起孕期血糖过高、妊高症（即妊娠高血压症），胎儿过大可导致难产。而胎儿体重越重，难产发生率越高。如新生儿体重大于3500克，难产率可达53%；新生儿体重超过4000克，难产率高达68%。由于营养过剩，体重超过4500克的巨大胎儿也时有出现。这些肥胖婴儿出世时，由于身体脂肪细胞大量增殖，往往导致将来后代发生肥胖、糖尿病、高血压等代谢性疾病。

判断孕妈妈是否营养过剩最简便、最常用的指标就是体重。怀孕期间每月至少称体重1次。孕前体重正常的孕妈妈，妊娠后的前3个月内体重可增加1.1千克～1.5千克；3个月后，每周增加0.35千克～0.4千克，至足月妊娠时，体重比孕前增加10千克～12.5千克。如体重增加过快、肥胖过度，应及时调整饮食结构，去医院咨询。

[孕中期 什么？]

芹菜
QIN CAI

【蔬菜菌菇类】

[别　名] 蒲芹、香芹

【适用量】每次50克为宜。
【热量】20千卡/100克。
【性味归经】性凉，味甘、辛。归肺、胃、经。

【主打营养素】
芹菜碱、膳食纤维、甘露醇

◎芹菜含有丰富的膳食纤维，能促进胃肠蠕动，预防便秘。芹菜中所含的芹菜碱和甘露醇等活性成分，有降低血糖的作用，对妊娠高血压有食疗作用。

◎食疗功效

芹菜具有清热除烦、平肝、利水消肿、凉血止血的作用，对高血压、头痛、头晕、暴热烦渴、黄疸、水肿、小便热涩不利、妇女月经不调、赤白带下、痄腮等病症有食疗作用。适合孕妇、高血压患者、动脉硬化患者及缺铁性贫血者食用。

◎选购保存

要选色泽鲜绿、叶柄厚、茎部稍呈圆形、内侧微向内凹的芹菜。保存用新鲜膜将茎叶包严，根部朝下，竖直放入水中，水没过芹菜根部5厘米，可保持芹菜一周内不老不蔫。

营养成分表

营养素	含量（每100克）
蛋白质	1.20克
脂肪	0.20克
碳水化合物	4.50克
膳食纤维	1.20克
维生素A	57微克
假维生素B$_1$	0.02毫克
维生素B$_2$	0.06毫克
维生素C	8毫克
维生素E	1.32毫克
钙	80毫克
铁	1.20毫克
锌	0.24毫克
硒	0.57微克

◎搭配宜忌

芹菜+西红柿 ✓ 可降低血压
芹菜+牛肉 　 可增强免疫

芹菜+鸡肉 ✗ 会伤元气
芹菜+南瓜 　 会腹胀、腹泻

温馨提示

芹菜新鲜不新鲜，主要看叶身是否平直，新鲜的芹菜是平直的，存放时间较长的芹菜，叶子尖端就会翘起，叶子软，甚至发黄起锈斑。芹菜中含有利尿有效成分，能消除体内水钠潴留，利尿消肿，适合孕期食用，尤其适合孕中期。

[孕中期 吃 什么？]

孕中期案例 1　芹菜炒胡萝卜粒

原料 | 芹菜250克，胡萝卜150克

调料 | 香油10克，盐3克，鸡精1克

做法 | ①将芹菜清洗干净，切菱形块，入沸水锅中焯水；胡萝卜清洗干净，切成粒。②锅注油烧热，放入芹菜爆炒，再加入胡萝卜粒一起炒至熟。③调入香油、盐和鸡精调味，炒匀即可出锅。

专家点评 | 芹菜含有挥发性芳香油，因而具有特殊的香味，能增进食欲。孕妈妈对铁需求很大，若供给不足，极易导致缺铁性贫血，对母体和胎儿都十分不利。芹菜还富含膳食纤维，能促进肠道蠕动，防治孕妈妈便秘。同时，芹菜还可以预防孕妈妈患妊娠高血压。

烹饪常识

烹饪胡萝卜时不宜加醋太多，以免胡萝卜素流失。胡萝卜虽然富有营养，但吃得过多容易使皮肤变黄。

孕中期案例 2　芹菜肉丝

原料 | 猪肉、芹菜各200克，甜红椒15克

调料 | 盐3克，鸡精2克

做法 | ①猪肉清洗干净，切丝；芹菜清洗干净，切段；甜红椒去蒂清洗干净，切圈。②锅下油烧热，放入肉丝略炒片刻，再放入芹菜，加盐、鸡精调味，炒熟装盘，用甜红椒装饰即可。

专家点评 | 这道菜可以预防妊娠高血压。芹菜是常食蔬菜之一，含有丰富的铁、锌等微量元素、有平肝降压、抗癌防癌、利尿消肿、增进食欲的作用。猪肉含有丰富的优质蛋白质和必需的脂肪酸，并能提供血红素和促进铁吸收的半胱氨酸，能改善缺铁性贫血，具有补肾养血、滋阴润燥的功效。

烹饪常识

芹菜叶中所含的胡萝卜素和维生素C比茎中多，因此吃时不要把能吃的嫩叶扔掉。

[孕中期什么？]

菜心

CAI XIN

【蔬菜菌菇类】

[别 名] 绿菜薹

【适用量】每天约100克为宜。

【热量】25千卡/100克。

【性味归经】性平，味甘。归脾、胃经。

【主打营养素】

钙、铁、维生素

◎菜心富含钙、铁，维生素A、维生素C等多种维生素，可增强免疫力，预防孕妈妈缺钙及缺铁性贫血，其中富含的维生素C还有降低胆固醇、降血压的作用。

◎食疗功效

菜心具有补血顺气、化痰下气、祛淤止带、解毒消肿、活血降压的功效。菜心富含丰富的粗纤维、维生素C和胡萝卜素，不但能够刺激肠胃蠕动，对护肤和养颜也有一定的作用，菜心营养丰富，含有吲哚三甲醛等对人体有保健作用的物质，有利于通利肠胃，孕妇食用非常有益。

◎选购保存

选购菜心应以中等大小、粗细如手指，不可空心，且外观整齐、切口处较嫩者为佳。用保鲜膜封好，置于冰箱中可保存1周左右。

营养成分表

营养素	含量（每100克）
蛋白质	2.80克
脂肪	0.50克
碳水化合物	4.00克
膳食纤维	1.70克
维生素A	160微克
维生素B_1	0.05毫克
维生素B_2	0.08毫克
维生素C	44毫克
维生素E	0.52毫克
钙	96毫克
铁	2.80毫克
锌	0.87毫克
硒	6.68微克

◎搭配宜忌

菜心+豆皮 可促进代谢
菜心+鸡肉　可活血调经

菜心+醋 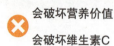 会破坏营养价值
菜心+碱　会破坏维生素C

温馨提示

菜心是由白菜易抽薹材料经长期选择和栽培驯化而来，并形成了不同的类型和品种。它是中国广东的特产蔬菜，品质柔嫩、风味可口。菜心营养丰富，是我们日常食用的一种蔬菜，不仅适合孕妈妈食用，也非常适合产妇食用。

[孕中期吃什么？]

孕中期案例 1 牛肝菌菜心炒肉片

原料 牛肝菌100克，猪瘦肉250克，菜心适量

调料 姜丝6克，盐4克，料酒3克，鸡精2克，水淀粉5克，香油5克

做法 ①将牛肝菌清洗干净，切成片；猪肉清洗干净，切成片；菜心清洗干净，取菜梗剖开。②猪肉放入碗内，加入料酒、水淀粉，用手抓匀稍腌。③起油锅，下入油、姜丝煸出香味，放入猪肉片炒至断生，加入盐、牛肝菌、菜心炒熟，再调入鸡精、香油炒匀即可。

专家点评 牛肝菌是高蛋白、低脂肪、含有多种氨基酸和多种维生素的菌类食物。菜心含有大量胡萝卜素和维生素C，有助于增强机体免疫能力。

> **烹饪常识**
> 菜心炒制的时间不宜太长，以免口感不佳、营养流失。此菜不宜烹制过咸，以免影响口感。

孕中期案例 2 笋菇菜心汤

原料 冬笋200克，水发香菇50克，菜心150克

调料 盐3克，味精1克，水淀粉15克，素鲜汤适量

做法 ①冬笋清洗干净，斜切成片；香菇清洗干净去蒂，切片；菜心清洗干净稍焯，捞出。②炒锅加油烧热，分别将冬笋片和菜心下锅过油，随即捞出沥油。③净锅加素鲜汤烧沸，放入冬笋片、香菇片、油，数分钟后再放入菜心，加盐、味精调味，用水淀粉勾芡即可。

专家点评 这道菜品质柔嫩，风味可口，营养丰富，含维生素A、B族维生素、维生素C、矿物质、叶绿素及蛋白质。对油性皮肤、色素不平衡、暗疮及皮肤粗糙有益。此菜是孕期妈妈保持美丽的秘密武器。

> **烹饪常识**
> 冬笋切片时切薄一点，更易熟透入味。冬笋含有草酸，不利人体对钙的吸收，建议焯水后再烹饪。

[孕中期 吃 什么？]

竹笋
ZHU SUN
【蔬菜菌菇类】

[别 名] 笋、闽笋

【适用量】每次40～60克为宜。
【热量】20千卡/100克。
【性味归经】性微寒，味甘。无毒。归胃、大肠经。

【主打营养素】
蛋白质、维生素、膳食纤维

◎竹笋中植物蛋白、维生素的含量均较高，能增强机体免疫力、提高防病抗病能力。竹笋中所含的膳食纤维对肠胃有促进蠕动的功用，对预防便秘有一定的效用。

◎食疗功效

竹笋具有清热化痰、益气和胃、治消渴、利水道、利膈爽胃、帮助消化、去食积、预防便秘等功效。另外，竹笋含脂肪、淀粉很少，属天然低脂、低热量食品，是肥胖者减肥的佳品。适合习惯性便秘者、糖尿病患者、孕妇等食用。

◎选购保存

选购竹笋首先看色泽，黄白色或棕黄色，具有光泽的为上品，宜选购。竹笋适宜在低温条件下保存，但不宜保存过久，否则质地变老会影响口感，建议保存1周左右。

营养成分表

营养素	含量（每100克）
蛋白质	2.60克
脂肪	0.20克
碳水化合物	3.60克
膳食纤维	1.80克
维生素A	未测定
维生素B_1	0.08毫克
维生素B_2	0.08毫克
维生素C	5毫克
维生素E	0.05毫克
钙	9毫克
铁	0.50毫克
锌	0.33毫克
硒	0.04微克

◎搭配宜忌

芦笋+鸡肉	✓	可暖胃益气、补精填髓
芦笋+莴笋		可辅助治疗肺热痰火
芦笋+羊肉	✗	会导致腹痛
芦笋+豆腐		易形成结石

温馨提示

竹笋一年四季皆有，但唯有春笋、冬笋味道最佳。但不宜多吃，竹笋不易消化。竹笋对于怀孕引起的水肿，以及产后虚热、心烦、手足心热都有一定的治疗效果。所以，除了孕妇可以食用，产妇也可以食用。

[孕中期 吃 什么？]

孕中期案例 1　清炒竹笋

原料｜竹笋250克

调料｜葱、姜、盐、植物油各适量，味精少许

做法｜①竹笋剥去皮，除去老的部分，清洗干净后对半切开备用。②锅烧热，放植物油烧至七成热时，放葱、姜入锅煸香。③然后将竹笋、盐放入锅内，翻炒至笋熟时，加味精，再翻炒几下，起锅装盘即可。

专家点评｜竹笋中含有大量的优质蛋白以及人体所必需的8种氨基酸，适合孕妇选用。竹笋具有开胃、促进消化、增强食欲的作用，可辅助治疗消化不良。竹笋还具有低糖、低脂的特点，富含植物纤维，可降低体内多余脂肪，消痰化淤滞，辅助治疗高血压、高血脂，对妊娠高血压有一定的预防作用。

> **烹饪常识**
> 选用嫩一点的竹笋烹饪，口感会更好，老的竹笋纤维太多。烹饪前，建议将竹笋焯一下水。

孕中期案例 2　竹笋鸡汤

原料｜鸡半只，竹笋3根

调料｜姜2片，料酒10毫升，盐4克

做法｜①鸡清洗干净，剁块，放入锅内汆烫，去除血水后捞出冲净。②另起锅放水烧开，下鸡块和姜片，并淋入料酒，改小火烧15分钟。③竹笋去壳，清洗干净后切成厚片，放入鸡汤内同煮至熟软（约10分钟），然后加盐调味，即可熄火盛出食用。

专家点评｜竹笋的纤维素含量很高，常食有帮助消化、防止便秘的功能。鸡肉蛋白质含量较高，且易被人体吸收利用，有增强体力、强壮身体的作用。用竹笋和鸡煲汤，既滋补又不油腻，有助于增强机体的免疫功能，提高防病抗病能力。

> **烹饪常识**
> 食用竹笋前应先用开水焯过，以免草酸在肠道内与钙结合成难吸收的草酸钙，干扰人体对钙的吸收。

[孕中期 什么？]

蒜薹
SUAN TAI
【蔬菜菌菇类】

[别 名] 蒜苔、蒜毫、青蒜

【适用量】每日50克为宜。
【热量】61千卡/100克。
【性味归经】性平，味甘。归肺、脾经。

【主打营养素】
大蒜素、粗纤维
◎蒜薹中所含的大蒜素可以增强孕妈妈的机体免疫力。蒜薹中还含有丰富的维生素C，不仅有明显降血脂的作用，还能促进铁元素的吸收。

◎食疗功效

蒜薹中含有丰富的纤维素，可刺激大肠排便，防治孕期便秘。食用蒜薹，能预防痔疮的发生，降低痔疮的复发次数，并对轻中度痔疮有一定的辅助治疗效果。蒜薹中所含的大蒜素、大蒜新素，可以抑制金黄色葡萄球菌、链球菌、痢疾杆菌、大肠杆菌、霍乱弧菌等细菌的生长繁殖。

◎选购保存

应挑选长条脆嫩、枝条浓绿、茎部白嫩者。根部发黄、顶端开花、纤维粗的则不宜购买。在0℃的低温中，可以保存两个月。

营养成分表

营养素	含量（每100克）
蛋白质	2克
脂肪	1克
碳水化合物	12.90克
膳食纤维	2.50克
维生素A	80微克
维生素B$_1$	0.04毫克
维生素B$_2$	0.07毫克
维生素C	1毫克
维生素E	1.04毫克
钙	19毫克
铁	4.20毫克
锌	1.04毫克
硒	2.17微克

◎搭配宜忌

蒜薹+莴笋　可预防高血压
蒜薹+香干 ✓ 可平衡营养
蒜薹+虾仁　可美容养颜

蒜薹+蜂蜜 ✗ 易伤眼睛

温馨提示

由于蒜薹不易消化，孕妈妈不要过量食用，而消化能力不佳的孕妈妈最好少食蒜薹。同时，过量食用蒜薹可能会影响视力；蒜薹有保护肝脏的作用，但过多食用反而会损害肝脏，可能造成肝功能障碍，使肝病加重。

[孕中期 吃 什么？]

孕中期案例 1　牛柳炒蒜薹

原料 牛柳250克，蒜薹250克，胡萝卜100克

调料 料酒15克，淀粉20克，酱油20克，盐5克

做法 ①将牛柳清洗干净，切成丝，加入酱油、料酒、淀粉上浆。②蒜薹清洗干净切段，胡萝卜清洗干净切丝。③锅烧热入油，然后加入牛柳、蒜薹、胡萝卜丝翻炒至熟，加盐炒匀，出锅即可。

专家点评 这是一道清爽开胃和降血脂的孕妇食谱。成菜中的蒜薹含有一种辣素，有杀菌、抑菌的作用，常食还可以预防流感、肠炎等疾病。此外，蒜薹含有糖类、粗纤维、维生素A、维生素C、钙、磷等成分，其中含有的粗纤维可预防便秘。

> **烹饪常识**
>
> 牛柳肉是牛里脊肉，比较嫩，且一定要先腌制。先放几滴醋，可以使得牛柳肉更嫩。

孕中期案例 2　蒜薹炒鸭片

原料 鸭肉300克，蒜薹100克，姜1块

调料 酱油5克，盐3克，味精1克，黄酒5克，淀粉少许

做法 ①鸭肉洗净，切片备用；姜拍扁，加酱油略浸，挤出姜汁，与酱油、淀粉、黄酒拌入鸭片备用。②蒜薹清洗干净切段，下油锅略炒，加盐、味精炒匀备用。③锅清洗干净，热油，下姜爆香，倒入鸭片，改小火炒散，再改大火，倒入蒜薹，加盐、水，炒匀即成。

专家点评 蒜薹外皮含有丰富的纤维素，可刺激大肠排便，调治便秘。将其搭配有滋补、消肿功效的鸭肉，不仅能滋补身体、预防水肿，还能预防痔疮的发生。

> **烹饪常识**
>
> 蒜薹要选择嫩一点的，炒出来才会更甜。蒜薹不宜烹制得过烂，以免辣素被破坏，杀菌作用降低。

[孕中期 什么？]

冬瓜
DONG GUA
【蔬菜菌菇类】

【适用量】每次50克为宜。
【热量】11千卡/100克。
【性味归经】性凉，味甘。归肺、大肠、小肠、膀胱经。

[别名] 白瓜、白冬瓜、枕瓜

【主打营养素】
维生素C、钾、铜
◎冬瓜含丰富的维生素C和钾，可达到消肿而不伤正气的作用。冬瓜还富含铜，铜对于血液、中枢神经、免疫系统、脑、肝、心等内脏的发育和功能有重要影响。

◎食疗功效

冬瓜具有清热解毒、利水消肿、减肥美容的功效，能减少体内脂肪，有利于减肥，孕妇可适量食用。常吃冬瓜，还可以使皮肤光洁。另外，对慢性支气管炎、肠炎、肺炎等感染性疾病有一定的辅助治疗效果。此外，冬瓜中的粗纤维能刺激肠道蠕动，使肠道里积存的致癌物质尽快排泄出去。

◎选购保存

挑选时用手指掐一下，皮较硬，肉质密，种子成熟变成黄褐色的冬瓜口感较好。买回来的冬瓜如果吃不完，可用一块比较大的保鲜膜贴在冬瓜的切面上，用手抹紧贴满，可保持3～5天。

◎搭配宜忌

冬瓜+海带 可降低血压
冬瓜+鲢鱼 可辅助治疗产后血虚

冬瓜+鲫鱼 会导致身体脱水
冬瓜+醋 会降低营养价值

营养成分表

营养素	含量（每100克）
蛋白质	0.40克
脂肪	0.20克
碳水化合物	2.60克
膳食纤维	0.70克
维生素A	13微克
维生素B_1	0.01毫克
维生素B_2	0.01毫克
维生素C	18毫克
维生素E	0.08毫克
钙	19毫克
铁	0.20毫克
锌	0.07毫克
硒	0.22微克

温馨提示

孕妇吃冬瓜可有效防治孕期水肿，还有利尿解闷、解毒化痰、生津止渴之功效。现代科学认为，产妇适当喝冬瓜汤也是可以的。同时，吃冬瓜对产妇也有减肥和减肿的功效，还能提高奶水的质量。所以，孕产妇都可以食用冬瓜。

[孕中期 吃 什么？]

孕中期案例 1 百合龙骨煲冬瓜

原料 百合100克，龙骨300克，冬瓜300克，枸杞10克

调料 香葱2克，盐3克

做法 ①百合、枸杞分别清洗干净；冬瓜去皮清洗干净，切块备用；龙骨清洗干净，剁成块；葱清洗干净切碎。②锅中注水，下入龙骨，加盐，大火煮开。③再倒入百合、冬瓜、葱末和枸杞，转小火熬煮约2小时，至汤色变白即可。

专家点评 冬瓜利尿，且含钠极少，所以是慢性肾炎水肿、营养不良性水肿、孕妇水肿的消肿佳品。将其与龙骨、百合、枸杞一起熬汤，可预防孕妈妈水肿，并为胎儿发育提供多种营养。

烹饪常识

冬瓜宜选老的，嫩冬瓜有滑腻感，不够爽脆鲜甜。熬汤前可先将龙骨入沸水锅焯制，去除污水。

孕中期案例 2 冬瓜山药炖河鸭

原料 净鸭500克，山药100克，枸杞25克，冬瓜10克

调料 葱5克，姜2克，料酒15克，盐3克

做法 ①净鸭清洗干净剁成块，汆水后沥干；山药、冬瓜均去皮，清洗干净后切成块；葱清洗干净切碎；枸杞清洗干净；姜清洗干净切片。②锅加水烧热，倒入鸭块、山药、枸杞、冬瓜、姜、料酒煮至鸭肉熟。③调入盐调味，盛盘撒上葱花即可。

专家点评 冬瓜、山药和鸭块同煮，荤素搭配可起到营养互补的效果，又能提高免疫力、预防妊娠高血压、降低胆固醇、利尿、润滑关节。

烹饪常识

枸杞要放在通风干燥处保存。冬瓜皮内含有丰富的营养物质，连皮一起煮汤，营养更佳。

[孕中期 吃 什么？]

【适用量】每天食用70克左右为宜。
【热量】106千卡/100克。
【性味归经】性平，味甘。归脾、肺经。

玉米
YU MI
【蔬菜菌菇类】

[别名] 苞谷、包谷、珍珠米

【主打营养素】
蛋白质、膳食纤维、镁
◎玉米富含丰富的不饱和脂肪酸，有利于母胎的健康。玉米富含的膳食纤维可预防便秘，有利于肠道的健康。此外，玉米富含的镁对胎儿肌肉的健康至关重要。

◎ 食疗功效

玉米有开胃益智、宁心活血、调理中气等功效，还能降低血脂，可延缓人体衰老、预防脑功能退化、增强记忆力。适合糖尿病、水肿、脚气病、小便不利、腹泻、动脉粥样硬化、冠心病、习惯性流产、不育症等患者食用，特别适合孕妇食用。此外，食用玉米对眼睛有很好的保护作用。

◎ 选购保存

选购以整齐、饱满、无缝隙、色泽金黄、无霉变、表面光亮者为佳。保存时宜去除外皮和毛须，清洗干净擦干后用保鲜膜包裹置冰箱中冷藏。

营养成分表

营养素	含量（每100克）
蛋白质	4克
脂肪	1.20克
碳水化合物	19.90克
膳食纤维	2.90克
维生素B_1	0.16毫克
维生素B_2	0.11毫克
维生素C	16毫克
维生素E	0.46毫克
烟酸	1.80毫克
镁	32毫克
铁	1.10毫克
锌	0.90毫克
硒	1.63微克

◎ 搭配宜忌

玉米+木瓜	✓	可预防冠心病和糖尿病
玉米+鸡蛋		可预防止胆固醇过高
玉米+田螺	✗	会引起中毒
玉米+红薯		会造成腹胀

温馨提示

玉米棒可直接煮食。玉米粒可煮粥、炒菜或加工成副食品，煮粥时添加少量碱可释放玉米中过多的烟酸，还可保存营养素。孕妇应适当在饮食中补充玉米，以利胎儿健脑。

[孕中期 **吃** 什么？]

孕中期案例 1　玉米炒蛋

原料 | 玉米粒、胡萝卜各100克，鸡蛋1个，青豆10克

调料 | 植物油4克，盐、淀粉、葱各适量

做法 | ①玉米粒、青豆清洗干净；胡萝卜清洗干净切粒，与玉米粒、青豆同入沸水中煮熟，捞出沥干水分；鸡蛋入碗中打散，并加入盐和水淀粉调匀；葱清洗干净，葱白切段，葱叶切花。②锅内注入植物油，倒入蛋液，见其凝固时盛出，锅内再放油炒葱白。③接着放玉米粒、胡萝卜粒、青豆，炒香时再放蛋块，并加盐调味，炒匀盛出时撒入葱花即成。

专家点评 | 这道菜不仅美味营养，还具有健脾养胃的功效，可以激发孕妈妈的食欲。

烹饪常识
吃玉米时应把玉米粒的胚尖全部吃掉，因为玉米的许多营养都集中在这里。

孕中期案例 2　玉米鲜虾仁

原料 | 虾仁100克，玉米粒200克，豌豆50克，火腿适量

调料 | 盐3克，味精1克，白糖、料酒、水淀粉各适量

做法 | ①虾仁清洗干净，沥干；玉米粒、豌豆分别清洗干净，焯至断生，捞出沥干；火腿切丁备用。②锅中注油烧热，下虾仁和火腿，调入料酒炒至变色，加入玉米粒和豌豆同炒。③待所有原材料均炒熟时加入白糖、盐和味精调味，用水淀粉勾薄芡，炒匀即可。

专家点评 | 这道菜色泽鲜亮、鲜甜爽口，可令人胃口大开。玉米富含维生素，常食可促进肠胃蠕动，加速有毒物质的排泄。

烹饪常识
玉米发霉后会产生致癌物，所以发霉的玉米绝对不能食用。勾芡时火不宜太大，以免煳锅。

[孕中期 吃 什么？]

红薯

HONG SHU

【蔬菜菌菇类】

[别 名] 番薯、甘薯、山芋

【适用量】每次50克为宜。
【热量】99千卡/100克。
【性味归经】性平，味甘。归脾、胃经。

【主打营养素】
蛋白质、膳食纤维、各种维生素、矿物质
◎红薯含有丰富的蛋白质、膳食纤维、各种维生素及矿物质，易于被人体吸收，可防治营养不良，且能补中益气。其中所含的钙，还有助于胎儿的骨骼发育。

◎食疗功效

红薯具有补虚乏、益气力、健脾胃、强肾阴以及和胃、暖胃、益肺等功效，适宜孕妇补益身体。常吃红薯能防止肝脏和肾脏中的结缔组织萎缩，预防胶原病的发生。此外，红薯中含有一种抗癌物质，能够预防结肠癌和乳腺癌。

◎选购保存

优先挑选纺锤形状、外皮完整结实、表皮少皱纹，且无斑点、无腐烂情况的红薯。红薯买回来后，可放在外面晒一天，保持它的干爽，然后放到阴凉通风处。也可以用报纸包裹放在阴凉处，这样大约可以保存3~4个星期。

◎搭配宜忌

搭配	宜忌	说明
红薯+咸菜	✓	可抑制胃酸
红薯+鸡蛋		不容易消化，易腹痛
红薯+西红柿	✗	会得结石、腹泻
红薯+柿子		会造成胃溃疡

营养成分表

营养素	含量（每100克）
蛋白质	1.10克
脂肪	0.20克
碳水化合物	24.70克
膳食纤维	1.60克
维生素A	125微克
维生素B_1	0.04毫克
维生素B_2	0.04毫克
维生素C	26毫克
维生素E	0.28毫克
钙	23毫克
铁	0.50毫克
锌	0.15毫克
硒	0.48微克

【温馨提示】

红薯含一种氧化酶，这种酶容易在人的胃肠道里产生大量二氧化碳气体，如红薯吃得过多，会使人腹胀、打嗝、放屁。而且红薯里含糖量高，吃多了可产生大量胃酸，使人感到"烧心"。所以，孕妈妈不宜吃太多红薯。

[孕中期 吃 什么？]

孕中期案例 1 清炒红薯丝

|原料| 红薯200克

|调料| 盐3克，鸡精2克，葱花3克

|做法| ①红薯去皮，清洗干净，切丝备用。②锅下油烧热，放入红薯丝炒至八成熟，加盐、鸡精炒匀，待熟装盘，撒上葱花即可。

|专家点评| 红薯的蛋白质含量高，可弥补大米、白面中的营养缺失，经常食用可提高人体对主食中营养的利用率，使孕妈妈的身体健康。红薯所含的膳食纤维也比较多，对促进胃肠蠕动和防止便秘非常有益。此外，红薯中所含矿物质对维持和调节人体功能起着十分重要的作用。而其所含的钙和镁，可以促进胎儿的骨骼发育。

|烹饪常识| 红薯丝最好用菜刀手工切，而不是用做丝的工具，否则会影响口感。且切得越细，口感越佳。

孕中期案例 2 玉米红薯粥

|原料| 红薯100克，玉米20克，大米80克

|调料| 盐3克，葱花少许

|做法| ①大米清洗干净，泡30分钟；红薯清洗干净，去皮，切块。②锅置火上，注入清水，放入大米、玉米、红薯煮沸。③待粥成，加入盐调味，撒上葱花即可。

|专家点评| 这道粥咸香可口，有健脾养胃之功，可为孕妈妈补充所需的各种营养。其中红薯含有膳食纤维、胡萝卜素、维生素A、维生素C、维生素E以及钾、铁、铜、硒、钙等十余种矿物质，营养价值很高，被营养学家们称为营养最均衡的保健食品。玉米中含有的维生素E，有促进细胞分裂、降低血清胆固醇的作用。

|烹饪常识| 表皮呈褐色或有黑色斑点的红薯不宜食用。红薯切小一点煮粥，味道和口感会更好。

[孕中期 吃 什么？]

茶树菇
CHA SHU GU
【蔬菜菌菇类】

[别 名] 茶新菇

【适用量】每次50克为宜。
【热量】279千卡/100克（干茶树菇）。
【性味归经】性平，味甘，无毒。入脾、胃经。

【主打营养素】
蛋白质、钙、铁
◎茶树菇富含蛋白质、钙和铁，可为人体提供18种必需氨基酸，有增强免疫力、促进胎儿骨骼和牙齿的发育、防止缺铁性贫血的作用，非常适合孕妈妈食用。

◎食疗功效

茶树菇中的糖类化合物能增强免疫力，促进形成抗氧化成分；茶树菇低脂低糖，且含有多种矿物元素，能有效降低血糖和血脂；茶树菇中的核酸能明显控制细胞突变成癌细胞或其他病变细胞，从而避免肿瘤的发生。孕妇可以放心食用。

◎选购保存

以菇形基本完整、菌盖有弹性、无严重畸形、菌柄脆嫩、同一次购买的菌柄长短一致的茶树菇为佳。茶树菇剪去根部及附着的杂质可烘干保存，也可进行速冻保鲜，但速冻保鲜的时间不宜过长。

营养成分表

营养素	含量（每100克）
蛋白质	14.40克
脂肪	2.60克
碳水化合物	56.10克
膳食纤维	未测定
维生素A	未测定
维生素B_1	未测定
维生素B_2	未测定
维生素C	未测定
维生素E	未测定
钙	26.20毫克
铁	42.30毫克
锌	未测定
硒	未测定

◎搭配宜忌

茶树菇+猪骨 可增强免疫
茶树菇+鸡肉 可增强免疫

茶树菇+酒 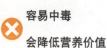 容易中毒
茶树菇+鹌鹑 会降低营养价值

温馨提示

茶树菇对孕妈妈水肿有较好的食疗作用，建议孕妈妈将茶树菇煲汤食用。同时，茶树菇有补肾滋阴、健脾胃、提高人体免疫力、增强人体防病能力的功效。所以，除了孕中期可以食用茶树菇，其他孕期及产后都可以食用。

[孕中期 **吃** 什么？]

孕中期案例1 茶树菇鸭汤

原料 鸭肉250克，茶树菇少许

调料 盐适量

做法 ①将鸭肉斩成块，清洗干净后焯水；茶树菇清洗干净。②将所有原材料放入盅内蒸2小时。③最后放入盐调味即可。

专家点评 鸭肉属于热量低、口感较清爽的白肉，特别适合孕妈妈夏天食用，而汤中另一道食材茶树菇是以富含丰富氨基酸和多种营养成分出名的食用菌类，还含有丰富的植物纤维素，能吸收汤中多余的油分，使汤水喝起来清爽不油腻。这道菜口感清爽甜美，鸭肉鲜嫩，茶树菇吃起来也爽脆可口，非常适合孕妈妈用来滋补身体。

> **烹饪常识**
> 如果用干茶树菇，泡发清洗时一定要细心多漂洗几遍，以免茶树菇中带沙影响口感。

孕中期案例2 茶树菇红枣乌鸡汤

原料 乌鸡半只，茶树菇150克，红枣10颗

调料 姜2片，盐适量

做法 ①乌鸡清洗干净，放入开水中氽烫3分钟，捞出，对半切开备用。②茶树菇浸泡10分钟，清洗干净；红枣、姜清洗干净，去核。③将以上所有材料放入煲中，倒入2000毫升水煮开，用中火煲2小时，再加盐调味即可。

专家点评 这汤是一道营养美食，主要食材是乌鸡、茶树菇，是一款孕妇健康汤品。乌鸡补益肝肾，滋阴补血，清热补虚。茶树菇中的氨基酸微量元素含量多，能够益气和胃、消除水肿。这道汤可以增强孕妈妈的免疫力，防治缺铁性贫血。

> **烹饪常识**
> 乌鸡氽烫是为了去除血沫，让汤质更清澈，也可以放入砂锅里直接用冷水炖，等煮开了用勺子也能撇去血沫。

[孕中期 吃 什么？]

毛豆

MAO DOU

【蔬菜菌菇类】

[别 名] 菜用大豆

【适用量】每次80克为宜。
【热量】123千卡/100克。
【性味归经】性平、味甘。归脾、大肠经。

【主打营养素】
卵磷脂、钙、铁、锌
◎毛豆中的卵磷脂是大脑发育不可缺少的营养素，能保证胎儿大脑和视网膜的正常发育。毛豆还富含钙、铁、锌，这些矿物质易被人体吸收，是保证胎儿健康发育的必需营养素。

◎食疗功效

毛豆具有降血脂、抗癌、润肺、强筋健骨等功效，非常适合孕妇食用。所含植物性蛋白质有降低胆固醇的功能；所含丰富的油脂多为不饱和脂肪酸，能清除积存在血管壁上的胆固醇，可预防多种老年性疾病。

◎选购保存

以豆荚为青绿色、上面有细密的绒毛的毛豆为佳，已经发黄干瘪的不宜选购。选购之前也要注意观察，最好是粒粒饱满的毛豆为佳，否则煮完之后剥了壳也吃不到什么东西。毛豆在剥壳后不宜保存太久，要尽快食用。

营养成分表

营养素	含量（每100克）
蛋白质	13.10克
脂肪	5克
碳水化合物	10.50克
膳食纤维	4克
维生素A	22微克
维生素B_1	0.15毫克
维生素B_2	0.07毫克
维生素C	27毫克
维生素E	2.44毫克
钙	135毫克
铁	3.5毫克
锌	1.73毫克
硒	2.48微克

◎搭配宜忌

毛豆+香菇 ✓ 可益气补虚、健脾和胃
毛豆+花生　　可健脑益智

毛豆+鱼　 ✗ 破坏维生素B_1
毛豆+牛肝　　破坏维生素C的吸收

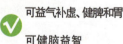

若想把毛豆烫成翠绿色，可加一小撮盐。因为盐能使叶绿素趋于安定而防止破坏。由于毛豆中钾的含量较多，能与食盐中的钠保持平衡，因此可消除盐分的不利作用。但对黄豆过敏的孕妈妈不宜多食。

[孕中期 吃 什么？]

孕中期案例 1　芥菜毛豆

原料 芥菜100克，毛豆300克，甜红椒少许

调料 香油20克，盐3克，白醋5克，味精2克

做法 ① 芥菜择洗干净，过沸水后切成末；甜红椒去蒂、籽，切粒。② 毛豆瓣开择洗干净，放入沸水中煮熟，捞出装入盘中。③ 加入甜红椒、芥菜末，调入香油、白醋、盐、味精和毛豆炒匀即可食用。

专家点评 芥菜有解毒消肿之功，能抗感染和预防疾病的发生。毛豆中卵磷脂是胎儿大脑发育不可缺少的营养之一，有助于胎儿的大脑发育。此外，毛豆中还含有丰富的食物纤维、钙和铁，不仅能改善便秘、降低血压和胆固醇，还有利于孕妈妈补钙、补铁。

烹饪常识
毛豆煮好后放入凉水中泡一下，口感更好。一定要将毛豆做熟后再吃，否则，其所含的植物化学物会影响健康。

孕中期案例 2　毛豆粉蒸肉

原料 毛豆300克，五花肉500克

调料 蒸肉粉适量，盐4克，鸡精2克，老抽5克，香菜段10克

做法 ① 将毛豆清洗干净，沥干待用；五花肉清洗干净，切成薄片，加蒸肉粉、老抽、盐和鸡精拌匀。② 将毛豆放入蒸笼中，五花肉摆在毛豆上，将蒸笼放入蒸锅蒸25分钟至熟烂时取出。③ 撒上香菜段即可。

专家点评 这道菜咸香味美，营养丰富。毛豆含有丰富的植物蛋白、多种有益的矿物质、维生素及膳食纤维。其中蛋白质不但含量高，且品质优，可以与肉、蛋中的蛋白质相媲美，易于被人体吸收利用，为植物食物中唯一含有完全蛋白质的食物。

烹饪常识
毛豆最好先焯一下水，以去除豆腥味。在腌渍肉片时，注意控制盐的分量，以免菜品过咸。

[孕中期 吃 什么？]

豌豆

WAN DOU

【蔬菜菌菇类】

[别 名] 雪豆、寒豆、麦豆

【适用量】每次50克为宜。
【热量】105千卡/100克（带荚）。
【性味归经】性温，味甘。归脾、胃、大肠经。

【主打营养素】
蛋白质、维生素C
◎豌豆的蛋白质不仅含量丰富，且包括了人体所必需的8种氨基酸，可以提高机体的抗病能力。豌豆含有丰富的维生素C，可提高免疫机能，预防坏血病。

◎食疗功效

豌豆具有和中益气、解疮毒、通乳及消肿的功效，可以增强人体的新陈代谢功能，可帮助预防心脏病及多种癌症（如结肠癌和直肠癌），能使皮肤柔腻润泽，并能抑制黑色素生成，是脱肛、慢性腹泻、子宫脱垂等中气不足症状的食疗佳品。

◎选购保存

选购豌豆的时候，扁圆形表示成熟度最佳，若荚果正圆形就表示已经过老、筋凹陷也表示过老。豌豆上市的早期要选择饱满的，后期要选择较嫩的。用保鲜袋装好，扎口，装入有盖容器，置于阴凉、干燥、通风处保存。

◎搭配宜忌

豌豆+虾仁	✓	可提高营养价值
豌豆+蘑菇		可消除食欲不佳
豌豆+蕨菜	✗	会降低营养
豌豆+菠菜		会影响钙的吸收

营养成分表

营养素	含量（每100克）
蛋白质	7.40克
脂肪	0.30克
碳水化合物	21.20克
膳食纤维	3克
维生素A	37微克
维生素B_1	0.43毫克
维生素B_2	0.09毫克
维生素C	14毫克
维生素E	1.21毫克
钙	21毫克
铁	1.70毫克
锌	1.29毫克
硒	1.74微克

温馨提示

豌豆粒多食会发生腹胀，故不宜长期大量食用。豌豆适合与富含氨基酸的食物一起烹调，可以明显提高豌豆的营养价值。为防止叶酸缺乏，豌豆是孕中期孕妈妈不可忽视的食物。因豌豆有通乳的作用，产妇也适宜食用豌豆。

[孕中期 吃 什么？]

孕中期案例 1　豌豆猪肝汤

[原料] 豌豆300克，猪肝250克

[调料] 姜少许，盐6克，味精2克

[做法] ①猪肝清洗干净，切成片，豌豆在凉水中泡发，姜洗净切片。②锅中加水烧开，下入猪肝、姜片、豌豆一起煮半个小时。③待熟后，调入盐、味精煮至入味即可。

[专家点评] 这道汤清香爽口，有养血明目、利水消肿之效。豌豆含有的粗纤维能促进大肠蠕动，预防孕妈妈便秘。猪肝富含维生素A、维生素B_2、铁和硒，所含的维生素A有维持正常生长的作用，还能保护眼睛、维持正常视力，防止眼睛干涩、疲劳；所含的铁可调节和改善贫血孕妈妈的造血系统生理功能，有助于补血。

[烹饪常识]
买回的鲜猪肝不要急于烹调，应把猪肝放在自来水龙头下冲洗10分钟，然后放在水中浸泡30分钟。

孕中期案例 2　芝麻豌豆羹

[原料] 豌豆200克，黑芝麻30克

[调料] 白糖适量

[做法] ①豌豆清洗干净，泡2小时，磨成浆。②黑芝麻炒香，稍稍研碎备用。③豌豆浆入锅中熬煮，加入黑芝麻，煮至浓稠，加入白糖搅拌均匀即可。

[专家点评] 这道羹除了可以给孕妈妈补充钙、促进胎儿骨骼的发育，还有润肠通便、健胃益阴的作用，能够缓解孕妈妈因肺燥而导致的便结症状。豌豆含铜、铬等微量元素较多，给孕妈妈食用，可以促进胎儿的身体以及大脑发育。黑芝麻可预防贫血、活化脑细胞，是胎儿大脑发育的主要食物之一。

[烹饪常识]
这道羹加入牛奶，味道更好。白糖的使用量可以根据个人口味来定，建议孕妈妈不要吃太甜。

[孕中期 吃 什么？]

黄豆芽
HUANG DOU YA
【蔬菜菌菇类】

[别 名] 如意菜

【适用量】每次50克为宜。
【热量】44千卡/100克。
【性味归经】性凉，味甘。归脾、大肠经。

【主打营养素】
维生素E、钙、铁
◎黄豆芽中所含的维生素E能保护皮肤和毛细血管，多食对缓解妊娠性高血压有一定效果。黄豆芽能够补钙、补铁，有益智、护眼、排毒、促进胎儿发育的功效。

◎ 食疗功效

黄豆芽具有清热明目、补气养血、消肿除痹、祛黑痣、治疣赘、润肌肤、防止牙龈出血及心血管硬化、降低胆固醇等功效，对脾胃湿热、大便秘结、寻常疣、高血脂等症有食疗作用。适合妇女妊娠及胃中积热、高血压、便秘、肥胖、痔疮患者食用。

◎ 选购保存

宜选购顶芽大、茎长、有须根的豆芽。豆芽质地娇嫩，含水量大，一般保存有两种方法，一种是用水浸泡保存，另一种是放入冰箱冷藏。

营养成分表

营养素	含量（每100克）
蛋白质	4.50克
脂肪	1.60克
碳水化合物	4.50克
膳食纤维	1.50克
维生素A	5微克
维生素B_1	0.04毫克
维生素B_2	0.07毫克
维生素C	8毫克
维生素E	0.80毫克
钙	21毫克
铁	0.90毫克
锌	0.54毫克
硒	0.96微克

温馨提示

常吃黄豆芽能营养毛发，使头发保持乌黑光亮，有淡化面部雀斑、抗疲劳、抗癌的效果，同时还对产后便秘有一定效果，所以产妇也可食用。由于黄豆芽性凉，慢性腹泻及脾胃虚寒尿多的孕产妇则应忌食。

◎ 搭配宜忌

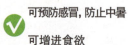

| 黄豆芽+牛肉 | ✓ | 可预防感冒，防止中暑 |
| 黄豆芽+榨菜 | | 可增进食欲 |

| 黄豆芽+猪肝 | ✗ | 会破坏营养 |
| 黄豆芽+皮蛋 | | 会导致腹泻 |

[孕中期 吃 什么？]

孕中期案例 1　党参豆芽骶骨汤

|原料| 党参15克，黄豆芽200克，猪尾骶骨1副，西红柿1个

|调料| 盐4克

|做法| ①猪尾骶骨切段，汆烫后捞出，冲洗净。②黄豆芽冲洗干净；西红柿清洗干净，切块。③将猪尾骶骨、黄豆芽、西红柿和党参放入锅中，加适量水以大火煮开，转用小火炖30分钟，加盐调味即可。

|专家点评| 这道汤对神经系统有兴奋刺激作用，能增强活力，提高抗病能力，又能增生红细胞，预防贫血和血小板的减少，适合血气不足、身体虚弱的孕妈妈食用。黄豆芽由黄豆加工而成，可预防孕妈妈缺铁性贫血。

烹饪常识

炖此汤时切不可加碱，可加少量醋，这样才能保持黄豆芽中所含的维生素B_2不减少。

孕中期案例 2　冬菇黄豆芽猪尾汤

|原料| 猪尾220克，水发冬菇100克，胡萝卜35克，黄豆芽30克

|调料| 盐6克

|做法| ①将猪尾清洗干净，斩段汆水；水发冬菇清洗干净、切片；胡萝卜去皮，清洗干净，切块；黄豆芽清洗干净备用。②净锅上火倒入水，调入盐，下入猪尾、水发冬菇、胡萝卜、黄豆芽煲至熟即可。

|专家点评| 这道汤是孕期的一道营养汤，有补血养颜，治疗腹胀、肢肿的作用。黄豆芽含有丰富的维生素，孕妈妈春天多吃些黄豆芽可以有效地预防治维生素B_2缺乏症。另外，黄豆芽含有维生素C，可使孕妈妈头发保持乌黑光亮，对面部雀斑也有较好的淡化效果。

烹饪常识

如黄豆芽看起来肥胖鲜嫩，但有难闻的化肥味，可能含有激素，最好不要食用。

[孕中期 吃 什么?]

鸡肉
JI ROU
【肉禽蛋类】

[别 名] 家鸡肉、母鸡肉

【适用量】每天食用80克左右为宜。
【热量】167千卡/100克。
【性味归经】性平、温，味甘。归脾、胃经。

【主打营养素】
蛋白质、锌
◎鸡肉含有丰富的优质蛋白，且容易被人体吸收，是孕妈妈良好的蛋白质来源。鸡肉还含有丰富的锌，可提高孕妈妈的食欲，预防胎儿发育不良。

◎食疗功效

鸡肉具有温中益气、补精添髓、益五脏、补虚损、健脾胃、强筋骨的功效。孕妈妈多喝鸡汤可提高自身免疫力，流感患者多喝鸡汤有助于缓解感冒引起的鼻塞、咳嗽等症状。鸡皮中含有大量胶原蛋白，能补充人体所缺少的水分和保持皮肤弹性，延缓皮肤衰老。

◎选购保存

新鲜的鸡肉肉质紧密，颜色呈干净的粉红色且有光泽，鸡皮呈米色，并有光泽和张力，毛囊突出。鸡肉易变质，购买后要马上放进冰箱。如一时吃不完，最好将剩下的鸡肉煮熟保存。

营养成分表

营养素	含量（每100克）
蛋白质	19.30克
脂肪	9.40克
碳水化合物	1.30克
维生素A	48微克
维生素B_1	0.05毫克
维生素B_2	0.09毫克
维生素E	0.67毫克
钙	9毫克
磷	156毫克
镁	19毫克
铁	1.4毫克
锌	1.09毫克
硒	11.75微克

◎搭配宜忌

鸡肉+柠檬 ✓ 可增强食欲
鸡肉+板栗 增强造血功能

鸡肉+鲤鱼 ✗ 会引起中毒
鸡肉+芹菜 易伤元气

温馨提示

公鸡肉温补作用较强，较适合阳虚气弱患者食用；母鸡肉较适合产妇、年老体弱及久病体虚者食用。注过水的鸡，翅膀下一般有红针点或乌黑色，其皮层有打滑现象，用手轻轻拍一下，会发出"噗噗"的声音。

[孕中期 吃 什么？]

孕中期案例 1　松仁鸡肉炒玉米

原料 玉米粒200克，松仁、黄瓜、胡萝卜各50克，鸡肉150克

调料 盐3克，鸡精2克，水淀粉适量

做法 ①玉米粒、松仁均清洗干净备用；鸡肉清洗干净，切丁；黄瓜清洗干净，一半切丁，一半切片；胡萝卜清洗干净，切丁。②锅下油烧热，放入鸡肉、松仁略炒，再放入玉米粒、黄瓜丁、胡萝卜翻炒片刻，加盐、鸡精调味，待熟用水淀粉勾芡，装盘，将切好的黄瓜片摆在四周即可。

专家点评 这道菜蛋白质含量相对较高，孕妈妈吃了容易消化且还很容易被人体吸收利用，常食有增强体力、强壮身体的作用，能满足身体对各种营养的需求。

烹饪常识

黄瓜尾部含有苦味素，苦味素有抗癌的作用，所以不要把黄瓜尾部全部丢掉。

孕中期案例 2　鸡块多味煲

原料 肉鸡350克，枸杞子10克，红枣5颗，水发莲子8颗

调料 盐6克，葱段、姜片各适量

做法 ①将肉鸡清洗干净，斩块焯水；枸杞子、红枣、水发莲子清洗干净备用。②净锅上火倒入色拉油，下葱、姜炝香，下入鸡块煸炒，倒入水，调入盐烧沸，下入枸杞子、红枣、水发莲子煲至熟即可。

专家点评 将鸡肉与枸杞子、红枣、莲子一同煲汤，汤中含有的蛋白质、脂肪、铁和多种维生素，可以提高孕妈妈的免疫力，以及预防缺铁性贫血。鸡肉蛋白质的含量较高，种类多，很容易被人体吸收利用。

烹饪常识

鸡屁股是淋巴腺体集中的地方，含有多种病毒、致癌物质，不可食用。煲汤的时间可以长一些，汤的味道会更佳。

[孕中期 吃 什么？]

鸡蛋

JI DAN

【肉禽蛋类】

[别 名] 鸡卵、鸡子

【适用量】每天食用一个（约60克）为宜。
【热量】144千卡/100克。
【性味归经】性平，味甘。归心、肾经。

【主打营养素】

蛋白质、卵磷脂、维生素A

◎鸡蛋中富含蛋白质和卵磷脂，可提高机体抵抗力，保证胎儿大脑和视网膜的正常发育。同时，鸡蛋中所含的维生素A能保证胎儿皮肤、胃肠道和肺部的健康。

◎食疗功效

鸡蛋清性微寒而气清，能益精补气、润肺利咽、清热解毒，还具有护肤美肤的作用，有助于延缓衰老；蛋黄性温而气浑，能滋阴润燥、养血熄风。体质虚弱、营养不良、贫血、孕妇、产妇、病后等都可以食用鸡蛋。

◎选购保存

优质鲜蛋，蛋壳清洁、完整、无光泽，壳上有一层白霜，色泽鲜明。可用拇指、食指和中指捏住鸡蛋摇晃，好的蛋没有声音。在20℃左右时，鸡蛋大概能放一周，如果放在冰箱里保存，最多保鲜半个月。

营养成分表

营养素	含量（每100克）
蛋白质	13.30克
脂肪	8.80克
碳水化合物	2.80克
维生素A	234微克
维生素B_1	0.11毫克
维生素B_2	0.27毫克
维生素E	1.84毫克
钙	56毫克
磷	130毫克
镁	10毫克
铁	2毫克
锌	1.10毫克
硒	14.34微克

◎搭配宜忌

鸡蛋+西红柿 鸡蛋+豆腐	✓	预防心血管疾病 有利于钙的吸收
鸡蛋+豆浆 鸡蛋+红薯	✗	降低营养 导致腹痛

温馨提示

鸡蛋含大量蛋白质、DHA、卵磷脂、卵黄素等营养素，能给孕妈妈补充营养，对胎儿大脑发育很有好处。有些孕妈妈为了加强营养，一天吃四五个鸡蛋，这对身体并无好处，医学研究发现，过多摄入蛋白质会增加肾脏的负担。

[孕中期 吃 什么？]

孕中期案例 1　胡萝卜炒蛋

原料 鸡蛋2个，胡萝卜100克

调料 盐5克，香油20克

做法 ①胡萝卜清洗干净，削皮切细末；鸡蛋磕入碗中，搅打均匀备用。②香油入锅烧热，放入胡萝卜末炒约1分钟。③加入蛋液，炒至半凝固时转小火炒熟，加盐调味即可。

专家点评 这道菜不但鲜香适口，而且营养丰富，非常适合孕妈妈食用。胡萝卜搭配鸡蛋，可使胡萝卜中的胡萝卜素更容易被人体吸收，也增加了菜肴中优质蛋白、多种脂肪酸、胆固醇的含量，增加了对人的滋补性，尤其满足了怀孕期女性对蛋白质、脂肪、卵磷脂、胆固醇以及多种维生素的需要。

烹饪常识
炒鸡蛋的油不需要太热，看到油里有小气泡，手放在锅面上有热度就行。油太热，鸡蛋的口感会稍微有点老。

孕中期案例 2　双色蒸水蛋

原料 鸡蛋2个，菠菜适量

调料 盐3克

做法 ①将菠菜清洗干净后切碎。②取碗，用盐将菠菜腌渍片刻，用力揉透至出水，再将菠菜叶中的汁水挤干净。③鸡蛋打入碗中拌匀，加盐，再分别倒入鸳鸯锅的两边，在锅一侧放入菠菜叶，入锅蒸熟即可。

专家点评 这道水蒸蛋咸软细滑，十分可口。鸡蛋中含有丰富的蛋白质、脂肪、维生素和铁、钙、钾等人体所需要的矿物质，蛋白质为优质蛋白，对肝脏组织损伤有修复作用；还富含DHA和卵磷脂、卵黄素，对胎儿神经系统和身体发育有利，能健脑益智、改善记忆力，并能促进肝细胞再生。

烹饪常识
蒸蛋的时间不要太长，这样鸡蛋吃起来才会滑嫩，时间以8~10分钟为佳。

[孕中期 什么？]

青鱼

QING YU

【水产类】

[别　名] 螺蛳鱼、乌青鱼

【适用量】每次80克为宜。
【热量】118千卡/100克。
【性味归经】性平，味甘。归脾、胃经。

【主打营养素】

磷脂、钾、硒、钙、Ω-3-脂肪酸

◎青鱼中含有磷脂和Ω-3-脂肪酸，可减少甘油三酯，能有效预防糖尿病并发的高脂血症。青鱼中还含有丰富的钾、硒、钙，可促进胰岛素的分泌，调节血糖水平。

◎食疗功效

青鱼具有补气、健脾、养胃、化湿、祛风、利水等功效，对脚气湿痹、烦闷、疟疾、血淋等症有较好的食疗作用。由于青鱼还含丰富的硒、碘等微量元素，故有抗衰老、防癌的作用。适合水肿、肝炎、肾炎、脾胃虚弱、气血不足、营养不良、孕妇等人食用。

◎选购保存

青鱼的鳃盖紧闭、不易打开，鳃片鲜红，鳃丝清晰，表明鱼新鲜。可切成小块，放入冰箱冷藏，也可做成鱼干保存。

营养成分表

营养素	含量（每100克）
蛋白质	20.10克
脂肪	4.20克
维生素A	42微克
维生素B_1	0.03克
维生素B_2	0.07毫克
维生素E	0.81毫克
烟酸	2.90毫克
钙	31毫克
镁	32毫克
铁	0.09毫克
锌	0.96毫克
硒	37.69微克
铜	0.06毫克

温馨提示

青鱼肉嫩味美，含蛋白质、脂肪、钙、磷、铁、维生素B_1、维生素B_2、烟酸及微量元素锌、硒等，具有补益肝肾、益气化湿之功效，可防妊娠水肿，不仅为孕中期孕妈妈食补常用，其他孕期及产褥期均可食用。

◎搭配宜忌

青鱼+银耳 青鱼+苹果	可滋补身体 可辅助治疗腹泻
青鱼+李子 青鱼+西红柿 ✗	会引起身体不适 不利营养成分吸收

[孕中期 吃 什么？]

孕中期案例 1　荆沙鱼糕

原料 青鱼1条，鸡蛋4个，肥肉200克，姜10克，葱20克

调料 盐6克，鸡精5克，胡椒粉3克，生粉80克

做法 ① 将青鱼宰杀，去除内脏，去骨和刺，洗净后将鱼肉放入搅拌机中搅打成蓉。② 将肥肉切成丝，姜切末，葱取葱白。③ 鸡蛋去蛋清，下入肥肉、鱼蓉、调味料一起搅打上劲，入蒸锅蒸40分钟，抹上鸡蛋黄，再蒸10分钟，取出，改刀。④ 将改刀的鱼糕切成片，摆成扇形，再蒸5分钟即可。

专家点评 这道鱼糕晶莹洁白，鱼香味浓郁，营养丰富，可以帮助孕妈妈养胃、预防妊娠水肿。

烹饪常识
搅拌时一定要顺一个方向旋转，加入姜水时不能一次加入太多。鱼糕一定要冷却后切片，否则难成型。

孕中期案例 2　美味鱼丸

原料 青鱼1条，鸡蛋4个，姜15克，葱10克

调料 盐4克，鸡精3克，胡椒粉2克

做法 ① 将青鱼宰杀后去鳞、内脏、鳃，再清洗干净。② 将整鱼去头和骨，剔去鱼刺和鱼皮后取肉，姜、葱清洗干净，取葱白。③ 将鱼肉入水中浸泡40分钟，放入搅拌机中，再加入鸡蛋清、生姜、葱白，搅打成蓉；再将打好的鱼蓉放入盆中，加入所有调味料后搅打上劲。④ 将搅打好的鱼蓉挤成丸子，放入开水中煮，待鱼丸浮起时即可盛出装碗。

专家点评 这道菜味道鲜美，多吃不腻，具有滋补健胃、利水消肿的功效，其富含的镁元素有利于预防妊娠高血压。

烹饪常识
鱼丸一定要搅打上劲，否则容易散掉。做好的鱼丸也可以用来红烧，或用其他烹调方法制作。

[孕中期 吃 什么？]

银鱼
YIN YU

【适用量】每次40克左右为宜。
【热量】105千卡/100克。
【性味归经】性平，味甘。归脾、胃经。

【水产类】

[别 名] 银条鱼、大银鱼

【主打营养素】
蛋白质、钙
◎银鱼含有丰富的蛋白质和钙，是孕妈妈的滋补佳品，有强身健体、提高免疫力的作用。其中所含的钙还可以促进胎儿骨骼和牙齿的发育。所以，银鱼非常适合孕妈妈食用。

◎食疗功效

银鱼无论干、鲜品，都具有益脾、润肺、补肾的功效，是孕妇的上等滋补品。银鱼还是结肠癌患者的首选辅助治疗食品。银鱼属于一种高蛋白低脂肪食品，高脂血症患者食之亦佳。还可辅助治脾胃虚弱、肺虚咳嗽、虚劳诸疾。

◎选购保存

新鲜银鱼以洁白如银、透明、体长2.5~4厘米为宜，手从水中操起银鱼后将鱼放在手指上，鱼体软且下垂，略显挺拔，鱼体无黏液的为佳。银鱼不适合放在冰箱长时间保存，最好用清水盛放。

营养成分表

营养素	含量（每100克）
蛋白质	17.20克
脂肪	4克
维生素A	0微克
维生素B_1	0.03克
维生素B_2	0.05毫克
维生素E	1.86毫克
烟酸	0.20毫克
钙	46毫克
镁	25毫克
铁	0.09毫克
锌	0.16毫克
硒	9.54微克
铜	0毫克

◎搭配宜忌

银鱼+蕨菜　减肥、降压、补虚、健胃
银鱼+冬瓜 ✓　可清热利尿
银鱼+木耳　能保护血管、益胃润肠
银鱼+甘草 ✗　对身体不利

温馨提示

银鱼身圆如筋，洁白如银，体柔无鳞。银鱼可食率为100%，为营养学家所确认的长寿食品之一，被誉为"鱼参"。它出水即死，如果不立刻加工暴晒，很快就会化成乳汁一样的水浆，因此除了新鲜银鱼，最常见的就是银鱼干。

[孕中期 吃 什么？]

孕中期案例 1　银鱼煎蛋

原料 银鱼150克，鸡蛋4个

调料 盐3克，陈醋、味精各少许

做法 ①将银鱼用清水漂洗干净，沥干水分备用。②取碗将鸡蛋打散，放入备好的银鱼，调入盐、味精，用筷子搅拌均匀。③锅置火上，放入少许油烧至五成热，放银鱼鸡蛋煎至两面金黄，烹入陈醋即可。

专家点评 这道煎蛋中间白，软润香鲜，孕妈妈食用能补脾润肺。银鱼含有丰富的蛋白质、脂肪、碳水化合物、多种维生素和矿物质等，堪称河鲜之首，善补脾胃，且可宣肺、利水。鸡蛋富含蛋白质、脂肪、维生素和铁、钙、钾等人体所需要的矿物质，有助于补血益气、增强免疫力。

> **烹饪常识**
> 把银鱼倒进水中，用手轻轻搅拌让脏东西沉淀，接着用滤网捞起，照这个方法冲洗三四次，较易清洗干净。

孕中期案例 2　银鱼枸杞苦瓜汤

原料 银鱼150克，苦瓜125克，枸杞子10克，红枣5颗

调料 高汤适量，盐少许，葱末、姜末各3克

做法 ①将银鱼清洗干净；苦瓜清洗干净，去子切圈；枸杞子、红枣清洗干净备用。②汤锅上火倒入高汤，调入盐、葱末、姜末，下入银鱼、苦瓜、枸杞子、红枣，煲至熟即可。

专家点评 孕妈妈食用这道菜既能补充优质蛋白、增强体力，又能补钙，确实称得上是理想的营养食品。银鱼不仅是钙的好来源，还是蛋白质的良好来源，它含的是完全蛋白质，其组织结构松软，容易被人体消化吸收，消化吸收率可达90%以上。

> **烹饪常识**
> 如果银鱼的颜色太白，须提防掺有萤光剂或漂白剂。若选用干银鱼，要剪去头和尾。

[孕中期 什么？]

葡萄
PU TAO
【水果类】

[别 名] 草龙珠、山葫芦、蒲桃

【适用量】每日100克左右为宜。

【热量】43千卡/100克。

【性味归经】性平，味甘、酸。归肺、脾、肾经。

【主打营养素】
碳水化合物、维生素C、铁

◎ 葡萄所含的碳水化合物、维生素C和铁较为丰富，能为人体提供能量。其中所含的维生素C可促进人体对铁质的吸收，可以有效预防孕妈妈缺铁性贫血。

◎ 食疗功效

葡萄具有滋补肝肾、养血益气、强壮筋骨、生津除烦、健脑养神的功效。葡萄中含有较多酒石酸，有助于消化。孕妇适量食用葡萄对身体非常有益。此外，葡萄中所含的天然聚合苯酚，能与细菌及病毒中的蛋白质化合，对于脊髓灰白质病毒有杀灭作用。

◎ 选购保存

购买时可以摘底部一颗尝尝，如果果粒甜美，则整串都很甜。葡萄保留时间很短，购买后最好尽快吃完。剩余的葡萄可用保鲜袋密封好放入冰箱内，这样能保存4～5天。

◎ 搭配宜忌

搭配	宜/忌	功效
葡萄+橙子	✓	预防贫血、排毒养颜
葡萄+山药	✓	补虚养身
葡萄+开水	✗	引起腹胀
葡萄+白萝卜	✗	导致甲状腺肿大

营养成分表

营养素	含量（每100克）
蛋白质	0.50克
脂肪	0.20克
碳水化合物	10.30克
膳食纤维	0.40克
维生素A	8微克
维生素B_1	0.04毫克
维生素B_2	0.02毫克
维生素C	25毫克
维生素E	0.70毫克
钙	5毫克
铁	0.4毫克
锌	0.18毫克
硒	0.20微克

温馨提示

孕妈妈要提防糖尿病，因此食用葡萄应适量。在食用葡萄后应间隔4小时再饮水为宜，以免葡萄中的鞣酸与水产品中的钙质形成难以吸收的物质，影响健康。另外，脾胃虚寒者及孕妈妈不宜多食葡萄。

[孕中期什么？]

孕中期案例 1　葡萄汁

原料 葡萄1串，葡萄柚半个

做法 ①将葡萄柚去皮；葡萄清洗干净，去子。②将材料切适当大小的块，放入榨汁机中一起搅打成汁。③用滤网把汁滤出来即可饮用。

专家点评 这款葡萄汁中含有丰富的维生素C，可有效促进铁的吸收；葡萄汁还含有大量的天然糖、维生素、微量元素和有机酸，能促进孕妈妈机体的新陈代谢，对血管和神经系统发育有益，还可预防孕妈妈感冒。其中，葡萄柚含有丰富的果胶，果胶是一种可溶性纤维，可以溶解胆固醇，对于肥胖症、水分滞留、蜂窝组织炎症等有改善作用，对孕妈妈水肿有一定的食疗作用。

烹饪常识

将葡萄去蒂，然后放在水盆里，加入适量面粉，用手轻搅几下，接着将浑浊的面粉水倒掉，用清水冲净即可食用。

孕中期案例 2　酸甜葡萄菠萝奶

原料 白葡萄50克，柳橙1/3个，菠萝150克，鲜奶30毫升，蜂蜜30克

做法 ①将白葡萄清洗干净，去皮和子；柳橙清洗干净，切块压汁；菠萝去皮，清洗干净，切块。②将白葡萄、柳橙、菠萝、鲜奶放入搅拌机，搅打后倒入杯中，加入蜂蜜拌匀即可。

专家点评 历代中医均把白葡萄列为补血佳品，并可舒缓神经衰弱和疲劳过度，同时还能改善腰酸腿痛、筋骨无力、脾虚气弱、面浮肢肿以及小便不利等症。这款饮品酸甜可口，奶香诱人。它不仅含有多种维生素、矿物质、糖类等大脑所必需的营养成分，可促进胎儿发育，而且它所含的酒石酸能助消化、和胃健脾，对身体大有裨益。

烹饪常识

葡萄用开水烫一下，可分解葡萄皮上的农药。此饮品加入少许柠檬汁，味道会更好。

[孕中期 吃 什么？]

火龙果
HUO LONG GUO

【水果类】

[别 名] 仙蜜果、红龙果

【适用量】每日半个为宜。

【热量】51千卡/100克。

【性味归经】性凉、味甘。归胃、大肠经。

【主打营养素】

维生素C、铁

◎ 火龙果富含美白皮肤、防黑斑的维生素C。同时，火龙果中的含铁量比一般的水果要高，铁是制造血红蛋白及其他铁质物质不可缺少的元素，摄入适量的铁质还可以预防贫血。

◎ 食疗功效

火龙果具有明目、降火的功效，还能预防高血压，且有美容功效，孕妇食用非常有益。由于火龙果含有的植物性白蛋白是具黏性和胶质性的物质，对重金属中毒有解毒的作用，所以对胃壁有保护作用。火龙果还有抗氧化、抗自由基、抗衰老的作用。

◎ 选购保存

火龙果以外观光滑亮丽、果身饱满、颜色呈鲜紫红者为佳。成熟的火龙果香味比较浓郁，闻起来有果香味道。热带水果不宜放入冰箱中，建议现买现食或放在阴凉通风处储存。

营养成分表

营养素	含量（每100克）
蛋白质	0.62克
脂肪	0.17克
碳水化合物	13.91克
膳食纤维	1.21克
维生素A	未测定
维生素B_1	未测定
维生素B_2	未测定
维生素C	5.22毫克
维生素E	未测定
钙	6.30毫克
铁	0.55毫克
锌	未测定
硒	未测定

◎ 搭配宜忌

火龙果+虾
火龙果+枸杞 ✓ 能消热祛燥、增进食欲
可补血养颜

火龙果+白萝卜
火龙果+黄瓜 ✗ 会诱发甲状腺肿大
会破坏维生素C

温馨提示

火龙果集水果、花卉、蔬菜的优点于一身，具有很高的营养价值，而且美味可口。火龙果少有病虫害，几乎不使用任何农药和激素就可以满足其正常营养和生长。因此，火龙果是一种消费概念上的绿色、环保食品，孕妈妈食用有好处。

[孕中期 **吃** 什么？]

孕中期案例 1　火龙果汁

原料 火龙果150克，菠萝50克，凉开水60克

做法 ❶将火龙果清洗干净，对半切开后挖出果肉，切成小块；将菠萝去皮，清洗干净后将果肉切成小块。❷将龙火果和菠萝放入搅拌机中，加入凉开水，搅打成汁即可。

专家点评 这款饮品有预防便秘、保护眼睛、增加骨质密度、降血糖、降血压、帮助细胞膜形成、预防贫血、降低胆固醇、美白皮肤防黑斑的作用，对妊娠高血压有食疗作用，而且没有副作用，能促进胎儿健康发育。其中火龙果果肉中芝麻状的种子更有促进肠胃消化之功能，能预防孕期便秘。

> **烹饪常识**
> 储存太久的火龙果不宜食用。果汁榨好后要立马饮用，否则维生素将损失。

孕中期案例 2　火龙果芭蕉萝卜汁

原料 火龙果200克，芭蕉2根，白萝卜100克，柠檬半个

做法 ❶将柠檬清洗干净，切块；芭蕉剥皮；火龙果去皮；白萝卜清洗干净，去皮。❷将柠檬、芭蕉、火龙果、白萝卜放入搅拌机中，加水适量，搅打成汁即可。

专家点评 火龙果中的含铁量丰富，铁是制造血红蛋白及其他铁质物质不可缺少的元素，摄入适量的铁可以预防贫血。芭蕉含有丰富的叶酸，人体叶酸的储存是保证胎儿神经管正常发育、避免无脑、脊柱严重畸形发生的关键性物质。将这两种水果与白萝卜、柠檬一同制作饮品，对于孕妈妈是十分有利的。

> **烹饪常识**
> 应选用新鲜的火龙果、芭蕉、白萝卜榨汁。此饮品加入少许蜂蜜，味道会更佳。

[孕中期 吃 什么？]

杨桃
YANG TAO
【水果类】

[别 名] 三廉、酸五棱、阳桃

【适用量】每日1个为宜。
【热量】29千卡/100克。
【性味归经】性寒，味甘、酸。归肺、胃、膀胱经。

【主打营养素】
糖类、维生素、酸性物质
◎杨桃中糖类、维生素及有机酸含量丰富，能迅速补充人体的水分、生津止渴、消除疲劳感。杨桃中含有大量草酸、柠檬酸、苹果酸，能提高胃液的酸度，促进食物的消化。

◎食疗功效

杨桃具有清热、生津、止咳、利水、解酒等功效，可提高胃液的酸度，促进食物的消化，又有利于保护肝脏，还能降低血糖、血脂、胆固醇，减少机体对脂肪的吸收。杨桃能消除咽喉炎症、口腔溃疡，防治风火牙痛、还能使体内的热或酒毒随小便排出体外，且能消除疲劳感，孕妇可适量食用。

◎选购保存

要选择果实大、棱片肥厚、有重量感、色泽深且具有光泽、有香气的杨桃。杨桃不能放入冰箱中冷藏，要放在通风阴凉处储存。

营养成分表

营养素	含量（每100克）
蛋白质	0.60克
脂肪	0.20克
碳水化合物	7.40克
膳食纤维	1.20克
维生素A	3微克
维生素B_1	0.02毫克
维生素B_2	0.03毫克
维生素C	7毫克
维生素E	未测定
钙	4毫克
铁	0.40毫克
锌	0.39毫克
硒	0.83微克

温馨提示

杨桃光滑鲜艳，甜爽多汁。其含有多种招牌营养素，并含有大量的挥发性成分，带有一股清香。杨桃能有效去除或淡化黑斑，具有保湿作用，可以让肌肤变得滋润、有光泽，但杨桃性寒，孕妈妈要少吃。

◎搭配宜忌

杨桃+醋 ✓ 可消食化积
杨桃+绿豆 ✓ 可消暑利水

杨桃+乳酪 ✗ 可导致腹泻

[孕中期 什么？]

孕中期案例 1　杨桃柳橙汁

原料 杨桃2个，柳橙1个，柠檬汁少许

调料 蜂蜜少许

做法 ①将杨桃清洗干净，切块，放入半锅水中，煮开后转小火熬煮4分钟，放凉；柳橙清洗干净，切块，备用。②将杨桃倒入杯中，加入柳橙和蜂蜜一起调匀即可。

专家点评 这款饮品可以有效预防妊娠高血压。杨桃含有多种营养成分，并含有大量的挥发性成分，气味芳香。杨桃中富含的多种营养对孕妇健康十分有益，能减少孕妈妈机体对脂肪的吸收，预防肥胖，还有降低血脂和胆固醇的作用，对高血压、动脉硬化等心血管疾病有预防作用。同时还可保护孕妈妈的肝脏，帮助孕妈妈降低血糖。

烹饪常识
杨桃不宜煮太长时间，否则营养会流失。如果家里没有蜂蜜，也可以用糖水代替蜂蜜。

孕中期案例 2　杨桃牛奶香蕉蜜

原料 杨桃1个，牛奶200毫升，香蕉1根，柠檬半个

调料 冰糖少许

做法 ①将杨桃清洗干净，切块；香蕉去皮；柠檬切片。②将杨桃、香蕉、柠檬、牛奶放入果汁机中，搅打均匀。③果汁中加入少许冰糖调味即可。

专家点评 这款饮品营养非常丰富，能改善孕妈妈便秘，补充孕妈妈日常消耗及胎儿发育所需的营养。杨桃中维生素C及有机酸含量丰富，且果汁充沛，能迅速补充孕妈妈体内的水分，起到生津止渴、利尿、消除疲惫的作用。

烹饪常识
用蜂蜜代替冰糖口感也不错。牛奶应选择品质有保证的，可以到大型商场选购。

[孕中期 什么？]

樱桃

YING TAO

【水果类】

[别 名] 含桃、荆桃、车厘子

【适用量】每日10个为宜。
【热量】46千卡/100克。
【性味归经】性热，味甘。归脾、胃经。

【主打营养素】

维生素A、胡萝卜素、维生素C

◎樱桃含维生素A、胡萝卜素、维生素C，可提高免疫力，让皮肤更加光滑润泽。樱桃含铁量在水果中较高，可防治缺铁性贫血。

◎食疗功效

樱桃具有益气、健脾、和胃、祛风湿的功效。孕妇常食樱桃可补充体内对铁元素的需求，促进血红蛋白再生，既可防治缺铁性贫血，又可增强体质、健脑益智，还能养颜驻容、使皮肤红润嫩白、去皱消斑。

◎选购保存

应选颜色鲜艳、果粒饱满、表面有光泽和弹性的樱桃。樱桃不宜久存，放入冰箱中可储存3天，但是樱桃冷藏容易破裂，而且存储时间较短；冷冻处理后，虽能延长保存时间，但解冻后其质地会有较大变化，所以建议现买现吃。

营养成分表

营养素	含量（每100克）
蛋白质	1.10克
脂肪	0.20克
碳水化合物	10.20克
膳食纤维	0.30克
维生素A	35微克
维生素B_1	0.02毫克
维生素B_2	0.02毫克
维生素C	10毫克
维生素E	2.22毫克
钙	11毫克
铁	0.40毫克
锌	0.23毫克
硒	0.21微克

◎搭配宜忌

樱桃+枸杞子	✓	能补肝益气
樱桃+银耳		能美容养颜
樱桃+黄瓜	✗	会破坏维生素C
樱桃+牛肝		会破坏维生素C

温馨提示

樱桃不仅是孕妈妈的理想水果，也是哺乳中准妈妈的理想水果，因为在妊娠哺乳期准妈妈对铁的需要量高，而樱桃对预防准妈妈出现缺铁性贫血有良好的效果，又可增强体质、健脑益智。

[孕中期  吃 什么？]

孕中期案例 1 樱桃草莓汁

原料 红樱桃150克，草莓200克，红葡萄250克

做法 ① 将葡萄、樱桃、草莓清洗干净，将葡萄切半，把大颗草莓切块，然后与樱桃一起放入榨汁机中榨汁。② 把成品倒入玻璃杯中，加樱桃装饰即可。

专家点评 这款饮品味道酸甜，不仅能促进食欲，还能增强孕妈妈的抵抗力，防治贫血。樱桃含有丰富的铁元素，有利生血，并含有磷、镁、钾，其维生素A的含量比苹果高出4~5倍，是孕妈妈的理想水果。草莓含有丰富的维生素C，这对孕妈妈也大有好处。孕妈妈吃草莓可以预防牙龈出血等因为缺少维生素C而出现的症状。

烹饪常识
用清水加少许盐将樱桃浸泡一会儿，可去除表皮残留物。制作此款饮品时，应将葡萄去皮、去子。

孕中期案例 2 樱桃西红柿柳橙汁

原料 樱桃300克，西红柿半个，柳橙1个

做法 ① 将柳橙清洗干净，对切，榨汁。② 将樱桃、西红柿清洗干净，切小块，放入榨汁机榨汁，用滤网去残渣。③ 将做法1及做法2的果汁混合，搅拌均匀即可。

专家点评 这款饮品可为孕妈妈补血、强身，让孕妈妈健康又美丽。樱桃含铁量高，具有促进血红蛋白再生的功效，对贫血的孕妈妈有一定的补益作用。西红柿富含丰富的胡萝卜素、B族维生素、维生素C、维生素P，对心血管具有保护作用。烟酸可维持胃液的正常分泌，促进红细胞的形成，利于保持血管壁的弹性和保护皮肤。多吃西红柿还能使皮肤白皙。

烹饪常识
要选择果实饱满、有弹性、着色均匀、散发出香气的柳橙。此饮品加入适量优酪乳，味道会更好。

[孕中期 吃 什么？]

黑豆

HEI DOU

【杂粮类】

[别名] 乌豆、黑大豆、马料豆

【适用量】每天食用40克左右为宜。

【热量】381千卡/100克。

【性味归经】性平，味甘。归心、肝、肾经。

【主打营养素】

膳食纤维、维生素E、钙、锌、硒

◎黑豆富含膳食纤维，可预防便秘。含有的维生素E可驻颜、明目、乌发，还可使皮肤白嫩、改善妊娠纹。黑豆中含有的钙、锌等矿物元素，有助于胎儿发育。

◎食疗功效

黑豆有"豆中之王"的美称，具有祛风除湿、调中下气、活血、解毒、利尿、明目等功效。黑豆含有丰富的维生素E，能清除体内的自由基，减少皮肤皱纹，达到养颜美容的目的。此外，其丰富的膳食纤维可促进肠胃蠕动，预防便秘。另外，黑豆还可促进胆固醇的代谢、降低血脂、预防心血管疾病，孕妇食用黑豆有益身体健康。

◎选购保存

以豆粒完整、大小均匀、颜色乌黑、没有被虫蛀过者为佳，褪色的黑豆不要挑选。黑豆宜存放在密封罐中，置于阴凉处保存，不要让阳光直射。

营养成分表

营养素	含量（每100克）
蛋白质	36克
脂肪	15.90克
碳水化合物	33.60克
膳食纤维	10.20克
维生素A	5微克
维生素B_1	0.20毫克
维生素B_2	0.33毫克
维生素C	未测定
维生素E	17.36毫克
钙	224毫克
铁	7毫克
锌	4.18毫克
硒	6.79微克

◎搭配宜忌

黑豆+牛奶 ✓ 有利于维生素B_{12}的吸收
黑豆+谷类 ✓ 营养丰富

黑豆+柿子 ✗ 易产生结石
黑豆+蓖麻子 ✗ 对身体不利

温馨提示

黑豆中富含优质蛋白质，含有多种人体自身不能合成的氨基酸，不饱和脂肪酸含量也很高，宜适量食用。食用黑豆时不应去皮，因为黑豆皮含有花青素，是很好的抗氧化剂，能帮助清除人体内的自由基。

[孕中期什么？]

孕中期案例 1　黑豆排骨汤

原料 ｜ 黑豆10克，猪小排100克

调料 ｜ 葱花、姜丝、盐各少许

做法 ｜ ❶将黑豆、猪小排清洗干净。❷将适量的水放入锅中，开中火，待水开后放入黑豆及猪小排、姜丝熬煮。❸待食材煮软至熟后，加入盐调味，撒上葱花即可。

专家点评 ｜ 这道汤能够补充孕妈妈所需的铁质、胡萝卜素、维生素A、叶酸、蛋白质。黑豆是一种有效的补肾品，根据中医理论，豆乃肾之谷，黑色属水，水走肾，所以肾虚的人食用黑豆是有益处的。黑豆祛风除热、调中下气、解毒利尿，可以有效地缓解孕妈妈尿频、腰酸及下腹部阴冷等症状。

> **烹饪常识**
>
> 　　由于黑豆豆质比较硬，建议烹煮之前用水浸泡2～4小时，可以缩短熬煮时间。

孕中期案例 2　黑豆玉米粥

原料 ｜ 黑豆、玉米粒各30克，大米70克

调料 ｜ 白糖3克

做法 ｜ ❶将大米、黑豆均泡发清洗干净；玉米粒清洗干净。❷锅置火上，倒入清水，放入大米、黑豆煮至水开。❸加入玉米粒同煮至浓稠状，调入白糖搅拌均匀即可。

专家点评 ｜ 黑豆中含有丰富的维生素A、叶酸，有补肾强身、活血利水、解毒、活血润肤的功效，特别适合肾虚体弱的孕妈妈。孕妈妈常食用黑豆，对肾虚体弱、腰痛膝软、身面浮肿、风湿痹病、关节不利、痈肿疮毒等问题有良好的防治作用。玉米中的维生素含量比较多，有利于胎儿的智力发育。

> **烹饪常识**
>
> 　　黑豆烹饪至颗粒饱满快要破裂时即可。白糖的使用量可以根据个人口味来定，但不宜过甜。

[孕中期 吃 什么？]

腰果

YAO GUO

【干果类】

[别 名] 肾果、鸡腰果

【适用量】每日30克为宜。
【热量】522千卡/100克。
【性味归经】性平，味甘。归脾、胃、肾经。

【主打营养素】

膳食纤维、钙、镁、铁

◎腰果富含膳食纤维以及钙、镁、铁，有降低血糖和胆固醇的作用。此外，腰果可保护血管，维持正常血压水平。又因富含钙，能防治糖尿病性骨质疏松症。

◎食疗功效

腰果对食欲不振、心衰、下肢水肿及多种炎症有显著功效，非常适合下肢水肿的孕妇食用。另外，有酒糟鼻的人更应多食。腰果对夜盲症、干眼病及皮肤角化有预防作用，能增强人体抗病能力、预防癌肿。腰果还含有丰富的油脂，可以润肠通便、润肤美容、延缓衰老。

◎选购保存

挑选外观呈完整月牙形、色泽白、饱满、气味香、油脂丰富、无蛀虫、无斑点者为佳。腰果不宜久存。应存放于密封罐中，放入冰箱冷藏保存，或放在阴凉通风处、避免阳光直射。

◎搭配宜忌

腰果+莲子	✓	可养心安神、降压降糖
腰果+茯苓		可补润五脏、安神
腰果+虾仁	✗	导致高钾血症
腰果+鸡蛋		会引起腹痛腹泻

营养成分表

营养素	含量（每100克）
蛋白质	17.30克
脂肪	36.70克
碳水化合物	41.60克
膳食纤维	3.60克
维生素A	8微克
维生素B_1	0.27毫克
维生素B_2	0.13毫克
维生素E	3.17毫克
钙	26毫克
镁	153毫克
铁	4.80毫克
锌	4.30毫克
硒	34微克

温馨提示

腰果有补充体力和消除疲劳的良好功效，还能使干燥的皮肤得到改善，同时还可以为孕妈妈补充铁、锌等。所以是孕期可选的好坚果。但是，腰果含有多种过敏原，对于过敏体质的人来说，可能会造成过敏，孕妈妈一定要谨慎。

[孕中期 吃 什么？]

孕中期案例 1 腰果炒西芹

原料 西芹200克，百合100克，腰果100克，甜红椒、胡萝卜各50克

调料 盐3克，鸡精2克，糖3克，水淀粉适量

做法 ①西芹清洗干净，切段；百合清洗干净，切片；甜红椒去蒂清洗干净，切片；胡萝卜清洗干净，切片；腰果清洗干净。②锅下油烧热，放入腰果略炸一会，再放入西芹、百合、甜红椒、胡萝卜一起炒，加盐、鸡精、糖炒匀，待熟用水淀粉勾芡，装盘即可。

专家点评 西芹百合搭配腰果，蔬菜的爽脆和腰果的清香让孕妈妈百吃不厌。腰果含有丰富的油脂，可以润肠通便、润肤美容、延缓衰老。

烹饪常识

腰果可先焯水，沥干，再入油锅炸至香酥。将干百合倒入适量的开水，加盖浸泡半小时，洗净即可烹饪。

孕中期案例 2 腰果虾仁

原料 鲜虾200克，腰果150克，黄瓜150克，胡萝卜100克

调料 鸡精2克，盐3克，水淀粉适量

做法 ①鲜虾治净；黄瓜清洗干净，切块；胡萝卜去皮，清洗干净切块。②热锅下油烧热，入腰果炒香，放入虾仁滑炒片刻，再放入黄瓜、胡萝卜同炒。③加鸡精、盐调味，炒熟用水淀粉勾芡，装盘即可。

专家点评 腰果中的脂肪成分主要是不饱和脂肪酸，有软化血管的作用，对保护血管、预防心血管疾病大有益处。常食用腰果有强身健体、提高机体抗病能力、使体力增强等作用。鲜虾搭配腰果，不仅能增强孕妈妈的身体素质，还有助于胎儿的健康发育。

烹饪常识

虾买回来后将虾的长须及多余的部分剪去，在虾的第二指节处，用牙签抽出虾肠，再清洗一下即可烹饪。

[孕中期 吃 什么？]

豆浆

DOU JIANG

【其他类】

[别 名] 豆腐浆

【适用量】每天食用200毫升左右为宜。
【热量】14千卡/100克。
【性味归经】性平，味甘。归心、脾、肾经。

【主打营养素】
蛋白质、矿物元素、维生素

◎豆浆含有丰富的植物蛋白，还含有维生素B_1、维生素B_2和烟酸。此外，豆浆还含有铁、钙、硒等矿物元素，尤其是其所含的钙比其他任何乳类都高，对孕妈妈大有益处。

◎食疗功效

豆浆可维持正常的营养平衡，全面调节内分泌系统，降低血压、血脂，减轻心血管负担，增加心脏活力，优化血液循环，保护心血管，并有平补肝肾、抗癌、增强免疫等功效，是心血管的保护神。常饮鲜豆浆对孕妇高血压、糖尿病、便秘、动脉硬化及骨质疏松等患者大有益处。

◎选购保存

好豆浆应有股浓浓的豆香味，浓度高，略凉时表面有一层油皮，口感滑爽。豆浆不能放在保温瓶里存放，否则会滋生细菌，使豆浆里的蛋白质变质，影响人体健康。

营养成分表

营养素	含量（每100克）
蛋白质	1.80克
脂肪	0.70克
碳水化合物	1.10克
膳食纤维	1.10克
维生素A	15微克
维生素B_1	0.02毫克
维生素B_2	0.02毫克
维生素E	0.80毫克
钙	10毫克
镁	9毫克
铁	0.50毫克
锌	0.24毫克
硒	0.14微克

◎搭配宜忌

豆浆+花生	可润肤补虚、降糖降脂
豆浆+核桃 ✓	可增强免疫力
豆浆+莲子	滋阴益气、清热安神、降糖降压
豆浆+红糖 ✗	会破坏营养成分

温馨提示

孕妈妈喝豆浆是预防贫血以及低血压等多种病症的行之有效的措施之一，还有助于胎儿的正常发育。另外，如果产妇产后有胃病或产前就有胃部不适、慢性胃炎等疾病，最好不要喝豆浆，否则会使胃酸分泌过多刺激肠胃，加重疼痛感。

[孕中期 吃 什么？]

孕中期案例 1　黄豆豆浆

原料 黄豆75克

调料 白糖适量

做法 ①黄豆加水浸泡6~16个小时，清洗干净备用。②将泡好的黄豆装入豆浆机中，加适量清水，搅打成豆浆，煮熟。③将煮好的豆浆过滤，加入白糖调匀即可。

专家点评 黄豆富含的优质蛋白质是植物中唯一类似于动物蛋白质的完全蛋白质，并且大豆蛋白不含胆固醇，可降低人体血清中的胆固醇。而且大豆蛋白中人体必需的八种氨基酸配比均衡，非常适合人体需要。因此，孕妈妈每天喝一杯豆浆（不要超过500毫升）不失为摄取优质蛋白的一个有效方法。

烹饪常识

黄豆应充分浸泡，这样在保证细腻口感的同时可减少豆子对豆浆机的磨损。豆浆煮沸后要再煮几分钟。

孕中期案例 2　核桃豆浆

原料 黄豆100克，核桃仁30克

调料 白糖适量

做法 ①将黄豆泡软，清洗干净；核桃仁清洗干净。②将黄豆、核桃仁放入豆浆机中，添水搅打成豆浆，烧沸后滤出豆浆，加入白糖搅拌均匀即可。

专家点评 黄豆是所有豆类中营养价值最高的，其所富含的钙能促进胎儿骨骼的发育，卵磷脂能促进胎儿脑部的发育。核桃仁中含有较多的蛋白质及人体必需的不饱和脂肪酸，能滋养脑细胞、增强脑功能。黄豆核桃豆浆有助于孕妈妈补充营养，还可为胎儿提供大脑及身体发育所需的营养。

烹饪常识

黄豆及核桃仁可提早浸泡好，这样便于搅打。核桃吃多了容易上火，每天吃两三个即可。

久存土豆

不宜吃久存土豆的原因

土豆中含有生物碱,存得越久的土豆生物碱含量越高。过多食用这种土豆,会影响胎儿正常发育,导致胎儿畸形。当然,人的个体差异很大,并非每个人食用后都会出现异常,但孕妈妈还是不吃为好。

土豆中含有龙葵素,它较集中地分布在发芽、变绿的部分。如果孕妈妈不慎食入发芽或腐烂的土豆,就会吸入龙葵素。这会对有遗传倾向并对生物碱敏感的孕妈妈产生不利影响。如果吃土豆时口中有点发麻的感觉,则表明该土豆中还含有较多的龙葵素,应立即停止食用,以防中毒。

忌食关键词

生物碱、龙葵素、发芽、胎儿畸形

木薯

不宜吃木薯的原因

木薯中含有一定量的氰苷类物质如亚麻苦苷等,这种氰苷随木薯食入人体,分解释放出氢氰酸,氰离子与细胞色素氧化镁的铁离子结合,将影响细胞呼吸,严重时还可危及中枢和血管运动神经。当过多食入某些品种及贮存不当的木薯后,可导致中毒,轻者口苦、流涎、头痛、恶心呕吐等,重者出现胸闷、气促、意识不清、阵发性痉挛等。胎儿的畸形也常与孕妈妈进食木薯过多而引起中毒有关。因此,为了自身和胎儿的安全,孕妈妈最好不要过多食用木薯,偶尔吃少量木薯则不会对胎儿造成什么影响。

忌食关键词

氰苷类物质、中毒、胎儿畸形

羊 肉

不宜吃羊肉的原因

羊肉是助元阳、补精血、疗肺虚、益劳损的佳品,是一种优良的温补强壮剂,不过女性怀孕后阴血偏虚,阳气相对偏盛的阳有余而阴不足,气有余而血不足状态。多食用羊肉,极易上火。

另外,也不要吃涮羊肉和羊肉串,因为这两种做法不能让羊肉完全熟透,没熟的羊肉有寄生虫尤其是弓形虫,可通过胎盘感染到胎儿,不利于胎儿的健康发育。因此,孕妈妈不宜吃羊肉,但这与大家说的孕妇吃羊肉宝宝容易得羊痫风(癫痫的通称)是没有关系的。

忌食关键词

上火、弓形虫

[孕中期 禁 什么？]

麻雀肉

⏸ 不宜吃麻雀肉的原因

有学者认为，雀性大热，主张怀孕妇女不应多食。《随息居饮食谱》中说："雀肉，阴虚内热及孕妇忌食"。《饮食须知》亦云："妊妇食雀肉饮酒，令子多淫。多食雀脑，动胎气，令子雀目"。同时，麻雀肉的加工方法多为油炸、爆炒或者五香，前两者制作出来的麻雀肉热量很高、后者制作出来的麻雀肉含盐量很高，孕妈妈均不宜食用。

麻雀已经被列为国家保护动物，所以从动物保护的角度，食用麻雀肉的劣行已渐渐淡出了人们的生活，最好不要吃。

❌ 忌食关键词

大热、加工方法不健康、保护动物

田 鸡

⏸ 不宜吃田鸡的原因

吃田鸡不仅是不利于生态平衡的行为，还会对孕妈妈的健康造成危害。有人剖检267只虎斑蛙，发现160只蛙的肌肉中就有383条裂头绦虫的蚴虫。裂头绦虫的蚴虫进入人体组织后，能引起局部组织发炎、溶解、坏死，形成脓肿和肉芽肿等。孕妈妈感染蚴虫，还能穿过胎盘侵害胎儿，造成胎儿畸形。

农田长期施用各种农药，随着耐药性的提高，不少昆虫未被杀灭，田鸡捕食了这些昆虫后，体内积聚有大量残留的农药。所以孕妈妈大量吃田鸡肉，危害较大。

❌ 忌食关键词

破坏生态平衡、感染蚴虫、残留农药

生鸡蛋

⏸ 不宜吃生鸡蛋的原因

鸡蛋是由鸡的卵巢和泄殖腔产出，而它的卵巢、泄殖腔带菌率很高，所以蛋壳表面甚至蛋黄可能已被细菌污染，生吃易引起寄生虫病、肠道病或食物中毒。生鸡蛋有一股腥味，能抑制中枢神经，使人食欲减退，有时还能使人呕吐。

孕妈妈若长期大量吃生鸡蛋，生鸡蛋清内的抗生物素蛋白与体内生物素结合成一种稳定的化合物，使生物素不能被肠壁吸收，可导致精神倦怠、毛发脱落、皮肤发炎、食欲减退、体重下降等。生鸡蛋经过肠道时，容易发酵变质，有时可能产生亚硝基化合物，这种化合物具有致癌作用。

❌ 忌食关键词

细菌污染、腥味、生物素不被肠道吸收、亚硝基化合物

[孕中期 禁 什么？]

金枪鱼

不宜吃金枪鱼的原因

虽然金枪鱼营养丰富，但科学家们发现，有些金枪鱼的体内含有汞金属，当它们超过安全食用量时，就会对胎儿的大脑发育造成损害。美国每年大约有6万新生儿出生后认知能力发生了障碍，究其原因是他们的母亲在怀孕时摄入过多含汞的金枪鱼。

因此，专家们呼吁食品和药物管理局能尽快制定金枪鱼安全食用量的标准，并建议孕妈妈最好不要食用金枪鱼。如果一定要吃，每周的摄入量不要超过1~2罐。

忌食关键词
含汞金属、损害胎儿大脑发育

荔枝

不宜吃荔枝的原因

荔枝含有丰富的糖分、蛋白质、多种维生素、脂肪、柠檬酸、果胶以及磷、铁等，是有益人体健康的水果。但是，从中医的角度来说，怀孕之后，体质偏热，阴血往往不足。荔枝和桂圆一样也是热性水果，过量食用容易产生便秘、口舌生疮等上火症状。而且荔枝含糖量较高。孕妈妈大量食用会引起高血糖。如果血糖浓度过高，会导致糖代谢紊乱，从而使糖从肾脏中排出而出现糖尿。容易导致胎儿巨大，容易并发难产、滞产、死产、产后出血及感染等。因此，孕妈妈应慎食荔枝。

忌食关键词
性热、含糖高、胎儿巨大

油条

不宜吃油条的原因

油条在制作时，需加入一定量的明矾。明矾是一种含铝的无机物，被摄入的铝虽然能经过肾脏排出一部分，但由于天天摄入而很难排净。这些明矾中含的铝还可通过胎盘，侵入胎儿的大脑，会使其形成大脑障碍，增加痴呆儿发生的几率，对孕妈妈和胎儿危害极大。

油条属于不易消化的食品，不符合孕妇和产妇的饮食要求。经过高温的油脂所含多种营养素遭到了氧化破坏，使油脂的营养价值降低，食用油条，难以起到补充多种营养素的作用，还会造成厌食。因此，孕妈妈要注意不宜多吃油条。

忌食关键词
油炸、明矾、超量的铝、不易消化、营养低

[孕中期 禁 什么？]

粽子

不宜吃粽子的原因

粽子一般由糯米制成，虽然好吃，但黏度高，非常不容易消化。孕妈妈多吃粽子不仅容易消化不良，引起腹胀、腹痛，还会影响其他营养的摄入。所以一餐最好不要超过一个，更不要顿顿吃。

现在粽子都很高级，肉、豆沙、蛋黄……各式各样被包进去，结果是脂肪多、糖分多、热量高。如果是超重、孕期高血压、血糖高的孕妈妈，最好忌口。即便没有这些症状，最好也不要蘸糖吃。

忌食关键词

不易消化、高脂肪、高糖、高热量

月饼

不宜吃月饼的原因

月饼多为"重油重糖"之品，制作程序多有煎炸烘烤，容易产生"热气"，或者引起胃肠积滞。而妊娠期孕妈妈如果大量食用辛温燥火的食物，很容易伤阴耗液和影响胎孕。

此外，不同体质的孕妈妈在食用月饼时有不同的禁忌。虚寒盛的孕妈妈，忌生冷、寒凉馅料制作的月饼。阴虚、热盛的孕妈妈，忌辛燥动火馅料制作的月饼。孕期水肿很严重的孕妈妈，忌咸馅的月饼。患有糖尿病的孕妈妈，忌糖馅的月饼。患有热证、疮疡、风疹、癣疥等的孕妈妈，忌食辛辣香燥馅料制作的月饼。

忌食关键词

重油重糖

罐头

不宜吃罐头的原因

罐头食品根据其所装的原料不同分为：肉品、鱼品、乳品、蔬菜和水果罐头。罐头食品在生产过程中，为了达到色佳味美和长时间保存的目的，食品中都加入了防腐剂，有的还添加了人工合成色素、香精、甜味剂等，这些物质对孕妈妈和胎儿的危害都是很大的。所以孕妈妈应避免食用罐头食品。

如果孕妈妈过量食用，不单会影响胎儿智力发育，还可能产下畸胎。所以，孕妈妈应慎食罐头食品。

忌食关键词

防腐剂、添加剂、畸形胎儿

[孕中期 禁 什么？]

火腿肠

不宜吃火腿肠的原因

火腿肠是以畜禽肉为主要原料，辅以填充剂（淀粉、植物蛋白粉等），然后再加入调味品（盐、糖、味精、酒等）、香辛料（葱、姜、蒜、大料、胡椒等）、品质改良剂（卡拉胶、维生素C等）、护色剂、保水剂、防腐剂等物质，采用腌制、斩拌（或乳化）、高温蒸煮等加工工艺制成。火腿肠所含的添加剂会对胎儿造成一定的影响，所以孕妈妈最好不要吃。另外，火腿肠所含的添加剂，也会通过乳汁影响婴儿，所以哺乳妈妈最好也不要食用火腿肠。

忌食关键词：添加剂、防腐剂

味精

不宜吃味精的原因

孕妈妈要注意少吃或不吃味精，因为味精的主要成分是谷氨酸钠，血液中的锌与之结合后从尿中排出。当食用味精过多，超过机体的代谢能力时，还会导致血液中谷氨酸含量增高，限制人体对钙、镁、铜等必需矿物质的吸收。尤其是谷氨酸可以与血液中的锌结合，生成不能被利用的谷氨酸锌被排出体外，导致人体缺锌。

如果孕妈妈缺锌，则会影响胎儿在子宫内的生长，会使胎儿的脑、心脏等重要器官发育不良。缺锌还会造成孕妈妈味觉、嗅觉异常、食欲减退、消化和吸收功能不良等。

忌食关键词：谷氨酸钠、缺锌、影响胎儿发育

火锅

不宜吃火锅的原因

孕妈妈应慎食火锅，因为火锅原料多为猪肉、牛肉、羊肉、狗肉，这些肉片中含有弓形虫的幼虫。这些弓形虫幼虫的虫体极小，寄生在细胞中。人们吃火锅时，习惯把鲜嫩的肉片放在煮开的火锅中一烫即食，这种短暂的加热一般不能杀死幼虫，进食后幼虫在肠道中穿过肠壁随血液扩散至全身。孕妈妈受感染时多无明显不适，但幼虫可通过胎盘感染到胎儿，严重的使胎儿发生小头、大头（脑积水）、无脑儿等畸形。

忌食关键词：弓形虫、畸形胎儿

[孕中期 禁 什么？]

蜂王浆

不宜吃蜂王浆的原因

蜂王浆是工蜂烟腺或咽后腺分泌出的一种白色或淡黄色的略带甜味并有些酸涩的黏稠状液体，是专供蜂王享用的食物。蜂王靠食蜂王浆而拥有旺盛的生命力。蜂王浆富含70多种营养成分，具有滋补强壮、补益气血、健脾益血、保肚抗癌等功效。但是，孕妈妈不宜过量饮用蜂王浆，因为蜂王浆含有激素，分别是雌二醇、睾酮和孕酮。这些激素会刺激子宫，引起子宫收缩，干扰胎儿正常发育。而且蜂王浆中的激素还会影响胎儿生殖系统的发育。

忌食关键词

雌二醇、睾酮、孕酮、子宫收缩

糖 精

不宜吃糖精的原因

糖精和糖是截然不同的两种物质。糖是从甘蔗和甜菜中提取的。糖精是从煤焦油里提炼出来的，其成分主要是糖精钠，没有营养价值。纯净的糖精对人体无害，但孕妈妈不应长时间过多地食用糖精，或大量饮用含糖精的饮料及其制品，或是每天在饮料中加入糖精。

糖精对胃肠道黏膜有刺激作用，并影响某些消化酶的功能，出现消化功能减退，发生消化不良，造成营养吸收功能障碍。由于糖精是经肾脏从小便排出，所以会加重肾功能负担。因此，孕妈妈应慎食糖精。

忌食关键词

糖精钠、刺激肠道黏膜

酒心糖

不宜吃酒心糖的原因

酒心糖即是以酒做馅的糖果。据有关资料表明，当前市售的酒心糖，每颗含白酒4克左右，如果一天吃10颗以上，便会有相当分量的酒精进入人体。这对孕妈妈和胎儿是不利的。

经研究表明，孕妈妈饮酒可引起流产和新生儿出生体重降低，严重者可造成"胎儿酒精综合征"，表现为中枢神经障碍，患儿智力低下，常伴有头小畸形、小脑发育不全、脑积水等；脸部畸形表现为短脸、脸下垂、鼻孔小或缺，并且还多伴有心脏或其他系统畸形。

忌食关键词

酒精、流产、胎儿酒精综合征

第五章

孕晚期吃什么，禁什么

　　孕晚期（即女性怀孕的第8个月到第10个月）是胎儿加足马力，快速成长的阶段，此时期的胎儿生长迅速，体重增加较快，对能量的需求也达到高峰。在这期间的孕妈妈会出现下肢水肿的现象，有些孕妈妈在临近分娩时心情忧虑紧张，食欲不佳。为了迎接分娩和哺乳，孕晚期孕妈妈的饮食有哪些注意事项呢？请参看本章内容。

孕晚期 饮食须知

◎孕晚期营养的贮存对孕妈妈来说显得尤为重要。健康、合理的饮食，是胎儿健康出生的必要前提。那么，孕晚期饮食应注意什么呢？

1 添加零食和夜餐

孕晚期除正餐外，孕妈妈还要添加零食和夜餐，如：牛奶、饼干、核桃仁、水果等食品，夜餐应选择容易消化的食品。

2 摄入充足的维生素

孕妈妈在孕晚期需要充足的水溶性维生素，尤其是维生素B_1。如果缺乏，则容易引起呕吐、倦怠，并在分娩时子宫收缩乏力，导致产程延缓。

3 忌食过咸、过甜或油腻的食物

过咸的食物可引起或加重水肿；过甜或过于油腻的食物可致肥胖。孕妇食用的菜和汤中一定要少加盐，并且注意限制摄入含盐分较多的食品。

4 忌食刺激性食物

刺激性的食物包括浓茶、咖啡、酒及辛辣调味品等。这些刺激性食物是整个孕期都不宜食用的食物，特别是在怀孕7个月以后。这些刺激性食物易导致大便干燥，会出现或加重痔疮。

5 孕晚期摄入脂肪类食物须注意

进入孕晚期后，孕妈妈不宜多吃动物性脂肪。即使进食肉食，也要多吃瘦肉少吃肥肉。这是因为现在的生畜和家禽大多是用饲料等饲养而成的，而饲料中往往含有一些对孕妈妈和胎儿有害的化学物质，牲畜摄取的这些化学物质最容易集中在动物脂肪中，所以孕妈妈在食用肉类时，应该去掉脂肪和皮，以减少对化学物质的摄入。肥肉为高能量和高脂肪的食物，孕妇摄入过多往往引起肥胖。怀孕后，孕妈妈由于活动量减少，如果一下摄取过多的热量，很容易造成体重在短时间内突然增加太多。孕妈妈过胖还很容易引起妊娠毒血症，因此孕妈妈应少吃高热量、低营养的肥肉，并将每周增加的体重控制在350克左右，以不超过500克为宜。

另外，要注意增加植物油的摄入。此时，胎儿机体和大脑发育速度加快，对脂质及必需脂肪酸的需要增加，必须及时补充。因此，增加烹调所用植物油即豆油、花生油、菜油等的量，既可保证孕中期所需的脂质供给，又能提供丰富的人体必需脂肪酸。

孕妈妈可以吃些核桃仁、花生仁、葵花子仁等油脂含量较高的食物，有助于胎儿的大脑发育。

孕妈妈还可吃些花生仁、核桃仁、葵花子仁、芝麻等油脂含量较高的食物。

6 素食孕妈妈在孕晚期不一定要吃肉

有些女性怀孕前就吃素，而有些女性怀孕后一见到肉就恶心，对于这些孕妈妈，只要选择营养搭配合理、丰富的食品，吃素食完全可行。

不过，孕晚期因为面临生产的需要，孕妈妈对热量的需求旺盛，这时蔬菜素食型和水果素食型食物是不能满足孕晚期孕妈妈和宝宝的营养需要的，这一点一定要引起注意。因为素食所能提供的热量明显要比肉类少。如果热量摄入不足，身体就会分解自身的蛋白质，从而影响孕妈妈自身及宝宝的生长发育。因此，孕晚期素食孕妈妈不一定要吃肉，但一定更要多补充富含较多能量的食物，如牛奶、鸡蛋等。同时，孕妈妈还应注意食物的营养价值，多吃富含维生素、微量元素的新鲜蔬菜、豆类、干果等。

7 孕妈妈不可暴饮暴食

孕期要加强营养，并不是说吃得越多越好。过多地进食反而会导致孕妈妈体重大增，营养过剩，结果对孕妈妈和胎儿都没有好处。因为吃得过多会使孕妈妈体内脂肪蓄积过量，导致组织弹性减弱，分娩时易造成滞产或大出血，并且过于肥胖的孕妈妈有发生妊娠高血压综合征、妊娠合并糖尿病等疾病的可能。

吃得过多也会使胎儿深受其害。一是容易发生难产，胎儿体重越重，难产率越高。二是容易出现巨大胎儿，分娩时使产程延长，易影响胎儿心跳而发生窒息。胎儿出生后，由于胎儿期脂肪细胞的大量增

孕期要加强营养，并不是说要吃得越多越好。

加，易引起终生肥胖。三是围产期胎儿死亡率高。因此，孕妈妈要合理安排饮食，每餐最好只吃七八分饱，并可由三餐改为五餐，实行少吃多餐的进食方式。

8 孕晚期孕妈妈宜少食多餐

孕晚期胎儿的生长发育速度最快，细胞体积迅速增大，大脑增长到达高峰，同时，也是胎儿体内需储存大量营养的时期。这时，孕妈妈的营养摄取非常重要，不然对胎儿的头脑发育影响很大。

然而此时增大的子宫向上顶着胃和膈肌，使孕妈妈胃肠部受到压迫，胃的容量也因此受到限制，按照孕前平时的食量也会使胃部过于饱胀，尤其是在进食后。这就需孕妈妈在饮食方式上做出相应的调整，可采用少食多餐的进食方式。

9 孕晚期孕妈妈宜多吃鱼

随着妊娠时间越来越长，胎儿也即将分娩，抓紧时间做最后的冲刺，为宝宝多补充一点营养是每个家庭的愿望。

专家介绍，鱼体内含有丰富的欧米加-3脂肪酸，这是一种对胎儿脑部发育非常有利的成分，如果孕妈妈可以在孕后期多食用鱼类，尤其是深海鱼类，就可以增加欧米加-3脂肪酸的摄入，促进胎儿脑部的发育，使生出来的宝宝更加聪明健康。

英国的一项调查已经证实孕后期吃鱼对于宝宝的大脑发育有着很好的帮助，此外还可以避免新生儿体重不足。英国研究人员是对英国西南部的1.15万名"孕妈妈"

孕晚期吃鱼更有益于胎儿的发育。

进行了追踪调查后得出以上结论的。他们从孕妈妈怀孕32个星期开始详细纪录她们吃鱼的食用量，结果发现吃鱼越多的孕妈妈，相对于孕期吃鱼少或没吃鱼的孕妈妈，她们的新生儿体重不足的比率更低。

通过专家的介绍，我们知道孕晚期吃鱼更有益于胎儿的发育，所以，为了胎儿的健康，所有的孕妈妈都应该调整饮食结构，将鱼类搬上您家的餐桌。

10 如何辨认污染鱼

前面我们说了孕晚期孕妈妈应多吃鱼，但是现在环境污染严重，一不小心准爸爸就可能买到污染鱼，反而危害到孕妈妈的身体健康。下面我们介绍了一些辨别污染鱼的小技巧，让准爸爸避免买到污染鱼。

看鱼体：污染严重的鱼，鱼体不整齐，头大尾小，皮肤发黄，尾部发青。

看鱼眼：正常的鱼眼部稍微突出，富有弹性，透明且有光泽；污染的鱼眼珠浑浊，失去光泽，有时有明显外凸。

看鱼鳃：腮部是鱼的呼吸器官，相当于人的肺，是大量的毒物积聚之地。正常的鱼腮红且排列整齐；污染的鱼，腮部粗糙且呈暗红色。

闻气味：正常的鱼有明显的腥味；受污染的鱼因污染物的不同可分别呈大蒜味、煤油味、氨味等不正常的气味，含酚量高的鱼鳃还可能被点燃。

11 孕晚期不必大量进补

为了孕妈妈的健康，亲友们总是不忘提醒孕妈妈多进补。不过，孕妈妈补得过火会造成营养过多，同时因活动较少，反而会使分娩不易。

到了孕晚期，由于胎儿的压迫等负担，孕妈妈往往出现高血压、水肿症状，此时如进食大补之品，结果不仅对胎儿和孕妈妈无益，反而会火上加油，加重孕妈妈呕吐、水肿、高血压等现象，也可促使其产生阴道出血、流产、死产或宝宝窘迫等现象。

孕期大量进补，还容易导致孕妈妈过度肥胖和巨大儿的发生，对母子双方健康都不利。如前所述，孕妈妈在怀孕期的体重以增加12千克为正常，不要超过15千克，否则体重超标极易引起妊娠期糖尿病。

所以说，女性孕期加强营养是必要的，但营养应适当，并非多多益善。

12 临产时应吃高能量易消化食物

临产相当于一次重体力劳动，产妇必须有足够的能量供给，才能有良好的子宫收缩力，宫颈口开全才有体力把孩子排出。不好好进食、饮水就会造成脱水引起全身循环血容量不足，当然供给胎盘的血量也会减少，引起胎儿在宫内缺氧。

因此临产时产妇应进食高能量易消化的食物，如牛奶、巧克力糖及自己喜欢的饭菜。如果实在因宫缩太紧，很不舒服不能进食时，也可通过输入葡萄糖、维生素来补充能量。初产妇从有规律性宫缩开始到宫口开全，大约需要12小时。如果您是初产妇，无高危妊娠因素，准备自然分娩，可准备易消化吸收、少渣、可口、味鲜的食物，如面条鸡蛋汤、面条排骨汤、牛奶、酸奶、巧克力等食物，让产妇吃饱吃好，为分娩准备足够的能量。否则吃不好睡不好，紧张焦虑，容易导致产妇疲劳，将可能引起宫缩乏力、难产、产后出血等危险情况。

临产前可以准备一些类似牛奶这样易消化吸收、少渣、可口的食物。

[孕晚期 吃 什么？]

胡萝卜
HU LUO BO

【蔬菜菌菇类】

[别 名] 红萝卜、丁香萝卜

【适用量】每次50~100克。
【热量】37千卡/100克。
【性味归经】性平，味甘、涩。归心、肺、脾、胃经。

【主打营养素】

维生素A、膳食纤维

◎胡萝卜中含有丰富的维生素A，是机体生长的要素，有助于细胞增殖与生长。胡萝卜中还富含膳食纤维，能促进肠道蠕动，可缓解孕晚期孕妈妈便秘带来的痛苦。

◎食疗功效

胡萝卜具有健脾和胃、补肝明目、清热解毒、降低血压、透疹、降气止咳等功效，孕妇食用有益身体健康，同时对于肠胃不适、便秘、夜盲症、性功能低下、麻疹、百日咳、小儿营养不良、高血压等症有食疗作用。胡萝卜还含有降糖物质，是糖尿病人的良好食品。

◎选购保存

要选根粗大、心细小、质地脆嫩、外形完整的胡萝卜。另外，表面光泽、感觉沉重的胡萝卜为佳。宜将胡萝卜加热，放凉后用容器保存，冷藏可保鲜5天，冷冻可保鲜2个月左右。

营养成分表

营养素	含量（每100克）
蛋白质	1.40克
脂肪	0.20克
碳水化合物	10.20克
膳食纤维	1.30克
维生素A	668微克
维生素B_1	0.04毫克
维生素B_2	0.04毫克
维生素C	16毫克
维生素E	未测定
钙	32毫克
铁	0.50毫克
锌	0.14毫克
硒	2.80微克

◎搭配宜忌

胡萝卜+香菜 胡萝卜+绿豆芽		可开胃消食 可排毒瘦身
胡萝卜+白萝卜 胡萝卜+柠檬		会降低营养价值 会破坏维生素C

温馨提示

胡萝卜营养丰富，素有"小人参"之称。长期处于空调环境和城市污染的外部环境中，会直接影响呼吸道黏膜的防御功能，导致身体抵抗力下降。孕妇和产妇都应当多吃胡萝卜，增加维生素A的摄入量，提高自身免疫力。

[孕晚期  什么？]

孕晚期案例 1 胡萝卜玉米排骨汤

原料 玉米250克，胡萝卜100克，排骨100克

调料 盐5克，花生50克，枸杞15克

做法 ①将玉米清洗干净，切段；胡萝卜清洗干净，切块；排骨清洗干净切块；花生、枸杞清洗干净备用。②排骨放入碗中，撒上盐，腌渍片刻。③烧沸半锅水，将玉米、胡萝卜焯水；排骨汆水，捞出沥干水。④砂锅放适量水，烧沸腾后倒入全部原材料，煮沸后转慢火煲2小时，加盐调味即可。

专家点评 这道汤中富含的维生素A是骨骼正常生长发育的必需物质，有助于细胞增殖与生长，是机体生长的要素，对促进胎儿的生长发育具有重要的意义。其中玉米中含的磷，能促进人体生长发育和维持生理功能的需要，对胎儿骨骼的发育也很有好处。排骨中含有的优质蛋白质、钙、铁等营养成分，有助于孕妈妈补血补钙。

胡萝卜不宜切好后再清洗，且切好的胡萝卜也不能久泡于水中。

孕晚期案例 2 胡萝卜豆腐汤

原料 胡萝卜100克，豆腐75克

调料 清汤适量，盐5克，香油3克

做法 ①将胡萝卜去皮清洗干净，切丝；豆腐清洗干净，切丝备用。②净锅上火倒入清汤，下入胡萝卜、豆腐烧开，调入盐煲至熟，淋入香油即可。

专家点评 这道菜黄白相间，不仅能调动孕妈妈的胃口，还能促进钙的吸收。胡萝卜中的胡萝卜素可转变成维生素A，有助于增强机体的免疫力，促进细胞增殖与生长，对促进胎儿的生长发育具有重要意义。胡萝卜中的木质素能提高机体免疫力，间接消灭癌细胞。豆腐是补钙高手且蛋白质含量丰富，而且豆腐蛋白属完全蛋白，不仅含有人体必需的八种氨基酸，而且比例也接近人体需要，营养价值较高。

烹调胡萝卜时，不宜加醋，否则会造成胡萝卜素流失。

[孕晚期 吃 什么？]

茼蒿
TONG HAO

【蔬菜菌菇类】

[别 名] 蓬蒿、菊花菜、艾菜

【适用量】每次40~60克。
【热量】21千卡/100克。
【性味归经】性温，味甘、涩。归肝、肾经。

【主打营养素】

维生素A、叶酸、胡萝卜素
◎茼蒿中含有丰富的维生素A和叶酸，对于孕妈妈来说非常重要，更是胎儿健康发育不可缺少的。茼蒿还含有丰富的胡萝卜素，可对抗人体内的自由基，有降血糖的作用。

◎食疗功效

茼蒿具有平肝补肾、缩小便、宽中理气的作用，对心悸、怔忡、失眠多梦、心烦不安、痰多咳嗽、腹泻、胃脘胀痛、夜尿频多、腹痛寒疝等症有食疗作用。另外茼蒿中富含铁、钙等营养元素，可以帮助身体制造新血液，增强骨骼的坚韧性，这对孕妇预防贫血和腿抽筋有好处。

◎选购保存

茼蒿颜色以水嫩、深绿色为佳；不宜选择叶子发黄、叶尖开始枯萎乃至发黑收缩的茼蒿，茎或切口变成褐色也表明放的时间太久了。保存时宜放入冰箱冷藏。

营养成分表

营养素	含量（每100克）
蛋白质	1.90克
脂肪	0.30克
碳水化合物	3.90克
膳食纤维	1.20克
维生素A	252微克
维生素B_1	0.04毫克
维生素B_2	0.09毫克
维生素C	18毫克
维生素E	0.92毫克
钙	73毫克
铁	2.50毫克
锌	0.35毫克
硒	0.60微克

温馨提示

由于茼蒿的花很像野菊，所以又名菊花菜。茼蒿的茎和叶可以同食，有蒿之清气、菊之甘香。茼蒿中含有多种氨基酸、脂肪、蛋白质及较高量的钠、钾等矿物盐，能调节体内水液代谢，通利小便，消除水肿。

◎搭配宜忌

茼蒿+鸡蛋 ✓	可帮助充分吸收维生素A
茼蒿+粳米	可健脾养胃
茼蒿+醋 ✗	会降低营养价值
茼蒿+胡萝卜	会破坏维生素C

[孕晚期 吃 什么?]

孕晚期案例 1　蒜蓉茼蒿

|原料| 茼蒿400克，大蒜20克

|调料| 盐3克，味精2克

|做法| ① 大蒜去皮洗净，剁成细末；茼蒿去掉黄叶，清洗干净。② 锅中加水，烧沸，将茼蒿稍微焯水，捞出。③ 锅中加油，炒香蒜蓉，下入茼蒿、盐、味精，翻炒均匀即可。

|专家点评| 这道菜清淡爽口，有开胃消食之功。茼蒿中含有特殊香味的挥发油，有助于宽中理气、消食开胃、增加食欲。其丰富的粗纤维有助肠道蠕动，促进排便，通腑利肠的作用。茼蒿含有丰富的维生素、胡萝卜素及多种氨基酸，并且气味芳香，可以养心安神、稳定情绪、降压补脑、防止记忆力减退。孕妇食用这道菜，不仅能补充身体所需的营养物质，还能调节体内水液代谢，通利小便，清除水肿。

|烹饪常识|
茼蒿入沸水中汆烫时，火不宜大。此外，茼蒿中的芳香精油遇热易挥发，这样会减弱茼蒿的健胃作用，所以烹饪时应用旺火快炒。

孕晚期案例 2　素炒茼蒿

|原料| 茼蒿500克

|调料| 蒜蓉10克，盐3克，鸡精1克

|做法| ① 将茼蒿去掉黄叶后清洗干净，切段。② 油锅烧热，放入蒜蓉爆香，倒入茼蒿快速翻炒至熟。③ 最后放入盐和鸡精调味，出锅装盘即可。

|专家点评| 茼蒿中含有丰富的维生素A和叶酸，对于孕妈妈来说非常重要，更是胎儿健康发育不可缺少的。茼蒿还含有一种挥发性的精油，以及胆碱等物质，具有降血压、补脑的作用。同时，茼蒿中富含的粗纤维有助肠道蠕动，促进排便，预防孕妈妈便秘。这道菜中含有多种氨基酸、脂肪、蛋白质、维生素、胡萝卜素、钾等营养成分，能清血养心、润肺化痰，调节体内水液代谢，消除孕期水肿。

|烹饪常识|
茼蒿最好先焯水，焯水后再炒可保持其翠绿的颜色。茼蒿炒制的时间不宜过长，以免影响口感，流失维生素。

[孕晚期 吃什么？]

雪里蕻
XUE LI HONG
【蔬菜菌菇类】

[别 名] 雪菜、春不老

【适用量】每次50克为宜。
【热量】24千卡/100克。
【性味归经】性温，味甘、辛。归肝、胃、肾经。

【主打营养素】
膳食纤维、钙
◎雪里蕻中含有大量的膳食纤维，有宽肠通便的作用，可防治孕妈妈便秘。雪里蕻中还富含钙，钙有强身健体、促进胎儿健康发育的作用，是整个孕期必不可少的营养素。

◎食疗功效

雪里蕻具有解毒消肿、开胃消食、温中利气的功效，对疮痈肿痛、胸隔满闷、咳嗽痰多、牙龈肿烂、便秘等有食疗作用，孕妇食用可缓解水肿。同时，雪里蕻还能增加大脑中氧含量，激发大脑对氧的利用，有提神醒脑、解除疲劳的作用。此外，雪里蕻可以促进伤口愈合，可用来辅助治疗感染性疾病。

◎选购保存

要选择叶子质地脆嫩、纤维较少的新鲜雪里蕻。将雪里蕻用清水清洗干净，削去根部，去掉黄叶后，用保鲜膜封好置于冰箱中可保存1周左右。

◎搭配宜忌

雪里蕻+冬笋	✓	可减肥、延缓衰老
雪里蕻+鸭肉		可滋阴宣肺
雪里蕻+鳖肉	✗	会引发水肿
雪里蕻+鲫鱼		会引起水肿

营养成分表

营养素	含量（每100克）
蛋白质	2克
脂肪	0.40克
碳水化合物	3.10克
膳食纤维	1.60克
维生素A	52微克
维生素B_1	0.03毫克
维生素B_2	0.11毫克
维生素C	31毫克
维生素E	0.74毫克
钙	230毫克
铁	3.20毫克
锌	0.70毫克
硒	0.70微克

温馨提示

孕产妇可以吃新鲜的雪里蕻，但注意要适量，吃太多容易上火。另外雪里蕻常被制成腌制品食用，因在腌制的过程中会产生致癌物质亚硝酸盐，且腌制后含有大量的盐分，所以孕产妇不宜食用。

[孕晚期 吃 什么？]

孕晚期案例 1 雪里蕻花生米

|原料| 新鲜花生米200克，雪里蕻150克，甜红椒25克

|调料| 姜10克，盐1克，鲜汤50毫升，葱花适量，香油少许

|做法| ① 将花生米、雪里蕻、甜红椒、生姜清洗干净，甜红椒切小片，生姜切末。② 锅中加入清水烧沸，放入雪里蕻焯烫一下，捞出，放入有凉水的盆中。再将花生米煮至酥烂时，捞出沥干水。③ 将盆里的雪里蕻捞出，沥干水，切碎。④ 油烧至七成热，放甜红椒片、姜末、雪里蕻末煸出香味，加盐、花生米，加鲜汤烧沸，焖至汤汁收浓，淋香油，撒葱花装盘即可。

|专家点评| 这道菜颜色鲜艳，营养丰富，孕妇食用可消水肿、补气血。雪里蕻含有多种营养成分，可解毒消肿，预防疾病的发生。花生红衣能增强骨髓制造血小板的功能。

烹饪常识
花生米可以不用去皮，直接烹饪，补血效果更佳。

孕晚期案例 2 雪里蕻拌黄豆

|原料| 雪里蕻350克，黄豆100克

|调料| 盐3克，鸡精1克，香油10克

|做法| ① 将雪里蕻清洗干净，切碎；黄豆用冷水浸泡一会儿。② 将雪里蕻放入沸水锅中焯水至熟，装盘；黄豆煮熟，装盘。③ 调入香油、盐和鸡精，将雪里蕻和黄豆搅拌均匀即可。

|专家点评| 这道菜是适合孕妈妈食用的一道好食谱。雪里蕻含有丰富的胡萝卜素、纤维素及维生素C和钙。对胎儿生长发育、维持生理机能有很大帮助。黄豆由于含铁量多，并且易为人体吸收，故对胎儿生长发育及孕妈妈缺铁性贫血极有益。黄豆所含的不饱和脂肪酸有降低胆固醇的作用，而所含皂苷的黄豆纤维质能吸收胆酸，减少体内胆固醇的沉积。

烹饪常识
最好选用豆粒饱满完整、颗粒大、金黄色的黄豆。

[孕晚期 吃 什么？]

丝瓜

SI GUA

【蔬菜菌菇类】

【适用量】每次100克左右。
【热量】20千卡/100克。
【性味归经】性凉，味甘。归肝、胃经。

[别 名] 布瓜、绵瓜、絮瓜

【主打营养素】
维生素C、B族维生素
◎丝瓜中维生素C含量较高，可用于抗坏血病及预防各种维生素C缺乏症。由于丝瓜中B族维生素含量较高，有利于胎儿的大脑发育及孕妈妈的健康。

◎ 食疗功效

丝瓜有清暑凉血、解毒通便、祛风化痰、润肌美容、通经络、行血脉、下乳汁、调理月经不顺等功效，还能用于热病身热烦渴、痰喘咳嗽、肠风痔漏、崩漏带下、血淋、痔疮痈肿、产妇乳汁不下等病症，孕产妇可适量食用。

◎ 选购保存

瓜把质地较硬、没有刮伤或变黑的痕迹的丝瓜为佳。另外，从颜色上看，要选择颜色翠绿的，这样的丝瓜比较嫩，那些黄绿色的是老丝瓜。丝瓜放置在阴凉通风处可保存1周左右。

营养成分表

营养素	含量（每100克）
蛋白质	1克
脂肪	0.20克
碳水化合物	4.20克
膳食纤维	0.60克
维生素A	15微克
维生素B_1	0.02毫克
维生素C	5毫克
钙	14毫克
钙	14毫克
镁	11毫克
铁	0.40毫克
锌	0.21毫克
硒	0.86微克

◎ 搭配宜忌

丝瓜+毛豆 ✓ 可降低胆固醇、增强免疫力
丝瓜+鸡肉 ✓ 可清热利肠

丝瓜+菠菜 ✗ 会引起腹泻
丝瓜+芦荟 ✗ 会引起腹痛、腹泻

温馨提示

人们通常吃丝瓜，多是轻微去皮后，切片清炒，荤素皆可，做出的丝瓜菜肴清香四溢，滑爽利口，可做中餐和晚餐。孕妈妈平时在饮食上注意多吃丝瓜，但要注意不可过量。各种类型妊高症孕妈妈都可以食用。

[孕晚期吃什么？]

孕晚期案例 1　炒丝瓜

原料｜丝瓜300克，甜红椒30克

调料｜盐3克，鸡精2克

做法｜①丝瓜去皮清洗干净，切块；甜红椒去蒂清洗干净，切片备用。②锅置火上，下油烧热，放入丝瓜、甜红椒炒至八成熟，加盐、鸡精调味，炒熟装盘即可。

专家点评｜这道菜有清热利肠、解暑除烦之功效，尤其适合孕妇夏季食用。丝瓜不仅汁水丰富，还含有丰富的营养元素，其中的B族维生素能防止皮肤老化，增白皮肤的维生素C含量最多，能保护皮肤、消除斑块，使皮肤洁白、细嫩。另外，丝瓜所含各类营养在瓜类食物中较高，其中的皂苷类物质、丝瓜苦味质、黏液质等特殊物质具有抗病毒、抗过敏等特殊作用。

烹饪常识

炒丝瓜的烹饪难度不高，但火候要控制好，待丝瓜炒至边缘稍软，加入调料炒匀入味后，要立即出锅，否则丝瓜会炒得过老，还会出水、变软和发黄。

孕晚期案例 2　鸡肉丝瓜汤

原料｜鸡脯肉200克，丝瓜175克

调料｜清汤适量，盐2克

做法｜①将鸡脯肉清洗干净，切片；丝瓜清洗干净，切片备用。②汤锅上火倒入清汤，下入鸡脯肉、丝瓜，调入盐煮至熟即可。

专家点评｜丝瓜含有构成骨骼的钙、维持身体机能的磷，对于调节人体的钙磷比例有很好的帮助，其味道甘甜、口感滑顺，甚至还具有淡化色斑的功效，是不可多得的天然美容剂。同时，丝瓜还有抗病毒、抗过敏的特殊作用，对于提高孕妈妈的抵抗力有显著作用。鸡脯肉中蛋白质含量较高，且易被人体吸收利用，有增强体力、强壮身体的作用，其所含对人体发育有重要作用的磷脂类物质，是我们膳食结构中脂肪和磷脂的重要来源之一。

烹饪常识

丝瓜容易氧化发黑，为了减少发黑要快切快炒，也可以在削皮后，用盐水浸泡，或者用开水焯一下。这道汤烹煮的时间不宜过长。

[孕晚期 吃 什么？]

绿豆芽

LÜ DOU YA

【蔬菜菌菇类】

【适用量】每次约100克。
【热量】18千卡/100克。
【性味归经】性凉，味甘。归胃、三焦经。

[别 名] 豆芽菜、如意菜

【主打营养素】

膳食纤维、B族维生素

◎绿豆芽中含有丰富的膳食纤维，可促进肠胃蠕动，缓解便秘，是患有便秘的孕妈妈的健康蔬菜。此外，绿豆芽还富含B族维生素，其中富含的维生素B_1，可避免产程延长，分娩困难。

◎食疗功效

绿豆芽具有清暑热、通经脉、解诸毒的功效，还可补肾、利尿、消肿、滋阴壮阳、调五脏、美肌肤、利湿热、降血脂、软化血管。适合湿热郁滞、食少体倦、大便秘结、口鼻生疮的孕妈妈食用。

◎选购保存

正常的绿豆芽略呈黄色，不太粗，水分适中，无异味；不正常的颜色发白，豆粒发蓝，芽茎粗壮，水分较多，有化肥的味道。另外，购买绿豆芽时选5～6厘米长的为好。绿豆芽不易保存，建议现买现食。

营养成分表

营养素	含量（每100克）
蛋白质	2.10克
脂肪	0.10克
碳水化合物	2.90克
膳食纤维	0.80克
维生素A	3微克
维生素B_1	0.05毫克
维生素B_2	0.06毫克
维生素C	6毫克
维生素E	0.19毫克
钙	9毫克
铁	0.60毫克
锌	0.35毫克
硒	0.50微克

温馨提示

孕妈妈适量吃绿豆芽可以消除体内的致畸因素，不过挑选绿豆芽的时候要注意，不要买用要药水发起来的绿豆芽。此外，因为绿豆芽膳食纤维较粗，不易消化，且性质偏寒，所以脾胃虚寒的孕产妇慎食。

◎搭配宜忌

绿豆芽+猪肚	可降低胆固醇吸收率
绿豆芽+鸡肉 ✓	可降低心血管疾病发病率
绿豆芽+蛤	可清热解暑、利水消肿
绿豆芽+猪肝 ✗	会降低营养价值

[孕晚期  吃 什么？]

孕晚期案例 1　豆腐皮拌豆芽

原料 豆腐皮300克，绿豆芽200克，甜椒30克

调料 盐4克，味精2克，生抽8克，香油适量

做法 ①将豆腐皮、甜椒清洗干净，切丝；绿豆芽清洗干净，掐头去尾备用。②将备好的材料放入开水中稍烫，捞出，沥干水分，放入容器里。③往容器里加盐、味精、生抽、香油搅拌均匀，装盘即可。

专家点评 这道菜清新爽口，诱人胃口。孕妇多食用绿豆芽可以分解体内的胀气，利于其他营养素的吸收，并有助于胎儿的发育与生长。豆腐皮营养丰富，含有铁、钙、磷、镁等人体必需的多种微量元素，还含有糖类、植物油和丰富的优质蛋白，有增加营养、帮助消化、增进食欲的功能，对牙齿、骨骼的生长发育也颇为有益，可增加血液中铁的含量。

烹饪常识
烹调这道菜时可以加入少许醋，成菜不仅味美，而且口感脆爽。

孕晚期案例 2　豆芽韭菜汤

原料 绿豆芽100克，韭菜30克

调料 盐少许

做法 ①将绿豆芽清洗干净；韭菜清洗干净切段备用。②净锅上火倒入花生油，下入绿豆芽煸炒，倒入水，调入盐煮至熟，撒入韭菜即可。

专家点评 绿豆芽中富含大量的维生素C，可以有效预防坏血病，清除血管壁中的胆固醇和脂肪的堆积，防止心血管病变。另外绿豆芽中还有丰富的维生素B_2，很适合口腔溃疡的人食用，其所含的大量的膳食纤维，可以预防便秘和消化道癌等。韭菜也含有较多的膳食纤维，能促进胃肠蠕动，可有效预防习惯性便秘和肠癌。此外，韭菜对高血压、冠心病、高血脂等有一定食疗功效。将绿豆芽搭配韭菜，是孕妈妈防治便秘的最佳选择。

烹饪常识
烹调时油盐不宜太多，要尽量保持绿豆芽清淡的性味和爽口的特点。

[孕晚期 吃 什么？]

香菇
XIANG GU

【蔬菜菌菇类】

[别 名] 菊花菇、合蕈

【适用量】每次4~8朵。
【热量】19千卡/100克。
【性味归经】性平，味甘。归脾、胃经。

【主打营养素】
嘌呤、胆碱、酪氨酸
◎香菇中含有嘌呤、胆碱、酪氨酸以及某些核酸物质，能起到降血压、降胆固醇的作用，可以预防妊娠高血压、妊娠水肿等疾病，非常适合孕妇食用。

◎食疗功效

香菇具有化痰理气、益胃和中、透疹解毒之功效，对孕妇及食欲不振、身体虚弱、小便失禁、大便秘结、形体肥胖者有食疗功效。此外，香菇的多糖体是最强的免疫剂和调节剂，具有明显的抗癌活性，可以使因患肿瘤而降低的免疫功能得到恢复。

◎选购保存

选购香菇以味香浓，菇肉厚实，菇面平滑，大小均匀，色泽黄褐或黑褐，菇面稍带白霜，菇褶紧实细白，菇柄短而粗壮，干燥，不霉，不碎的为佳。干香菇应放在干燥、低温、避光、密封的环境中储存，新鲜的香菇要放在冰箱里冷藏。

营养成分表

营养素	含量（每100克）
蛋白质	2.20克
脂肪	0.30克
碳水化合物	5.20克
膳食纤维	3.30克
维生素A	未测定
维生素B_1	微量
维生素B_2	0.08毫克
维生素C	1毫克
维生素E	未测定
钙	2毫克
铁	0.30毫克
锌	0.66毫克
硒	2.58微克

◎搭配宜忌

香菇+牛肉 ✓ 可补气养血
香菇+猪肉　　可促进消化

香菇+野鸡 ✗ 会引发痔疮
香菇+鹌鹑　　会面生黑斑

温馨提示

因为香菇里所含成分基本是碳水化合物和含氮化合物，以及少量的无机盐和维生素等，而且香菇是最有益于肠胃的食物之一，所以很适合孕产妇食用。但是患有顽固性皮肤瘙痒症的孕妈妈应忌食香菇。

[孕晚期 吃什么？]

孕晚期案例 1　香菇冬笋煲小鸡

|原料| 小公鸡250克，鲜香菇100克，冬笋65克，油菜8棵

|调料| 盐少许，味精5克，香油2克，葱末、姜末各3克

|做法| ①将小公鸡处理干净，剁块汆水；香菇去根清洗干净；冬笋洗净切片；油菜清洗干净备用。②炒锅上火倒入油，将葱、姜爆香，倒入水，下入鸡肉、香菇、冬笋，调入盐、味精烧沸，放入油菜，淋入香油即可。

|专家点评| 这道汤食材丰富，可滋补养身、清热化痰、利水消肿、润肠通便。其中香菇是一种高蛋白、低脂肪的健康食品，它的蛋白质中含有多种氨基酸，对胎儿大脑发育有益；冬笋质嫩味鲜，清脆爽口，含有蛋白质、维生素、钙、磷等营养成分，有消肿、通便的功效。

烹饪常识

把香菇泡在水里，用筷子轻轻敲打，泥沙就会掉入水中；如果香菇比较干净，则只要用清水冲净即可，这样可以保存香菇的鲜味。

孕晚期案例 2　煎酿香菇

|原料| 香菇200克，肉末300克

|调料| 盐、葱、蚝油、老抽、高汤各适量

|做法| ①香菇清洗干净，去蒂托；葱洗干净，切末；肉末放入碗中，调入盐、葱末拌匀。②将拌匀的肉末酿入香菇中。③平底锅中注油烧热，放入香菇煎至八成熟，调入蚝油、老抽和高汤，煮至入味即可盛出。

|专家点评| 这道菜可开胃消食，增强孕妈妈的免疫力。香菇营养丰富，多吃能强身健体，增加对疾病的抵抗能力，促进胎儿的发育。香菇含有的腺嘌呤，可降低胆固醇、预防心血管疾病和肝硬化。同时，香菇还能促进钙、磷的消化吸收，有助于骨骼和牙齿的发育。

烹饪常识

发好的香菇要放在冰箱里冷藏才不会损失营养。长得特别大的鲜香菇不要吃，因为它们多是用激素催肥的，大量食用可对机体造成不良影响。

[孕晚期 什么？]

鸽肉

GE ROU

【肉禽蛋类】

[别 名] 家鸽肉、白凤

【适用量】每天食用60克左右为宜。
【热量】201千卡/100克。
【性味归经】性平，味咸。归肝、肾经。

【主打营养素】

高蛋白、维生素B₁、铁

◎ 鸽肉是高蛋白食物，能为孕妈妈补充优质蛋白。鸽肉所含的维生素B₁可以避免产期延长，出现分娩困难。同时，鸽肉富含的铁，可补气虚、益精血。

◎ 食疗功效

鸽肉具有补肾、益气、养血之功效。鸽血中富含血红蛋白，能使术后伤口更好地愈合。而女性常食鸽肉，可调补气血、提高性欲。此外，经常食用鸽肉，可使皮肤变得白嫩、细腻。孕妈妈食用鸽肉可补气血，预防产后贫血。

◎ 选购保存

选购时以无鸽痘，皮肤无红色充血痕迹，肌肉有弹性，经指压后凹陷部位立即恢复原位，表皮和肌肉切面有光泽，具有鸽肉固有色泽和气味，无异味者为佳。鸽肉较容易变质，购买后要马上放进冰箱里冷藏。

◎ 搭配宜忌

鸽肉+螃蟹	✓	补肾益气、降低血压、治痛经
鸽肉+黄花菜		会引起痔疮
鸽肉+香菇	✗	会引发痔疮
鸽肉+猪肝		会使皮肤出现色素沉淀

营养成分表

营养素	含量（每100克）
蛋白质	16.50克
脂肪	14.20克
碳水化合物	1.70克
膳食纤维	未测定
维生素A	53微克
维生素B₁	0.06毫克
维生素B₂	0.20毫克
维生素C	未测定
维生素E	0.99毫克
钙	30毫克
铁	3.80毫克
锌	0.82毫克
硒	11.08微克

温馨提示

俗话说"一鸽胜九鸡"，鸽肉营养价值较高，对孕妇非常适合。另外，民间称鸽子为"甜血动物"，贫血的人食用后有助于恢复健康。因此，鸽肉对产后妇女及贫血者也具有大补功能。基于此，可以说鸽肉是孕产妇进补的最佳选择。

[孕晚期 吃 什么？]

孕晚期案例 1　良姜鸽子煲

原料 | 鸽子1只，枸杞20克，姜50克

调料 | 盐少许

做法 | ①鸽子处理干净，斩块汆水；姜清洗干净；枸杞泡开备用。②炒锅上火倒入水，下入鸽子、姜、枸杞，调入盐小火煲至熟即可。

专家点评 | 这是一道很滋补的汤，有滋阴润燥、补气养血的功效。鸽肉不仅味道鲜美，而且营养丰富，其所含蛋白质最丰富，而脂肪含量极低，消化吸收率高达95%以上。与鸡、鱼、牛、羊肉相比，鸽肉所含的维生素A、维生素B_1、维生素B_2、维生素E及造血用的微量元素也很丰富。此外，鸽子骨内含有丰富的软骨素，有改善皮肤细胞活力，增强皮肤弹性，改善血液循环，面色红润等功效。

烹饪常识

鸽子汤的味道非常鲜美，烹调时不必放很多调味料，一点盐就好。

孕晚期案例 2　鸽子银耳胡萝卜汤

原料 | 鸽子1只，水发银耳20克，胡萝卜20克

调料 | 盐3克

做法 | ①将鸽子处理干净，剁块汆水；水发银耳清洗干净撕成小朵；胡萝卜去皮清洗干净；切块备用。②汤锅上火倒入水，下入鸽子、胡萝卜、水发银耳，调入盐煲至熟即可。

专家点评 | 这道汤有滋补润肺、养颜润肤的功效，是孕妈妈的一道营养汤。鸽子富含蛋白质、脂肪、钙、铁、铜以及多种维生素，有非常好的滋补效果；银耳富含天然特性胶质，加上它的滋阴作用，食用可以润肤，并有去除脸部黄褐斑、雀斑的功效。胡萝卜富含碳水化合物、胡萝卜素、B族维生素等营养成分，可治消化不良、咳嗽、眼疾，还可降血糖。

烹饪常识

可用60度的水烫鸽子后煺毛。因为鸽皮很嫩，水温不能太高，否则皮易烫破。

[孕晚期 吃什么？]

鹌鹑蛋

AN CHUN DAN

【肉禽蛋类】

[别 名] 鹑鸟蛋、鹌鹑卵

【适用量】每天食用3~5个为宜。
【热量】160千卡/100克。
【性味归经】性平，味甘。归心、肝、肺、胃、肾经。

【主打营养素】
蛋白质、维生素、铁、锌、脑黄金
◎鹌鹑蛋含有丰富的蛋白质、脑磷脂、卵磷脂、维生素A、维生素B₁、维生素B₂、铁、锌等营养素，可强身健脑，预防缺铁性贫血，还能保证胎儿大脑和视网膜的正常发育。

◎食疗功效

鹌鹑蛋具有强筋壮骨、补气益气、除风湿的功效，为滋补食疗佳品。其对胆怯健忘、头晕目眩、久病或老弱体衰、气血不足、心悸失眠、体倦食少等病症有食疗作用，同时对孕产妇也有很好的食疗作用。鹌鹑蛋所含丰富的卵磷脂和脑磷脂，是高级神经活动不可缺少的营养物质，有健脑的作用。

◎选购保存

一般鹌鹑蛋的外壳为灰白色，上面布满了红褐色和紫褐色的斑纹。优质的鹌鹑蛋色泽鲜艳，壳比较硬，不易碎，放在耳边摇一摇，没有声音，打开后蛋黄呈深黄色，蛋白较黏。放于冰箱保存，可保存半个月。

营养成分表

营养素	含量（每100克）
蛋白质	12.80克
脂肪	11.10克
碳水化合物	2.10克
膳食纤维	未测定
维生素A	337微克
维生素B₁	0.11毫克
维生素B₂	0.49毫克
维生素C	未测定
维生素E	3.08毫克
钙	47毫克
铁	3.20毫克
锌	1.61毫克
硒	25.48微克

◎搭配宜忌

鹌鹑蛋+牛奶 鹌鹑蛋+银耳	✓	可增强免疫力 可强精补肾、提神健脑
鹌鹑蛋+香菇 鹌鹑蛋+黑木耳		会使人面部生黑斑、长痔疮 会使人面部生黑斑、长痔疮

温馨提示

鹌鹑蛋对营养不良，发育不全，身体虚弱，孕妇产前、产妇产后出现的贫血等症状都有很高的滋补作用。所以鹌鹑蛋被人们誉为延年益寿的"灵丹妙药"。但是鹌鹑蛋胆固醇比较高，需要控制量，特别是有妊娠高血压的孕妇。

[孕晚期 吃 什么？]

孕晚期案例 1　蘑菇鹌鹑蛋

原料 鹌鹑蛋10个，蘑菇100克，油菜200克

调料 盐3克，醋少许，生抽10克，水淀粉10克

做法 ①煎锅烧热，将鹌鹑蛋都煎成荷包蛋备用；蘑菇泡发，洗净；油菜洗净，烫熟装盘。②锅内注油烧热，下蘑菇翻炒至熟后，捞出摆在油菜上，再摆上鹌鹑蛋。③锅中加少许高汤烧沸，加入盐、醋、生抽调味，用水淀粉勾芡，淋于盘中即可。

专家点评 这道菜可促进胎儿发育。鹌鹑蛋中所含的蛋白质、维生素B_1、维生素B_2、卵磷脂、铁等营养成分都比鸡蛋高，还含有丰富的矿物质和维生素，不仅能促进身体发育，还有健脑的作用。蘑菇中含有人体难以消化的粗纤维、半粗纤维和木质素，可保持肠内水分平衡，还可吸收余下的胆固醇、糖分，将其排出体外，对预防便秘十分有利。

烹饪常识
用小火来煎鹌鹑蛋，这样煎出来的鹌鹑蛋色泽会更好。

孕晚期案例 2　鱼香鹌鹑蛋

原料 黄瓜、鹌鹑蛋各适量

调料 盐、胡椒粉、红油、料酒、生抽、水淀粉各适量

做法 ①将黄瓜清洗干净切块；鹌鹑蛋煮熟，去壳放入碗内，放入黄瓜，调入生抽和盐，入锅蒸约10分钟后取出。②炒锅置火上，加料酒烧开，加盐、红油、胡椒粉，勾薄芡后淋入碗中即可。

专家点评 鹌鹑蛋的营养价值很高，含有丰富的蛋白质、脑磷脂、卵磷脂、赖氨酸、胱氨酸、维生素A、维生素B_2、维生素B_1、铁、磷、钙等营养物质，可补气益血、强筋壮骨。黄瓜肉质脆嫩，含有蛋白质、脂肪、维生素、纤维素以及钙、磷、铁、钾等丰富的营养。尤其是黄瓜中含有的细纤维素，可以降低血液中胆固醇、甘油三酯的含量，促进肠道蠕动，加速废物排泄，改善人体新陈代谢。

烹饪常识
黄瓜块要切小一点，与鹌鹑蛋大小相近最好。

[孕晚期 吃什么？]

鲤鱼
LI YU
【水产类】

[别 名] 白鲤、黄鲤、赤鲤

【适用量】每次80克。
【热量】109千卡/100克。
【性味归经】性平，味甘。入脾、肾、肺经。

【主打营养素】
镁、蛋白质
◎鲤鱼中富含的微量元素镁，可促进胰岛素的分泌，从而降低血糖，可预防妊娠高血压。鲤鱼中富含的蛋白质易为人体吸收，可增加蛋白质的摄入，以防止产后出血，增加泌乳量。

◎食疗功效

鲤鱼具有健胃、滋补、催乳、利水之功效，非常适合孕产妇食用。同时男性吃雄性鲤鱼，有健脾益肾、止咳平喘之功效。此外，鲤鱼眼睛有黑发、悦颜、明目的功效。鲤鱼的脂肪主要是不饱和脂肪酸，有促进大脑发育的作用，还能很好地降低胆固醇。

◎选购保存

正常的鲤鱼体呈纺锤形、青黄色，最好的鲤鱼游在水的下层，呼吸时鳃盖起伏均匀。在鲤鱼的鼻孔滴一两滴白酒，然后把鱼放在通气的篮子里，上面盖一层湿布，在两三天内鱼不会死去。

营养成分表

营养素	含量（每100克）
蛋白质	17.60克
脂肪	4.10克
维生素A	25微克
维生素B_1	0.03克
维生素B_2	0.09毫克
维生素E	1.27毫克
钙	50毫克
磷	204毫克
镁	33毫克
铁	1毫克
锌	2.08毫克
硒	15.38微克
铜	0.06毫克

温馨提示

鲤鱼因其肉嫩刺少、味鲜，颇受人们的喜爱，素有"家鱼之首"的美称。鲤鱼的营养价值很高，其蛋白质的利用率高达98%，可提供人体必需的氨基酸。鲤鱼是公认的孕产妇滋补身体的佳品，对水肿、胎动有食疗作用，还可以通乳。

◎搭配宜忌

鲤鱼+白菜	可治水肿
鲤鱼+黑豆	可利水消肿
鲤鱼+甘草	易引起中毒
鲤鱼+大枣	会引起腰腹疼痛

[孕晚期 吃 什么？]

孕晚期案例 1　糖醋全鲤

原料 鲤鱼1条，白糖200克，醋150克

调料 料酒10克，盐5克，番茄汁15克

做法 ①将鲤鱼处理干净，改花刀，入锅炸熟捞出。②锅内留油，加入水，放入白糖、醋、番茄汁、盐、料酒，再猛火熬成汁。③把鲤鱼放入锅中，待汁熬浓，再放少许清油，出锅即可。

专家点评 鲤鱼富含易为人体吸收的优质蛋白质，以及钙、磷、铁和B族维生素。鱼肉的脂肪主要是不饱和脂肪酸，有促进大脑发育的作用。这道菜色泽红润，鱼肉细嫩，咸香鲜美，具有补气益脾的滋补功效，可为孕妈妈提供大量的营养物质，保持身体健康，也利于胎儿大脑发育，是孕晚期的一道好食谱。

烹饪常识

炒糖醋汁的时候要用小火，否则颜色会太深。焖时要旺火开锅，后调至中小火，并用勺将汁向鱼身上撩，以使其入味均匀，并不时晃动铁锅，防止鱼粘锅。

孕晚期案例 2　清炖鲤鱼汤

原料 鲤鱼1条（约450克）

调料 盐少许，胡椒粉2克，葱段、姜片各5克，醋少许，香菜末3克

做法 ①将鲤鱼处理干净，一分为二备用。②净锅上火倒入色拉油，将葱、姜爆香，调入盐、醋、水烧沸，下入鲤鱼煲至熟，再调入胡椒粉，撒入香菜即可。

专家点评 这道汤有补脾益胃、利水消肿的作用，最适宜孕晚期食用。鲤鱼的营养价值很高，含有极为丰富的蛋白质，而且容易被人体吸收，利用率高达98%，可供给人体必需的氨基酸。鲤鱼除了有益气健脾的功效外，还能通脉下乳，可防治水肿、乳汁不通、胎气不长等症。同时，鲤鱼所含的氨基乙磺酸还具有维持正常血压，预防高血压的作用。

烹饪常识

加工鲤鱼时，万一不小心弄破了苦胆，可快速在有苦胆的地方放上小苏打，或者撒点酒，然后用清水清洗干净，就可去除苦味。

[孕晚期 吃 什么？]

鲈鱼

LU YU

【水产类】

[别 名] 鲈花、鲈板、四腮鱼

【适用量】每次食用100克为宜。

【热量】105千卡/100克。

【性味归经】性平、淡，味甘。入肝、脾、肾三经。

【主打营养素】
蛋白质、钙、铁、锌
◎鲈鱼肉质细嫩，含有丰富的蛋白质、钙、铁、锌，易为人体吸收，对骨骼组织有益，是孕妈妈和胎儿补充钙、铁、锌的好食材，其中锌可以预防胎儿畸形，钙可以预防佝偻病。

◎食疗功效

鲈鱼具有健脾益肾、补气安胎、健身补血等功效，对慢性肠炎、慢性肾炎、习惯性流产、胎动不安、妊娠期水肿、产后乳汁缺乏、手术后伤口难愈合等有食疗作用。鲈鱼中丰富的蛋白质等营养成分，对儿童和中老年人的骨骼组织也有益。

◎选购保存

鲈鱼颜色以鱼身偏青色、鱼鳞有光泽、透亮的为好；翻开鳃呈鲜红者、表皮及鱼鳞无脱落的才是新鲜的鲈鱼。鱼眼要清澈透明不混浊，无损伤痕迹。如果一次吃不完，可以去除内脏、清洗干净，擦干水分，用保鲜膜包好，放入冰箱冷冻保存。

营养成分表

营养素	含量（每100克）
蛋白质	18.60克
脂肪	3.40克
维生素A	19微克
维生素B_1	0.03毫克
维生素B_2	0.17毫克
维生素E	0.75毫克
钙	138毫克
磷	242毫克
镁	37毫克
铁	2毫克
锌	2.83毫克
硒	33.06微克
铜	0.05毫克

◎搭配宜忌

鲈鱼+南瓜 ✓ 可预防感冒
鲈鱼+姜 可补虚养身、健脾开胃

鲈鱼+奶酪 ✗ 会影响钙的吸收
鲈鱼+蛤蜊 会导致铜、铁的流失

温馨提示

鲈鱼没有腥味，肉为蒜瓣形，最宜清蒸、红烧或炖汤。鲈鱼适宜贫血头晕、妇女妊娠水肿、胎动不安以及少乳者食用。孕妈妈和产妇吃鲈鱼既补身又不会造成营养过剩而导致肥胖，是健身补血、健脾益气和安胎的佳品。

[孕晚期 **吃** 什么？]

孕晚期案例 1　五爪龙鲈鱼汤

原料 ▍鲈鱼400克，五爪龙100克

调料 ▍盐适量，胡椒粉3克，香菜段2克

做法 ▍①将鲈鱼处理干净备用；五爪龙清洗干净，切碎。②炒锅上火倒油烧热，下入鲈鱼、五爪龙煸炒2分钟，倒入水，煲至汤呈白色，调入盐、胡椒粉，撒入香菜即可。

专家点评 ▍这道汤适用于头晕目眩、耳鸣、腰下酸或下肢水肿的孕妈妈。鲈鱼富含蛋白质、维生素A、B族维生素、钙、镁、锌、硒等营养元素，有补肝肾、益脾胃、化痰止咳之效，对肝肾不足的孕妈妈有很好的补益作用。鲈鱼还可防治胎动不安、少乳等症。孕妈妈食用这道汤既能补身，又不会造成营养过剩，是健身补血、健脾益气的佳品。

烹饪常识

鲈鱼的表皮有一层黏液非常滑，所以切起来不太容易，若在切鱼时，将手放在盐水中浸泡一会儿，切起来就不会打滑了。

孕晚期案例 2　鲈鱼西蓝花粥

原料 ▍大米80克，鲈鱼50克，西蓝花20克

调料 ▍盐3克，味精2克，葱花、姜末、黄酒、枸杞、香油各适量

做法 ▍①大米清洗干净；鲈鱼处理干净，切块，用黄酒腌渍；西蓝花清洗干净，掰成块。②锅置火上，注入清水，放入大米煮至五成熟。③放入鱼肉、西蓝花、姜末、枸杞煮至米粒开花，加盐、味精、香油调匀，撒上葱花即可。

专家点评 ▍西蓝花富含蛋白质、脂肪、碳水化合物、食物纤维、维生素以及矿物质，其中维生素C含量较高。鲈鱼是促进胎儿大脑及身体发育的首选食物之一，它是优质蛋白质、钙和锌的极佳来源，特别是含有大量的不饱和脂肪酸，对胎儿大脑和眼睛的正常发育尤为重要。

烹饪常识

鲈鱼肉质细，纤维短，极易破碎，切鱼时应将鱼皮朝下，刀口斜入，最好顺着鱼刺，切起来更干净利落。

[孕晚期 吃 什么？]

福寿鱼
FU SHOU YU
【水产类】

[别名] 罗非鱼、非洲鲫鱼

【适用量】每次约100克。
【热量】98千卡/100克。
【性味归经】性平，味甘。归肾经。

【主打营养素】
蛋白质、维生素、矿物质
◎福寿鱼肉质鲜美，含有丰富的蛋白质，以及B族维生素、维生素E及钙、铁、锌等矿物质，能补充孕妈妈及胎儿所需营养，有增强免疫力，促进胎儿发育的作用。

◎食疗功效

福寿鱼可补阴血、通血脉、补体虚，还有益气健脾、利水消肿、清热解毒、通达经络、治疗病痛之功效，非常适合孕妇食用。福寿鱼肉中富含的蛋白质，易于被人体吸收，氨基酸含量也很高，所以对促进智力发育、降低胆固醇和血液黏稠度、预防心脑血管疾病具有明显的作用。

◎选购保存

选购福寿鱼时挑选500克左右的鱼为佳，过大的福寿鱼肉质较粗，泥腥味也重，味道也不够鲜美。福寿鱼不易保存，宰杀后宜尽快食用。

营养成分表

营养素	含量（每100克）
蛋白质	18.40克
脂肪	1.50克
维生素A	未检出
维生素B₁	0.11毫克
维生素B₂	0.17毫克
维生素E	1.91毫克
钙	12毫克
磷	161毫克
镁	36毫克
铁	0.90毫克
锌	0.87毫克
硒	22.60微克
铜	0.05毫克

温馨提示

福寿鱼已成为世界性的主要养殖鱼类。其肉味鲜美，肉质细嫩，无论是红烧还是清烹，味道俱佳。福寿鱼含有多种营养素，因其有补阴血、补体虚、利水消肿、通乳生乳的作用，所以孕产妇都可以食用。

◎搭配宜忌

福寿鱼+西红柿	可增加营养
福寿鱼+豆腐 ✓	有益补钙
福寿鱼+鸡肉	降低营养价值
福寿鱼+干枣 ✗	会引起腰腹作痛

[孕晚期 吃 什么？]

孕晚期案例 1　清蒸福寿鱼

原料｜福寿鱼1条（约500克）

调料｜盐2克，姜片5克，葱15克，生抽10克，香油5克

做法｜①福寿鱼去鳞和内脏，清洗干净，在背上划花刀；洗洗净，葱白切段，葱叶切丝。②将鱼装入盘内，加入姜片、葱白段、盐，放入锅中蒸熟。③取出蒸熟的鱼，淋上生抽、香油，撒上葱丝即可。

专家点评｜这道清蒸鱼鱼肉软嫩，鲜香味美，可为孕妈妈养身，提高抵抗力。福寿鱼肉中富含的蛋白质，易于被人体吸收，氨基酸含量也很高，所以对促进智力发育、降低胆固醇和血液黏稠度、预防心脑血管疾病具有明显的作用。福寿鱼还有利于心血管功能，促进血液循环。

烹饪常识

将鱼泡入冷水内，加入两汤匙醋，过两个小时后再去鳞，则很容易刮净。蒸鱼时不可蒸太久，否则鱼肉会过老，口感不好，最多只能蒸8分钟。

孕晚期案例 2　番茄酱福寿鱼

原料｜福寿鱼1条（约500克）

调料｜葱段、姜片、蒜片、白糖、醋、盐、料酒、番茄酱、淀粉、水淀粉各适量

做法｜①将福寿鱼处理干净，在鱼身两边切花刀，用盐、料酒腌渍。②鱼身抹上淀粉，下油锅炸至金黄，捞出沥油。③锅底留油，放葱段、姜片、蒜片爆香，捞出葱姜蒜，加白糖、料酒、番茄酱及适量清水焖煮，沸腾后，用水淀粉勾芡，将炸好的福寿鱼放进锅里拌匀，淋入醋，出锅装盘。

专家点评｜这道菜酸甜鲜美，味道诱人。福寿鱼营养价值很高，是鱼类食品中不可多得的低钠食物。福寿鱼可补阴血、通血脉；同时，它富含的钙和锌，是胎儿骨骼和大脑发育的必需营养素。

烹饪常识

如果鱼比较脏，可用淘米水擦洗，不但可以清洗干净鱼，而且手也不至于太腥。炸好的鱼要回锅焖煮一下，要不时将汤汁淋在鱼身上，使其更容易入味。

[孕晚期 吃 什么？]

武昌鱼
WU CHANG YU
【水产类】

[别 名] 团头鲂、鳊鱼

【适用量】每次40克。
【热量】135千卡/100克。
【性味归经】性温，味甘。归脾、胃经。

【主打营养素】
不饱和脂肪酸、钙
◎武昌鱼中含有丰富的不饱和脂肪酸和钙元素，高钙可抵抗钠的有害作用，对降低血压、促进血液循环大有益处，是预防妊娠高血压的良好食物。

◎食疗功效

武昌鱼有调治脾胃的功效，有开胃健脾、增进食欲的作用。同时，武昌鱼的营养成分易于人体吸收。另外，武昌鱼含高蛋白、低胆固醇，经常食用可预防贫血症、低血糖、高血压和动脉硬化等疾病，孕妇食用可预防妊娠高血压。

◎选购保存

新鲜武昌鱼的眼球饱满凸出，角膜透明清亮，肌肉坚实富有弹性，鳃丝清晰呈鲜红色，黏液透明，鳞片有光泽且与鱼体贴附紧密，不易脱落。购买后宜将武昌鱼清洗干净擦干，放入冰箱冷藏保存，1~2天内需食用完。

营养成分表

营养素	含量（每100克）
蛋白质	18.30克
脂肪	6.30克
维生素A	28微克
维生素B_1	0.02毫克
维生素B_2	0.07毫克
维生素E	0.52毫克
钙	89毫克
磷	188毫克
镁	17毫克
铁	0.70毫克
锌	0.89毫克
硒	11.59微克
铜	0.07毫克

◎搭配宜忌

武昌鱼+香菇	促进钙的吸收，降低血压
武昌鱼+豆腐 ✓	降压降脂、益胃健脾
武昌鱼+大蒜	开胃消食、杀菌、降压
武昌鱼+生菜 ✗	易中毒

温馨提示

武昌鱼因毛主席的诗句"才饮长沙水，又食武昌鱼"而闻名中外。武昌鱼是一种高蛋白、低脂肪、营养丰富的优质食品，它含人体所需的多种氨基酸、维生素和微量元素，是孕妈妈的健康食物。

[孕晚期 吃 什么？]

孕晚期案例 1　清蒸武昌鱼

|原料| 武昌鱼500克

|调料| 盐、胡椒粉、料酒、生抽、香油各少许，姜丝、葱丝、甜红椒各10克

|做法| ①武昌鱼处理干净；甜红椒清洗干净，切丝。②武昌鱼放入盘中，抹上胡椒粉、料酒、盐腌渍约5分钟。③将鱼放入蒸锅，撒上姜丝，蒸至熟后取出，撒上葱丝、甜红椒丝，淋上香油，用生抽、香油调成的味汁小碟即可。

|专家点评| 这道菜鱼肉鲜美，汤汁清澈，原汁原味，淡爽鲜香。孕妈妈食用此菜容易消化吸收，能给孕妈妈补充蛋白质、铁、各种维生素以及矿物质，有助于胎儿生长发育。武昌鱼富含水分、蛋白质、脂肪、碳水化合物、钙、磷、铁、维生素E等人体所需营养成分，能预防贫血症、低血糖、高血压和动脉血管硬化等疾病。

烹饪常识

为了使鱼更入味，可在鱼身上打上花刀。

孕晚期案例 2　开屏武昌鱼

|原料| 武昌鱼1条，甜红椒1个

|调料| 盐3克，生抽5克，葱20克

|做法| ①武昌鱼宰杀，去内脏、鳞后清洗干净，葱、甜红椒清洗干净，切丝。②将武昌鱼切成连刀片，用盐腌渍10分钟。③入蒸锅蒸8分钟，取出撒上葱丝、甜椒丝，浇上热油即可。

|专家点评| 这道菜鱼肉细嫩，味道鲜美。武昌鱼肉的纤维短、柔软，孕妈妈食用易消化。它之所以味道鲜美，也是因为含有多种氨基酸。其中还有一种叫牛磺酸的氨基酸，对调节血压、减少血脂、防止动脉硬化、增强视力都有作用。武昌鱼还有调治脾胃的功效，有开胃健脾、增进食欲的作用。同时，武昌鱼的营养成分易于人体吸收。

烹饪常识

宰杀武昌鱼时，一定要从口中取出内脏，才能保持鱼形完整。

[孕晚期 吃 什么？]

蛤蜊
GE LI
【水产类】

[别　名] 海蛤、文蛤、沙蛤

【适用量】每次5个左右。
【热量】62千卡/100克。
【性味归经】性寒，味咸。归肝、胃经。

【主打营养素】
硒、钙

◎ 蛤蜊中含有丰富的硒，硒具有类似胰岛素的作用，可以促进葡萄糖的运转，以降低血糖。蛤蜊中还含有较为丰富的钙，可促进胎儿骨骼和牙齿发育，预防孕妈妈脚抽筋。

◎食疗功效

蛤蜊有滋阴、软坚、化痰的作用，可滋阴润燥，能用于五脏阴虚消渴、纳汗、干咳、失眠、目干等病症的调理和治疗，对淋巴结肿大、甲状腺肿大也有较好的食疗功效。蛤蜊含蛋白质多而含脂肪少，适合孕妇、血脂偏高或高胆固醇血症者食用。

◎选购保存

如果蛤蜊是养在流动的水中，就找闭嘴的，如果是在静水里养着，就找张嘴的，碰一下会自己合上的，表示还活着可以用清水养一天再烹饪。可以等它吐完泥，保存在冰箱里，这样可以放一段时间；夏天最好不好超过一天，冬天放的时间比较久。

营养成分表

营养素	含量（每100克）
蛋白质	10.10克
脂肪	1.10克
维生素A	21微克
维生素B₁	0.01毫克
维生素B₂	0.13毫克
维生素E	2.41毫克
钙	133毫克
磷	128毫克
镁	78毫克
铁	10.90毫克
锌	2.38毫克
硒	54.31微克
铜	0.11毫克

◎搭配宜忌

蛤蜊+豆腐	✓	可补气养血、美容养颜
蛤蜊+绿豆芽		可清热解暑、利水消肿
蛤蜊+大豆	✗	会破坏维生素B₁
蛤蜊+柑橘		会引起中毒

温馨提示

蛤蜊具有滋阴、利水、化痰的功效，可以生津，对孕妇水肿、口渴、痔疮有食疗功效，也是患有糖尿病的孕妇的一个辅助治疗食物。由于蛤蜊性寒，孕妇不要过量食用，特别是脾胃虚寒的孕妇，应少食或忌食。

[孕晚期 吃 什么？]

孕晚期案例 1　蛤蜊拌菠菜

|原料| 菠菜400克，蛤蜊200克

|调料| 料酒15克，盐4克，鸡精1克

|做法| ①将菠菜清洗干净，切成长度相等的段，焯水，沥干装盘待用。②蛤蜊处理干净，加盐和料酒腌渍，入油锅中翻炒至熟，加盐和鸡精调味，起锅倒在菠菜上即可。

|专家点评| 这道菜清香爽口，营养丰富。蛤蜊味道鲜美，它的营养特点是高蛋白、高微量元素、高铁、高钙、少脂肪。蛤蜊里的牛磺酸，可以帮助胆汁合成，有助于胆固醇代谢，能抗痉挛、抑制焦虑。菠菜中含有丰富的胡萝卜素、维生素C、钙、磷及一定量的铁、维生素E等有益成分，能供给孕妈妈多种营养物质；其所含的铁质，对缺铁性贫血有较好的辅助治疗作用。

烹饪常识

蛤蜊最好提前一天用水浸泡才能吐干净泥土。

孕晚期案例 2　冬瓜蛤蜊汤

|原料| 蛤蜊250克，冬瓜50克

|调料| 盐5克，胡椒粉2克，料酒5克，香油少许，姜片10克

|做法| ①将冬瓜清洗干净，去皮，切丁。②将蛤蜊清洗干净，用淡盐水浸泡1小时，捞出沥水备用。③放入蛤蜊、姜片及胡椒粉、料酒、香油，大火煮至蛤蜊开壳后关火，捞出泡沫即可。

|专家点评| 蛤蜊被很多营养专家推荐为极具营养价值的孕妇食物，理由是蛤蜊中含有丰富的钙、铁、锌元素，可以减轻孕妈妈的腿抽筋、贫血等孕期不良反应，而且也可以为胎儿供给优质的营养。同时，因冬瓜利尿，且含钠极少，所以也是孕妈妈消除水肿的佳品。冬瓜也含有多种维生素和人体所必需的微量元素，可调节人体的代谢平衡，为胎儿补充所需的营养。

烹饪常识

蛤蜊本身极富鲜味，烹制时不要再加味精，也不宜多放盐，以免失去鲜味。

[孕晚期 吃 什么？]

干贝

GAN BEI

【水产类】

[别 名] 江瑶柱、角带子、江珧柱

【适用量】每次30克左右为宜。

【热量】264千卡/100克。

【性味归经】性平，味甘、咸。归脾经。

【主打营养素】

蛋白质、碳水化合物、钙、铁、锌、钾

◎干贝富含蛋白质、碳水化合物、钙、铁、锌多种营养素，有增强免疫力，强身健体，满足胎儿健康发育以及维持身体热量的需求。此外，干贝中含有的钾还有降低胆固醇的作用。

◎ 食疗功效

干贝具有滋阴、补肾、调中、下气、利五脏之功效，能辅助治疗头晕目眩、咽干口渴、虚劳咯血、脾胃虚弱等症，常食有助于降血压、降胆固醇、补益健身。适合脾胃虚弱、气血不足、营养不良、久病体虚、五脏亏损、脾肾阳虚、高脂血症、动脉硬化、冠心病、食欲不振、消化不良者及孕妇等人食用。

◎ 选购保存

品质好的干贝干燥，颗粒完整、大小均匀、色淡黄而略有光泽。将干贝置于透光干净的容器，拧紧盖子放置在阴凉通风干燥处即可，或者用保鲜袋装好，放在冰箱冷冻柜里。

营养成分表

营养素	含量（每100克）
蛋白质	55.60克
脂肪	2.40克
碳水化合物	5.10克
维生素A	11微克
维生素B_1	微量
维生素B_2	0.21毫克
维生素E	1.53毫克
钙	77毫克
镁	106毫克
铁	5.60毫克
锌	5.05毫克
硒	76.35微克
铜	0.01毫克

◎ 搭配宜忌

干贝+瓠瓜　滋阴润燥、降压降脂
干贝+海带　✓ 清热滋阴、软坚散结、降糖降压
干贝+瘦肉　滋阴补肾
干贝+香肠　✗ 生成有害物质

温馨提示

干贝是与鲍鱼、海参媲美的优质食材。因其有补益健身之效，所以产妇也宜食用。但是，过量食用干贝会影响肠胃的运动消化功能，导致食物积滞，难以消化吸收。因此，不建议孕妈妈及产后准妈妈大量食用。

[孕晚期 吃 什么？]

孕晚期案例 1　鲍鱼老鸡干贝煲

原料 老鸡250克，水发干贝75克，鲍鱼1只

调料 花生油20克，盐3克，味精2克，葱花5克，香油4克

做法 ①将水发干贝清洗干净；鲍鱼清洗干净，改刀，入水氽透待用；鸡清洗干净，斩块，氽水。②净锅上火倒入花生油，将葱炝香，加入水，调入盐、味精，放入鸡肉、鲍鱼、干贝，小火煲至熟，淋入香油即可。

专家点评 这道汤营养非常丰富，可为孕妈妈滋补身体，补钙补锌，预防妊娠高血压综合征。干贝富含蛋白质、碳水化合物、维生素B_1和钙、磷、铁等多种营养成分，蛋白质含量高达61.8%，为鸡肉、牛肉、虾的3倍，矿物质的含量远在鱼翅、燕窝之上。常食干贝有助于降血压、降胆固醇、补益健身。

> **烹饪常识**
> 干贝烹调前应用温水浸泡。应选用呈米黄色或浅棕色，质地新鲜有光泽，椭圆形，身体完整，肉厚饱满的鲍鱼。

孕晚期案例 2　干贝蒸水蛋

原料 鲜鸡蛋3个，湿干贝、葱花各10克

调料 盐2克，白糖1克，淀粉5克，香油适量

做法 ①鸡蛋在碗里打散，加入湿干贝和盐、白糖、淀粉搅匀。②将鸡蛋放在锅里隔水蒸12分钟，至鸡蛋凝结。③将蒸好的鸡蛋洒上葱花，淋上香油即可。

专家点评 这道水蛋熟而不起泡，润滑鲜嫩。干贝含有蛋白质，多种维生素及钙、磷等矿物质，滋味鲜美，营养价值高，具有补虚的功能。鸡蛋中不仅含有丰富的蛋白质、脂肪、维生素和铁、钙、钾等人体所需要的矿物质，还富含DHA和卵磷脂、卵黄素，对胎儿神经系统和身体发育有利，还能帮孕妈妈改善记忆力，并促进肝细胞再生。

> **烹饪常识**
> 蒸的时间根据蛋液的容量自行掌握，不宜时间过久。可以用筷子插入碗正中看不到液体就代表熟了。

[孕晚期 吃 什么？]

李子
LI ZI
【水果类】

[别 名] 嘉庆子、李实、嘉应子

【适用量】每日3个为宜。
【热量】36千卡/100克。
【性味归经】性凉，味甘、酸。归肝、肾经。

【主打营养素】
维生素B_1、维生素B_2、钙
◎李子富含维生素B_1、维生素B_2、钙等成分，这些成分都参与着体内糖分的代谢，所含的钙，不仅能保证骨骼健康，还能有效预防妊娠高血压。

◎食疗功效

李子具有清热生津、泻肝涤热、活血解毒、利水消肿的功效。适用于胃阴不足、口渴咽干、大腹水肿、小便不利及孕妇水肿等症，还可用于内伤痨热、肝病腹水等病症。饭后吃李子，能增加胃酸，帮助消化；在暑热时吃李子，有生津止渴、去热解暑的功效。

◎选购保存

要选择颜色均匀、果粒完整、无虫蛀的果实。成熟的李子果肉软化，酸度降低；成熟度不足的李子，果肉较爽脆，但酸度较高。可放入冰箱中冷藏一周。

营养成分表

营养素	含量（每100克）
蛋白质	0.70克
脂肪	0.20克
碳水化合物	8.70克
膳食纤维	0.90克
维生素A	25微克
维生素B_1	0.03毫克
维生素B_2	0.02毫克
维生素C	5毫克
维生素E	0.74毫克
钙	8毫克
铁	0.60毫克
锌	0.14毫克
硒	0.23微克

◎搭配宜忌

李子+香蕉 可美容养颜
李子+绿茶 可清热利尿、降糖降压

李子+鸡肉 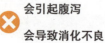 会引起腹泻
李子+青鱼 会导致消化不良

温馨提示

李子适合一般人群食用，也包括孕妇。但一定要适量，脾胃虚弱的孕妈妈则应该少吃为妙。孕妈妈吃些李子可以促进消化、预防孕期便秘、增强食欲，有利于孕期营养的补充。同时，李子含有多种抗氧化物，对脸生黑斑有良效。

[孕晚期 什么？]

孕晚期案例1 李子蛋蜜汁

原料 李子2个，蛋黄1个，牛奶240毫升

调料 蜂蜜1大匙

做法 ①李子清洗干净，去核，切大丁。②将李子丁、蛋黄、牛奶一同放入搅拌机内，搅打2分钟即可。

专家点评 这款饮品酸酸甜甜，很符合孕妇的口味。李子能促进胃酸和胃消化酶的分泌，有增加肠胃蠕动的作用。孕妈妈吃些李子可以促进消化、预防孕期便秘、增强食欲，有利于孕期营养的补充。同时，李子有很好的美容养颜功效，孕妈妈吃李子可以预防孕期皮肤变差，同时对胎儿皮肤发育也有好处。此外，李子还有促进血红蛋白再生的作用，贫血者也可以食用。将李子与富含"脑黄金"的蛋黄、富含蛋白质、钙、铁的牛奶一同制作饮品，营养更均衡。

不要选用未熟透的李子。蜂蜜的使用量，可以根据个人的喜好来决定。

孕晚期案例2 李子牛奶饮

原料 李子6个，牛奶1瓶

调料 蜂蜜少许

做法 ①李子清洗干净，去核取肉。②将李子肉、牛奶放入搅拌机中。③加入蜂蜜后一起搅拌均匀即可。

专家点评 这款果汁有润肠助消化的作用，因为李子含有大量纤维，不增加肠胃消化负担，还能帮助排毒，而且富含钾、铁、钙、维生素A、B族维生素，是矿物质的宝库，还有预防贫血、消除疲劳的作用。同时，还能促进胃酸和胃消化酶的分泌，有增加肠胃蠕动的作用。孕妈妈吃些李子可以促进消化、预防孕期便秘。另外，加入营养丰富的牛奶后，又添加了钙质和优质蛋白，给胎儿提供的营养就更全面了，有助于胎儿的骨骼发展，可预防新生儿佝偻病。

在果汁中加入少许柠檬汁，此饮品味道更佳。

[孕晚期 吃 什么？]

桑葚

SANG SHEN

【水果类】

[别 名] 桑粒、桑果

【适用量】每天50克。
【热量】95千卡/100克。
【性味归经】性寒、味甘。归心、肝、肾经。

【主打营养素】
铁、维生素C、多种矿物质
◎桑葚含有丰富的铁、维生素C、矿物质，这些成分可降低血糖、血压、血脂，预防高血压、高脂血症、缺铁性贫血，同时，还有健脾胃助消化的作用，孕妈妈可以适当食用。

◎食疗功效

桑葚具有补肝益肾、生津润肠、明目乌发等功效，孕妇可以适量食用。桑葚可以促进血红细胞的生长，防止白细胞减少，常食桑葚可以明目，缓解眼睛疲劳干涩的症状。桑葚有改善皮肤血液供应、营养肌肤、使皮肤白嫩等作用，并能延缓衰老。

◎选购保存

要选颗粒比较饱满，厚实，没有出水，比较坚挺的，如果桑葚颜色比较深，味道比较甜，而里面比较生，就要注意了，有可能是经过染色的，购买的时候一定要注意。桑葚不易保存，建议现买现食。

营养成分表

营养素	含量（每100克）
蛋白质	1.70克
脂肪	0.40克
碳水化合物	13.80克
膳食纤维	4.10克
维生素A	5微克
维生素B_1	0.02毫克
维生素B_2	0.06毫克
维生素C	未测定
维生素E	9.87毫克
钙	37毫克
铁	0.40毫克
锌	0.26毫克
硒	5.65微克

◎搭配宜忌

桑葚+枸杞 ✓	可滋补肝肾、明目、护肤
桑葚+首乌	可滋阴补肾，治疗须发早白
桑葚+鸭蛋 ✗	对肠胃不利
桑葚+螃蟹	降低营养价值

温馨提示

因桑葚营养丰富，具有多种功效，且其特殊的生长环境使桑果具有无任何污染的特点，所以桑葚又被称为"民间圣果"。但是桑葚性寒，所以体虚便溏的孕妈妈不宜食用，患有糖尿病的孕妈妈也应忌食桑葚。

[孕晚期 吃 什么？]

孕晚期案例 1　桑葚沙拉

原料 胡萝卜30克，青梅2个，哈密瓜50克，梨1个，桑葚50克，山竹1个

调料 沙拉酱1大匙

做法 ①胡萝卜清洗干净，切块；青梅洗净去核，切成片。②哈密瓜去皮、切块；桑葚清洗干净；梨去皮、切块；山竹去皮、掰成块。③将所有的材料放入盘子里，拌入沙拉酱即可。

专家点评 桑葚含有丰富的活性蛋白、维生素、氨基酸、胡萝卜素、矿物质等成分，具有多种功效，被医学界誉为"二十一世纪的最佳保健果品"。桑葚中含有大量的水分、碳水化合物、多种维生素、胡萝卜素及人体必需的微量元素等，能有效地扩充人体的血容量，且补而不腻，适宜于妊娠高血压孕妇食用。常吃桑葚能显著提高人体免疫力，具有延缓衰老、美容养颜的功效。

 烹饪常识

将桑葚放入水中浸泡后就能清洗干净。

孕晚期案例 2　桑葚活力点心

原料 桑葚50克，杨梅30克，苹果1个，哈密瓜50克，油桃1个

调料 优酪乳300毫升

做法 ①哈密瓜清洗干净，去皮；杨梅清洗干净，切片。②苹果清洗干净，去皮，切小丁；桑葚清洗干净；油桃去皮，切片。③将所有的材料放入碗中，再将优酪乳倒入即可。

专家点评 这道水果点心中含有葡萄糖、果糖、苹果酸、钙质、胡萝卜素、多种维生素及烟酸等成分，有预防肿瘤细胞扩散，避免癌症发生的功效。其中桑葚含有的脂肪酸，具有分解脂肪、降低血脂等作用。同时，桑葚有改善皮肤（包括头皮）血液供应，营养肌肤，使皮肤白嫩及乌发等作用。桑葚还具有生津止渴、促进消化、帮助排便等作用，孕妈妈适量食用能促进胃液分泌，刺激肠蠕动及解除燥热。

 烹饪常识

桑葚不要清洗太久，以免失去味道与营养。

[孕晚期什么？]

哈密瓜

HA MI GUA

【水果类】

[别 名] 甜瓜、甘瓜、果瓜

【适用量】每天90克左右为宜。

【热量】34千卡/100克。

【性味归经】性寒、味甘。入肺、胃、膀胱经。

【主打营养素】

维生素、矿物质

◎哈密瓜中含有维生素及钙、磷、铁等十多种矿物质，孕妈妈食用能明显促进母体的内分泌和造血功能，可以防治贫血，另外，哈密瓜所含的钙可以预防新生儿佝偻病。

◎食疗功效

哈密瓜有利小便、除烦、止咳、防暑、清热解燥的作用，对发烧、中暑、口鼻生疮等症有食疗作用。哈密瓜是夏季解暑的最好水果之一，它对人体的造血机能有显著的促进作用。适宜于肾病、胃病、咳嗽痰喘、贫血、便秘患者及孕妇食用。

◎选购保存

有香味，皮色呈黄色成熟度适中；无香味或香味淡薄的则成熟度较差。哈密瓜在阴凉通风处储存，可放2周左右。若是已经切开的哈密瓜，则要尽快食用，或用保鲜膜包好，放入冰箱。

营养成分表

营养素	含量（每100克）
蛋白质	0.50克
脂肪	0.10克
碳水化合物	7.90克
膳食纤维	0.20克
维生素A	153微克
维生素B_1	未检出
维生素B_2	0.01毫克
维生素C	12毫克
维生素E	未测定
钙	4毫克
铁	未检出
锌	0.13毫克
硒	0.10微克

◎搭配宜忌

哈密瓜+银耳 ✓ 可润肺止咳

哈密瓜+香蕉 会加重肾衰

哈密瓜+黄瓜 ✗ 会破坏维生素C

哈密瓜+梨 会引起腹泻

温馨提示

哈密瓜营养丰富，是适合孕妈妈食用的天然保健果品。哈密瓜含有催吐素，孕妈妈吃多哈密瓜恐怕会不舒服。越靠近瓜的两端所含催吐素越多，所以尽量食用靠中间部分。由于哈密瓜含糖量高且性寒，孕妈妈一次不能吃太多。

[孕晚期 吃 什么？]

孕晚期案例 1　哈密瓜汁

原料｜哈密瓜1/2个

做法｜①哈密瓜清洗干净，去籽，去皮，并切成小块。②将哈密瓜放入果汁机内，搅打均匀。③把哈密瓜汁倒入杯中，用哈密瓜皮装饰即可。

专家点评｜这款果汁含有丰富的维生素及钙、磷、铁等十多种矿物质，是适合孕妈妈食用的天然保健果汁。果汁因哈密瓜香甜而让人增加食欲，而且有利于肠道系统的消化活动。对食欲不好和妊娠便秘的孕妈妈来说，亦是不错的食疗营养果汁。此外，哈密瓜汁可清凉消暑，有利于孕妈妈保持稳定、愉快、安宁的情绪，消除疲累心乱、焦躁不安等不良状态。由于哈密瓜含糖较多，孕妈妈不宜过量饮用此果汁。

> **烹饪常识**
> 一般有香味的哈密瓜成熟度适中，而没有香味或香味淡的，是成熟度较差的，最好不要购买。

孕晚期案例 2　哈密瓜奶

原料｜哈密瓜100克，鲜奶100毫升

调料｜蜂蜜5克，矿泉水少许

做法｜①将哈密瓜去皮、籽，放入榨汁机中榨汁。②将哈密瓜汁、牛奶放入榨汁机中，加入矿泉水、蜂蜜，搅打均匀。

专家点评｜哈密瓜含有丰富的维生素、粗纤维、果胶、苹果酸及钙、磷、铁等矿物质元素，尤其是铁的含量很高。哈密瓜对人体的造血机能有显著的促进作用，对孕妈妈来说是很好的滋补水果。鲜奶富含优质蛋白质、核黄素、钾、钙、磷、维生素B_{12}及维生素D，这些营养素可为胎儿的生长发育提供所需的多种营养。将哈密瓜与牛奶搭配在一起，营养更加全面，对孕妈妈和胎儿都非常有好处。

> **烹饪常识**
> 最好选择从外表上看有密密麻麻的网状纹路且皮厚的哈密瓜。由于哈密瓜含糖较多，也可以不再添加蜂蜜。

[孕晚期 吃 什么？]

核桃

HE TAO

【干果类】

[别 名] 胡桃仁、核仁、胡桃肉

【适用量】每日3颗为宜。

【热量】627千卡/100克（干核桃）。

【性味归经】性温、味甘。归肾、肺、大肠经。

【主打营养素】
蛋白质、不饱和脂肪酸、碳水化合物、维生素E

◎核桃中富含蛋白质和不饱和脂肪酸，能滋养脑细胞，增强脑功能；含有的碳水化合物能为孕妈妈提供所需的热量；含有的维生素E为生育酚，可预防早产。

◎食疗功效

核桃仁具有滋补肝肾、强健筋骨之功效，孕妇食用有助胎儿的发育。核桃油中油酸、亚油酸等不饱和脂肪酸含量高于橄榄油，饱和脂肪酸含量极微，是预防动脉硬化、冠心病的优质食用油。核桃能润肌肤、乌须发，并有润肺强肾、降低血脂的功效，长期食用还对癌症具有一定的预防效果。

◎选购保存

应选个大、外形圆整、干燥、壳薄、色泽白净、表面光洁、壳纹浅而少的核桃。带壳核桃风干后较易保存，核桃仁要用有盖的容器密封装好，放在阴凉、干燥处存放，避免潮湿。

营养成分表

营养素	含量（每100克）
蛋白质	14.90克
脂肪	58.80克
碳水化合物	19.10克
膳食纤维	9.50克
维生素A	5微克
维生素B_1	0.15毫克
维生素B_2	0.14毫克
维生素C	1毫克
维生素E	43.21毫克
钙	56毫克
铁	2.70毫克
锌	2.17毫克
硒	4.67微克

◎搭配宜忌

核桃+红枣 核桃+黑芝麻	✓	可美容养颜 可补肝益肾、乌发润肤
核桃+黄豆 核桃+野鸡肉	✗	会引发腹痛、腹胀、消化不良 会导致血热

温馨提示

孕妈妈适当吃一些核桃，有利于胎儿脑部发育。但核桃火气大，含油脂多，吃多了会令人上火和恶心，正在上火、腹泻的孕妈妈不宜吃。有的孕妈妈喜欢将核桃仁表面的褐色薄皮剥掉，这样会损失一部分营养，所以不要剥掉这层薄皮。

[孕晚期 吃 什么？]

孕晚期案例 1 核桃仁拌韭菜

原料 核桃仁300克，韭菜150克

调料 白糖10克，白醋3克，盐5克，香油8克

做法 ①韭菜清洗干净，焯熟，切段。②锅内放入油，待油烧至五成热，下入核桃仁炸成浅黄色捞出。③在一只碗中放入韭菜、白糖、白醋、盐、香油拌匀，和核桃仁一起装盘即成。

专家点评 这道菜有润肠通便、健脑强身之功效。核桃仁中含有丰富的磷脂和不饱和脂肪酸，经常让孕妈妈食用，可以让孕妈妈获得足够的亚麻酸和亚油酸。这些脂肪酸不仅可以补充孕妈妈身体所需的营养，还能促进胎儿的大脑发育，提高大脑活动的功能。核桃仁中还含有大量的维生素，对松弛孕妈妈脑神经的紧张状态，消除大脑疲劳也有着重要的作用。

> **烹饪常识**
> 韭菜用淘米水先浸泡15分钟，然后再用清水冲净，这样不仅能有效减少韭菜上的农药残留，还可以节约用水。

孕晚期案例 2 花生核桃猪骨汤

原料 花生50克，核桃仁20克，猪骨500克

调料 盐5克，鸡精3克

做法 ①猪骨洗净，斩件；核桃仁、花生泡发。②锅中水烧沸，入猪骨汆透后捞出，冲洗干净。③煲中加水烧开，下入猪骨、核桃仁、花生，煲1小时，调入盐、鸡精即可。

专家点评 这道汤对胎儿的大脑发育以及孕妈妈的身体很有好处。核桃仁中含有人体不可缺少的微量元素锌、锰、铬等，对人体极为有益。另外，核桃中的营养成分还具有增强细胞活力、促进造血、增强免疫力等功效。花生所含的谷氨酸和天冬酸可促进脑细胞发育，同时，花生的红衣，可补气补血。猪骨含有大量骨钙、磷酸钙、骨胶原、骨黏蛋白等，是补钙的好食材。

> **烹饪常识**
> 猪骨烹调前莫用热水清洗，因猪肉中含有一种肌溶蛋白的物质，若用热水浸泡就会散失很多营养，同时口味也欠佳。

[孕晚期 吃 什么？]

红豆

HONG DOU

【杂粮类】

[别 名] 赤小豆、红小豆

【适用量】每次食用30克左右为宜。
【热量】309千卡/100克。
【性味归经】性平，味甘、酸。归心、小肠经。

【主打营养素】

膳食纤维、碳水化合物、维生素E、铁、锌

◎红豆含有丰富的膳食纤维，可以促进排便，防治孕妈妈便秘。红豆中还含有大量的碳水化合物、维生素E、铁、锌等营养素，有提供热量、降低胆固醇、预防贫血等作用。

◎食疗功效

红豆有止泻、消肿、通乳、健脾养胃、清热利尿、抗菌消炎、解除毒素等功效，还能增进食欲，促进胃肠消化吸收，具有良好的润肠通便、降血压、降血脂、调节血糖、防癌抗癌、预防结石、瘦身健美的作用，非常适合孕妈妈食用。

◎选购保存

选购红豆时应选择颗粒饱满、大小比例一致、颜色较鲜艳、没有被虫蛀过的，品质才会比较好也比较新鲜。将拣去杂物的红豆摊开晒干，装入塑料袋，再放入一些剪碎的干辣椒，扎紧袋口，存放于干燥处保存。

营养成分表

营养素	含量（每100克）
蛋白质	20.20克
脂肪	0.60克
碳水化合物	63.40克
膳食纤维	7.70克
维生素A	13微克
维生素B_1	0.16毫克
维生素B_2	0.11毫克
维生素C	未测定
维生素E	14.36毫克
钙	74毫克
铁	7.40毫克
锌	2.20毫克
硒	3.80微克

◎搭配宜忌

- 红豆+南瓜 ✓ 可润肤、止咳、减肥
- 红豆+粳米 ✓ 可益脾胃，通乳汁
- 红豆+羊肚 ✗ 可致水肿、腹痛、腹泻
- 红豆+盐 ✗ 会使药效减半

温馨提示

红豆是女性怀孕期的滋补佳品。红豆有消胀满、通乳汁的功效，对于气血壅滞引起的乳房胀痛、乳汁不下有食疗作用。每天早晚各用红豆120克煮粥，连吃3~5天即可。

[孕晚期 吃 什么？]

孕晚期案例 1　凉拌西蓝花红豆

原料 | 红豆50克，西蓝花250克，洋葱50克

调料 | 橄榄油3克，柠檬汁少许，盐5克

做法 | ① 洋葱清洗干净，切丁，泡水备用；红豆泡水4小时，入锅中煮熟。② 西蓝花洗净切小朵，放入开水中氽烫至熟，捞出泡凉水备用。③ 将橄榄油、盐、柠檬汁调成味汁备用。④ 将洋葱从水中捞出，沥干，放入锅中，加入西蓝花、红豆、味汁混合拌匀即可食用。

专家点评 | 红豆富含铁质，有补血、促进血液循环、强化体力、增强抵抗力的功效，能让孕妈妈气色红润。同时，红豆中的皂角苷可刺激肠道，有良好的利尿作用。西蓝花中含有一种可以稳定孕妇的血压、缓解焦虑的物质，这种物质对胎儿心脏起到很好的保护作用。而且西蓝花富含的维生素C可增强孕妈妈免疫力，保证胎儿不受病菌感染，同时还能促进铁质的吸收。

 烹饪常识

不要选用花序全开的西蓝花。红豆以煮至爆开为宜。

孕晚期案例 2　红豆牛奶汤

原料 | 红豆15克，低脂鲜奶190毫升

调料 | 蜂蜜5克

做法 | ① 红豆清洗干净，浸泡一夜。② 红豆放入锅中，开中火煮约30分钟，熄火后再焖煮约30分钟。③ 将红豆、蜂蜜、低脂鲜奶放入碗中，搅拌混合均匀即可食用。亦可打成汁或糊状，以方便咀嚼困难的人食用。

专家点评 | 红豆是一种营养高、功效多的杂粮，它富含蛋白质、脂肪、糖类、B族维生素和钾、铁、磷等矿物质，对于秋冬季怕冷、易疲倦、面少血色的孕妈妈，应经常食用红豆食品，以补血、促进血液循环、增强体力和抗病能力。将红豆搭配醇香的牛奶，添加了钙质和优质蛋白，能给孕妈妈提供的营养就更全面了，有助于胎儿的骨骼发展，可预防新生儿佝偻病。

 烹饪常识

红豆豆质较硬，不容易熟，建议烹煮前用水浸泡数小时。

[孕晚期 吃什么？]

绿豆

LÜ DOU

【杂粮类】

[别 名] 青小豆、交豆、青豆子

【适用量】每日50克左右为宜。
【热量】316千卡/100克。
【性味归经】性凉，味甘；归心、胃经。

【主打营养素】
蛋白质、磷脂、钙
◎绿豆中所含蛋白质、磷脂均有兴奋神经、增进食欲的功能，为机体许多重要脏器增加营养。绿豆还富含碳水化合物和钙，能保证母体热量的供给以及筋骨的强壮。

◎ 食疗功效

绿豆具有清热解毒、消暑止渴、利水消肿、保肝降压的功效。常服绿豆汤对接触有毒、有害化学物质而可能中毒者有一定的防治效果。孕晚期食用绿豆有助于去胎毒，使骨骼和牙齿坚硬，还可帮助血液凝固。

◎ 选购保存

优质绿豆外皮有蜡质，子粒饱满、均匀，很少破碎，无虫，不含杂质，具有正常的清香味，无其他异味。而次质、劣质绿豆色泽暗淡，子粒大小不均，饱满度差，破碎多，有虫，有杂质，微有异味或有霉变味等不正常的气味。将绿豆在阳光下暴晒5个小时，然后趁热密封保存。

营养成分表

营养素	含量（每100克）
蛋白质	21.60克
脂肪	0.80克
碳水化合物	62.00克
膳食纤维	6.40克
维生素A	22微克
维生素B_1	0.25毫克
维生素B_2	0.11毫克
维生素C	未测定
维生素E	10.95毫克
钙	81毫克
铁	6.50毫克
锌	2.18毫克
硒	4.28微克

◎ 搭配宜忌

绿豆+大米 ✓ 有利于消化吸收
绿豆+百合 可解渴润燥、降压降糖

绿豆+狗肉 ✗ 会引起中毒
绿豆+榛子 容易导致腹泻

温馨提示

绿豆有清热解毒的作用，孕晚期食用绿豆，可以去胎毒。但是绿豆偏凉，胃虚寒、肾气不足、易泻、体质虚弱的孕妈妈最好不要食用绿豆。如果孕妈妈要单独用绿豆煮甜水饮用，必须煮烂绿豆才不至于吃得太凉。

[孕晚期 什么？]

孕晚期案例 1　绿豆鸭子汤

原料 肉鸭250克，绿豆、红豆各20克

调料 盐适量

做法 ①将肉鸭洗干净，切块；绿豆、红豆淘洗干净备用。②净锅上火倒入水，调入盐，下入鸭肉、绿豆、红豆煲至熟即可。

专家点评 绿豆中赖氨酸的含量高于其他作物。此外，绿豆还富含淀粉、脂肪、蛋白质、多种维生素及锌、钙等矿物质。中医认为，绿豆性寒，味甘，有清热解毒、消暑止渴、利水消肿之功效，是孕妇补锌及防治妊娠水肿的食疗佳品。对于孕晚期妈妈来说，吃绿豆亦可降火，也可清除胎毒。鸭肉含丰富的蛋白质、脂肪、维生素B_1、维生素B_2、碳水化合物、铁、钙、磷、钠、钾等营养成分，有滋阴养胃、利水消肿、强腰健骨的功效。

> **烹饪常识**
> 烹调时加入少量盐，肉汤会更鲜美。煲汤前将鸭块入沸水锅中氽烫一下，然后用清水将鸭块上的血水冲洗干净，汤会更味美。

孕晚期案例 2　绿豆粥

原料 绿豆80克，大米50克

调料 红糖25克

做法 ①将大米和绿豆清洗干净，泡水30分钟备用。②锅中放适量水，加入绿豆、大米，大火煮开。③转用小火煮至大米熟烂，粥浓时，再下入红糖，继续煮至糖化开即可。

专家点评 这道绿豆粥香甜嫩滑，有清肝泄热、和胃止呕的功效，适合孕期食欲不好的孕妈妈食用。绿豆中赖氨酸的含量高于其他作物。同时，绿豆还富含淀粉、脂肪、蛋白质及锌、钙等。绿豆性寒，有清热解毒、消暑止渴、利水消肿之功效，是孕妈妈补锌及防治妊娠水肿的佳品。大米中的蛋白质主要是米精蛋白，其氨基酸的组成比较完整，孕妈妈容易消化吸收。

> **烹饪常识**
> 红糖不宜加太多，以免过甜吃起来会有点腻。绿豆煮至膨胀破裂即表明已经熟透。

[孕晚期 什么？]

酸奶

SUAN NAI

【其他类】

[别 名] 酸牛奶

【适用量】每日150毫升左右为宜。

【热量】72千卡/100克。

【性味归经】性平，味酸、甘。归胃、大肠经。

【主打营养素】

乳酸菌、维生素、叶酸、钙

◎酸奶含有丰富的乳酸菌，能促进体内消化酶的分泌和肠道蠕动，清除肠道垃圾、抑制腐败菌的繁殖。此外，酸奶还提供了可维持母胎健康的维生素、叶酸、钙等营养素。

◎食疗功效

酸奶具有生津止渴、补虚开胃、润肠通便、降血脂、抗癌等功效，能调节孕妇体内微生物的平衡；经常喝酸奶可以防治癌症和贫血，并可以改善牛皮癣和缓解儿童营养不良；老年人喝酸奶可以矫正由于偏食引起的营养缺乏。

◎选购保存

优质酸奶，应呈乳白色或稍带淡黄色，色泽均匀，凝块结实，均匀细腻，无气泡，有发酵后的乳香和清香纯净的乳酸味，无异味。酸奶需在2～4℃冷藏，随着保存时间的延长，酸奶的酸度会不断提高而使酸奶变得更酸。

营养成分表

营养素	含量（每100克）
蛋白质	2.50克
脂肪	2.70克
碳水化合物	9.30克
维生素A	26微克
维生素B_1	0.03微克
维生素B_2	0.15毫克
维生素C	1毫克
维生素E	0.12毫克
钙	118毫克
镁	12毫克
铁	0.40毫克
锌	0.53毫克
硒	1.71微克

◎搭配宜忌

酸奶+猕猴桃 ✓ 促进肠道健康
酸奶+苹果 ✓ 开胃消食

酸奶+香肠 ✗ 易引发癌症
酸奶+菠菜 ✗ 易破坏酸奶的钙质

温馨提示

酸奶pH值较低，孕妈妈在孕早期反应较大，而且反酸，说明胃酸多，这时不宜喝酸奶。不过在饭后，当胃里有一些食物后，是可以适量饮用的。此外，产妇在产后需补充钙，而酸奶中的钙由于乳酸的作用而提高了吸收率，极易被人体吸收。

[孕晚期 吃 什么？]

孕晚期案例 1　甜瓜酸奶汁

原料｜甜瓜100克，酸奶1瓶

调料｜蜂蜜适量

做法｜①将甜瓜清洗干净，去掉皮，切块，放入榨汁机中榨成汁。②将果汁倒入搅拌机中，加入酸奶、蜂蜜，搅打均匀即可。

专家点评｜这款饮品奶香十足，酸甜可口。在怀孕期间，酸奶除提供必要的能量外，还提供维生素、叶酸和磷酸。酸奶能抑制肠道腐败菌的生长，还含有可抑制体内合成胆固醇还原酶的活性物质，又能刺激机体免疫系统，调动机体的积极因素，有效地抗御癌症。孕妈妈食用酸奶，可以增加营养，降低胆固醇。甜瓜营养丰富，可补充人体所需的能量及营养素，其中富含碳水化合物及柠檬酸等营养成分，可消暑清热、生津解渴、除烦。

烹饪常识

选择甜瓜时要注意闻瓜的头部，有香味的瓜一般比较甜。此饮品加入青苹果，味道会更好。

孕晚期案例 2　红豆香蕉酸奶

原料｜红豆2大匙，香蕉1根，酸奶200毫升

调料｜蜂蜜少许

做法｜①将红豆清洗干净，入锅煮熟备用；香蕉去皮，切成小段。②将红豆、香蕉块放入搅拌机中，再倒入酸奶和蜂蜜，搅打成汁即可。

专家点评｜这道饮品含有丰富的蛋白质、碳水化合物、维生素C、维生素A等多种营养，对胎儿的身体和大脑发育都很有益处。酸奶含有丰富的钙和蛋白质等，可以促进孕妈妈的食欲，提高人体对钙的吸收，有助于胎儿的骨骼发育。香蕉含有蛋白质、碳水化合物、脂肪、果胶、钙、磷、维生素A、维生素C、维生素E和纤维素等，有促进肠胃蠕动、防治便秘的作用。红豆富含维生素B_1、维生素B_2、蛋白质及多种矿物质，具有一定的补血功能。

烹饪常识

红豆以豆粒完整、颜色深红、大小均匀、紧实皮薄者为佳。此饮品加入梨子，味道会更好。

[孕晚期 禁 什么？]

荠菜

不宜吃荠菜的原因

忌食关键词：**子宫收缩、流产**

荠菜是人们喜爱的一种野菜，不过春季孕妈妈要禁食荠菜。在我国民间有这么一句俗语："春来荠菜胜羔豚。"但是，实验证明，荠菜有类似麦角的子宫收缩作用。

荠菜浸膏试用于动物离休子宫或肠管，均呈显著收缩。全草的醇提取物有催产素样的子宫收缩作用。全草的有效成分，能使小鼠、大鼠离体子宫收缩。煎剂灌胃具有同样的作用。如果孕妈妈食用荠菜，很容易导致妊娠下血或胎动不安，甚至导致流产。所以，孕妈妈应慎食荠菜，特别是春季荠菜。

熏 肉

不宜吃熏肉的原因

忌食关键词：**高热量、高脂肪、高盐、亚硝酸盐**

熏肉的热量很高，食用后可引起肥胖，不利于体重的控制，妊娠高血压者不宜食用。

熏肉的脂肪含量很高，摄入大量的脂肪可能引发中风、心血管疾病、动脉粥样硬化等并发症，肥胖的妊娠高血压孕妈妈尤其要注意。

熏肉在制作过程中加入了很多盐腌渍，人体摄入的盐相对较多，易引起体内钠水潴留，造成水肿，诱发或加重妊娠高血压综合征。而且熏肉在制作过程中可能产生致癌的亚硝酸盐，对胎儿的健康发育不利。

腊 肠

不宜吃腊肠的原因

忌食关键词：**高热、亚硝酸、水肿、高血压**

腊肠中肥肉比例高达50%以上，热量极高，脂肪含量也很高，食用后不利于孕妈妈体重的控制，妊娠高血压孕妈妈尤其是肥胖孕妈妈不宜食用。腊肠的蛋白质含量较高，且为动物性蛋白质，有妊娠高血压症的孕妈妈不宜多食用。

此外，腊肠为腌制食品，其含有可导致胎儿畸形的亚硝酸。同时，腊肠中的钠含量很高，孕妈妈大量食用或患有妊娠高血压症食用后，可发生钠潴留，从而使血容量增加，血压升高，不仅对高血压病情不利，还会加重水肿。所以，建议孕妈妈少吃腊肠。

[孕晚期 禁 什么？]

火腿

不宜吃火腿的原因

火腿是腌制或熏制的猪腿，在制作过程中大量使用氯化钠（食盐）和亚硝酸钠（工业用盐），孕妈妈长期摄入过多盐分会导致高血压和水肿，亚硝酸钠食用过量还会造成食物中毒。而且火腿的热量以及脂肪含量很高，过多食用不利于体重的控制，还可引起肥胖，甚至引发高脂血症。所以长期大量食用火腿不仅对孕妈妈的身体健康有害，还会对胎儿造成不良影响。为了胎儿的健康，孕妈妈还是尽量少吃火腿。

忌食关键词

高血压、水肿、亚硝酸钠、高血脂症

咸鱼

不宜吃咸鱼的原因

经食品检验测定，咸鱼体内含有大量二甲基亚硝酸盐，进入人体内经代谢可转化成致癌性很强的二甲基硝胺。该物质作用于鼻咽部黏膜，刺激上皮细胞发生癌变，可引起鼻咽癌发生。通过动物实验证明，二甲基硝胺不仅有特定的器官亲和性，而且还可以通过胎盘进入胎儿体内，对胎儿造成伤害。

咸鱼在制作过程中，会不同程度地丢失其所含营养素，同时还放入了大量食盐，如孕妈妈长期大量食用，除造成营养缺乏外，摄入的盐相对较多，易引起体内钠潴留，造成水肿，诱发或加重妊娠高血压综合征。

忌食关键词

二甲基亚硝酸盐、营养丢失、高盐

松花蛋

不宜吃松花蛋的原因

松花蛋含铅较高，孕妇怀孕时最好不要吃。因为孕妈妈血铅水平高，可直接影响胎儿正常发育，甚至造成先天性弱智或畸形。如果实在想吃，一定要注意量的问题，不能吃太多，吃太多可能会导致孕妈妈慢性铅中毒。

孕妇慢性铅中毒可以没有临床表现，却能导致流产、早产、胎儿畸形、胎儿缺少维生素、胎儿脑发育迟缓、智力低下、行为缺陷等多种危害。

忌食关键词

铅中毒、流产、胎儿发育迟缓

[孕晚期 禁 什么？]

咸鸭蛋

不宜吃咸鸭蛋的原因

每只咸鸭蛋含有盐10克以上，而人体日需盐量约5～8克。可见，一只咸鸭蛋所含的盐已超过孕妈妈一天的需要量，此外，孕妈妈每天还要食用含盐食物，这样便使盐的摄入量远远超过机体需要量。食盐过多会产生口渴，必然大量饮水，水、盐积聚在体内超过肾脏排泄能力，从而导致孕妈妈高度水肿。孕妈妈高度水肿可发生妊娠高血压综合征，妊高征又引起胎盘缺血，造成胎儿在子宫内缺氧，影响到胎儿的生长发育。

忌食关键词

高盐、妊娠高血压综合征、水肿

薏米

不宜吃薏米的原因

薏米性微寒，味甘淡，有利水消肿、健脾去湿、舒筋除痹、清热排脓的功效，为常用的利水渗湿药。中医认为，薏米具有利水滑胎的作用，孕期食用容易造成催产。临床上也发现，孕期女性吃太多的薏米，会造成羊水流出，对胎儿不利。因此，孕期应禁食薏米。

忌食关键词

利水滑胎、催产

人 参

不宜吃人参的原因

女性怀孕后，体内会发生一系列变化。在怀孕后期，胃肠功能减弱，孕妈妈喜静厌动，加上膨大的子宫压迫，会出现便秘、纳呆。而且怀孕后，孕妈妈处于阴血偏虚，阳气相对偏盛的阳有余而阴不足，气有余而血不足状态。人参是大补元气的药材，孕早期体弱的孕妈妈可少量进补，以提高自身免疫力并增进食欲。但人参有"抗凝"作用，孕晚期摄入过多会引起内分泌紊乱和功能失调，引发高血压和出血症状。临产及分娩时服用可能导致产后出血，所以孕妈妈要慎食。

忌食关键词

性热、抗凝、高血压、出血、

[孕晚期 禁 什么？]

鹿茸

▶ **不宜吃鹿茸的原因**

鹿茸虽然是名贵药材，能振奋和提高机体功能，对全身虚弱、久病之后的患者有较好的强身作用，但对于阴气不足，气有余而血不足的孕妈妈而言却是禁忌。孕妈妈周身的血液循环系统血流量明显增加，心脏负担加重，子宫颈、阴道壁和输卵管等部位的血管也处于扩张、充血状态。加上孕妈妈内分泌功能旺盛，分泌的醛固醇增加，容易导致钠潴留而产生水肿、高血压等病症。此外，孕妈妈由于胃酸分泌量减少，胃肠道功能减弱，会出现食欲不振、胃部胀气、便秘等现象。

❌ **忌食关键词**

内分泌旺盛、水肿、高血压

汽水

▶ **不宜喝汽水的原因**

汽水中含有磷酸盐，进入肠道后能与食物中的铁发生化学反应，形成难以被人体吸收的物质排出体外，所以大量饮用汽水会大大降低血液中的含铁量。正常情况下，食物中的铁本来就很难被胃肠道吸收，怀孕期间，孕妈妈本身和胎儿对铁的需要量比任何时候都要多，如果孕妈妈过多饮用汽水，势必导致缺铁，从而影响孕妈妈的健康及胎儿的发育。

充气性汽水中含有大量的钠，若孕妈妈经常饮用这类汽水，会加重水肿。由此可见，孕妈妈不宜经常饮用汽水。

❌ **忌食关键词**

磷酸盐、降低血液含铁量、高钠、水肿

薯片、薯条

▶ **不宜吃薯片、薯条的原因**

有的孕妇喜欢吃市场上出售的薯片、薯条，虽然它们接受过高温处理，龙葵素的含量会相应减少，但是它却含有较高的油脂和盐分，多吃除了会引起肥胖，还会诱发妊娠高血压综合征，增加妊娠风险。

薯片、薯条还含有化学物质丙烯酰胺。研究表明，胎儿和新生儿特别容易受到丙烯酰胺的危害，因为它是一种可能致癌的化学物，而且很容易进入婴儿幼嫩的大脑，对神经造成损害。所以，孕妈妈以及产后新妈妈都应当少食，甚至禁食薯片、薯条。

❌ **忌食关键词**

油脂高、盐分高、丙烯酰胺

[孕晚期 禁 什么？]

糯米甜酒

不宜喝糯米甜酒的原因

我国许多地方，都有糯米甜酒是"补母体，壮胎儿"之物的讲法，习惯给孕妇吃糯米甜酒，但这是没有科学根据的，相反会造成胎儿畸形。

糯米甜酒和普通白酒的不同之处是，糯米甜酒含酒精的浓度不如烈性酒高，但即使是微量酒精，也可以毫无阻碍地通过胎盘进入胎儿体内，使胎儿大脑细胞的分裂受到阻碍，导致其发育不全，并可造成中枢神经系统发育障碍，而形成智力低下和造成胎儿的某些器官畸形，如小头、小眼、下巴短，甚至可发生心脏和四肢畸形。

忌食关键词

胎儿发育不全、胎儿畸形、酒精

黄油

不宜吃黄油的原因

孕妈妈身体呈微碱性状态是最适宜的，如果偏食肉类，则使体内趋向酸性，致使胎儿的大脑发育迟钝、不灵活。黄油又叫乳脂、白脱油，是将牛奶中的稀奶油和脱脂乳分离后，使稀奶油成熟并经搅拌而成的，其实就是脂肪块，脂肪易滞留在血管壁上，从而妨碍血液流动。脑中有众多的毛细血管，通过这些毛细血管向脑细胞输送营养成分，如果脂肪使毛细血管不畅通，就会引起大脑缺乏营养物质，使大脑发育受阻。而且，黄油中饱和脂肪酸和胆固醇的含量很高，容易导致妊娠高血压。所以，孕妈妈不宜食用。

忌食关键词

高脂肪、高胆固醇、妊娠高血压

桂 皮

不宜吃桂皮的原因

桂皮又称肉桂，一直都是炖肉的调料。但其有破血动胎之弊。如《药性论》曾说它"通利月闭，治胞衣不下"。《本草纲目》还说："桂性辛散，能通子宫而破血，故《别录》言其堕胎"。

桂皮性大热，味辛甘，容易消耗肠道水分，使胃肠分泌减少，造成肠道干燥、便秘。发生便秘后，孕妇必然用力屏气解便，使腹压增加，压迫子宫内的胎儿，易造成胎动不安、早产等不良后果。

忌食关键词

破血动胎、性热、便秘

[孕晚期 禁 什么？]

芥末

不宜吃芥末的原因

芥末是芥菜的成熟种子磨成的一种粉状调料，芥末微苦，辛辣芳香，对口舌有强烈的刺激，味道十分独特。芥末粉湿润后有香气喷出，具有催泪性的强烈刺激性辣味，对味觉、嗅觉均有刺激作用，让人不自觉地进食更多的食物，从而容易引发孕妈妈肥胖，对胎儿的发育不利。同时，芥末具有的强烈刺激性辣味，孕妈妈食用后不仅可使心跳加快、血压升高，还可能导致便秘。所以，孕妈妈须谨慎食用芥末。

忌食关键词：强烈刺激性辣味

豆瓣酱

不宜吃豆瓣酱的原因

豆瓣酱在制作过程中，所产生亚硝酸钠含量很高。亚硝酸钠有较强的致癌性，可以诱发各种组织器官的肿瘤。摄入过多豆瓣酱对孕妈妈和胎儿的发育和健康并没有好处。同时，豆瓣酱中盐分含量极高，每100克中含有盐约6克，大量摄入盐可发生钠潴留，使血容量增加，血压升高，心脏负荷增大，可导致水肿和妊娠高血压症。

如果选用比较辣的豆瓣酱，还可能引起孕妈妈便秘，甚至发生痔疮，会增加孕妈妈分娩的痛苦。所以，孕妈妈应慎食豆瓣酱。

忌食关键词：亚硝酸钠、水肿、妊娠高血压症、便秘

豆腐乳

不宜吃豆腐乳的原因

豆腐乳是用小块的豆腐做坯，经过长时间发酵制得，内含有有防腐剂和亚硝酸盐。如果在孕早期胃口不舒适的情况下，可以少量食用来调调胃口。但是豆腐乳毕竟经过发酵，含有防腐剂，在孕期还是应该尽力避免食用。

豆腐乳很容易细菌超标，因为它的主要成分是谷氨酸钠，对胎儿不利（有可能致畸）；在豆腐乳发酵后，容易被微生物污染。同时，豆腐乳含有的盐分过高，容易导致孕妈妈水肿。所以，豆腐乳最好是要少吃。

忌食关键词：防腐剂、亚硝酸盐、细菌超标

第六章

产褥期
吃什么，禁什么

　　产褥期（即产妇分娩后到产妇机体和生殖器基本复原的一段时期，时间约为6~8周）的饮食对产妇日后身体的恢复状况至关重要。产妇分娩过后，体力消耗很大，身体变得十分虚弱，需要加强营养的摄取。新生儿也会继续生长发育，其营养主要来源于产妇的乳汁。所以，这个时期产妇一定要注意饮食，避免吃一些对自己的身体健康及对婴儿的生长不利的食物。

产褥期饮食须知

◎产褥期一方面要补充妊娠、分娩所消耗的营养,另一方面还要分泌乳汁、哺育婴儿,所以更需要补充充足的营养。

1 产后正确的进食顺序

产妇在进食的时候,最好按照一定的顺序进行,因为只有这样,食物才能更好地被人体消化吸收,更有利于产妇身体的恢复。

正确的进餐顺序应为:汤——青菜——饭——肉,半小时后再进食水果。

饭前先喝汤。饭后喝汤的最大问题在于会冲淡食物消化所需要的胃酸。所以产妇吃饭时忌一边吃饭,一边喝汤,或以汤泡饭或吃过饭后,再来一大碗汤,这样容易阻碍正常消化。米饭、面食、肉食等淀粉及含蛋白质成分的食物则需要在胃里停留1~2小时,甚至更长的时间,所以要在喝汤后吃。在各类食物中,水果的主要成分是果糖,无需通过胃来消化,而是直接进入小肠就被吸收。如果产妇进食时先吃饭菜,再吃水果,消化慢的淀粉、蛋白质就会阻塞消化快的水果,食物在胃里会搅和在一起。如果饭后马上吃甜食或水果,最大害处就是会中断、阻碍体内的消化过程。胃内腐烂的食物会被细菌分解,产生气体,形成肠胃疾病。

2 剖腹产妈妈月子饮食五要点

对于剖腹产的妈妈,在月子期间的饮食比起顺产的妈妈们要更加注意,其饮食有五大要点。

主食种类多样化

粗粮和细粮都要吃,而且粗粮营养价值更高,比如小米、玉米粉、糙米、标准粉,它们所含的B族维生素都要比精米、精面高出好几倍。

多吃蔬菜和水果

蔬菜和水果既可提供丰富的维生素、矿物质,又可提供足量的膳食纤维素,以防产后发生便秘。

饮食要富含蛋白质

应比平时多摄入蛋白质,尤其是动物蛋白质,比如鸡、鱼、瘦肉、动物肝、血所含的蛋白质。豆类也是必不可少的佳品,但无须过量,否则会加重肝肾负担,反而对身体不利,每天摄入95克即可。

不吃酸辣食物及少吃甜食

酸辣食物会刺激产妇虚弱的胃肠而引起诸多不适;吃过多甜食不仅会影响食欲,还可能使热量过剩而转化为脂肪,引起身体肥胖。

多进食各种汤饮

汤类味道鲜美，且易消化吸收，还可以促进乳汁分泌。如红糖水、鲫鱼汤、猪蹄汤、排骨汤等，但须汤肉同吃。红糖水的饮用时间不能超过10天，因为时间过长反而使恶露中的血量增加，使妈妈处于一种慢性失血状态而发生贫血。但是，汤饮的进食量要适度，以防引起妈妈胀奶。

剖腹产妈妈在月子期间的饮食要多样化、丰富化。

3 产后催奶饮食的选择要因人而异

从中医的角度出发，产后催奶应根据不同体质进行饮食和药物调理。如鲫鱼汤、豆浆和牛奶等平性食物属于大众皆宜，而猪脚催奶就不是每个人都适宜的。这里推荐一些具有通乳功效的食材，如猪蹄、鲫鱼、章鱼、花生、黄花菜、木瓜等；通络的药材则有通草、漏芦、丝瓜络、王不留行等。这里我们针对不同体质的女性，对生产后的催奶饮食的注意要点进行介绍。

气血两虚型：如平素体虚，或因产后大出血而奶水不足的新妈妈可用猪脚、鲫鱼煮汤，另可添加党参、北芪、当归、红枣等补气补血药材。

痰湿中阻型：肥胖、脾胃失调的产妇可多喝鲫鱼汤，少喝猪蹄汤和鸡汤。另外，可加点陈皮、苍术、白术等具有健脾化湿功效的药材。

肝气郁滞型：平素性格内向或出现产后抑郁症的妈妈们，建议多泡玫瑰花、茉莉花、佛手等花草茶，以舒缓情绪。另外，用鲫鱼、通草、丝瓜络煮汤，或用猪蹄、漏芦煮汤，可达到疏肝、理气、通络的功效。

血淤型：可喝生化汤，吃点猪脚姜（姜醋）、黄酒煮鸡、客家酿酒鸡等。还可用益母草煮鸡蛋或煮红枣水。

肾虚型：可进食麻油鸡、花胶炖鸡汤、米汤冲芝麻。

湿热型：可喝豆腐丝瓜汤等具有清热功效的汤水。

产后新妈妈可以根据自己的体质选择合适的催奶汤。

4 催乳汤饮用注意事项

为了尽快下乳，许多产妇产后都有喝催乳汤的习惯。但是，产后什么时候开始喝这些"催乳汤"是有讲究的。产后喝催乳汤一般要掌握两点。

第一，要掌握乳腺的分泌规律。一般来说，初乳进入婴儿体内能使婴儿体内产生免疫球蛋白A，从而保护婴儿免受细菌的侵害。但是，有的产妇不知道初乳有这些优点，认为它没有营养而挤掉，这是极为错误的。初乳的分泌量不很多，加之婴儿此时尚不会吮吸，所以好像无乳，可是若让婴儿反复吮吸，初乳就通了。大约在产后的第四天，乳腺才开始分泌真正的乳汁。

第二，注意产妇身体状况。若是身体健壮、营养好，初乳分泌量较多的产妇，可适当推迟喝催乳汤的时间，喝的量也可相对减少，以免乳房过度充盈造成乳汁淤积而引起不适。如产妇各方面情况都比较差，就要喝得早些，量也多些，但也要根据"耐受力"而定，以免增加胃肠的负担而出现消化不良，走向另一个极端。

此外，若为顺产的产妇，第一天比较疲劳，需要休息才能恢复体力，不要急于喝汤，若是剖腹产的产妇，下乳的食物可适当提前供给。

5 为了顺利哺乳新妈妈不宜节食

一般产妇在生育后，体重会有所增加，与怀孕之前大不相同。很多新妈妈产后为了恢复生育前的苗条体型，分娩后便立即节食。这样做不但对身体的健康不利，对婴儿也没有好处。这是因为新妈妈产后所增加的体重主要是水分和脂肪，如果进行哺乳，这些脂肪根本不够用，还需要从身体原来储存的脂肪中动用一些营养，来补充哺乳所需营养。如果新妈妈在产后节食，这些哺乳所需的营养成分就会不足，就会消耗新妈妈身上大量的营养成分，或者使新生儿的营养受损。

6 月子里应注意补钙

产后妈妈特别是哺乳的妈妈，每天大约需摄取1200毫克钙，才能使分泌的每升乳汁中含有300毫克以上的钙。乳汁分泌量越大，钙的需要量就越大。同时，哺乳的妈妈在产后体内雌激素水平较低，泌乳素水平较高，因此，在月经未复潮前骨骼更新钙的能力较差，乳汁中的钙往往会消耗过多身体中的钙。这时，如果不补充足量的钙就会引起妈妈腰酸背痛、腿脚抽筋、牙齿松动、骨质疏松等"月子病"；还会导致婴儿发生佝偻病，影响牙齿萌出、体格生长和神经系统的发育。

月子里的妈妈每天还要多吃些豆类或豆制品，保证钙的摄取量。

根据日常饮食的习惯，产后的妈妈每天至少要喝250克奶，以补充乳汁中所需的300毫克的优质钙，妈妈们还可以适量饮用酸奶，以提高食欲。另外，月子里的妈妈每天还要多吃些豆类或豆制品，一般来讲吃100克左右豆制品，就可摄取100毫克的钙。同时，妈妈也可以根据自己的口味吃些乳酪、虾皮、芝麻或芝麻酱、西蓝花及羽衣甘蓝等，保证钙的摄取量至少达到800毫克。由于食物中钙的含量不好确定，所以最好在医生指导下补充钙剂。需要注意的是，产后妈妈们补钙容易引起便秘，所以在选用补钙产品时首选带有山梨醇成分的，可有效润滑肠道，降低便秘发生率。妈妈也可以多去户外晒晒太阳，这样也会促进骨密度恢复，增加骨硬度。

7 产后不能只喝汤不吃肉

产妇只喝汤不吃肉的习俗在民间流传甚广，认为营养成分全在汤里，而且容易消化吸收，利于下奶，而肉营养不多。这种说法是没有科学道理的。

肉汤富有营养而且有催奶作用，但肉汤的营养不全面，只是脂肪含量较多，而蛋白质大部分还在肉里。产妇的饮食，一要营养丰富、数量充足；二要品种多样、营养全面、相互补充。因此，产妇光喝汤不吃肉，对身体是不利的。应该对这种习惯加以纠正，做到既喝汤，又吃肉，当然还要多吃蔬菜水果，才能使摄取的营养达到全面、充足、丰富的要求。

8 产后不宜过多吃鸡蛋

分娩后数小时内，最好不要吃鸡蛋。因为在分娩过程中，新妈妈体力消耗大，出汗多，体液不足，消化能力也随之下降。若分娩后立即吃鸡蛋，就难以消化，会增加胃肠负担，甚至容易引起胃病。同时，在整个坐月子期间，也忌多吃鸡蛋，因为摄入过多蛋白质，会在肠道产生大量的氨、酚等化学物质，对人体的毒害很大，容易出现腹部胀闷、头晕目眩、四肢乏力、昏迷等症状，导致"蛋白质中毒综合征"。根据国家给出的孕妇、产妇营养标准，产妇每天仅需要蛋白质100克左右，因此，每天吃鸡蛋3~4个就足够了。

9 产后不能多吃红糖

红糖营养吸收利用率高，具有温补性质。新妈妈分娩后，由于丧失了一些血液，身体虚弱，需要大量快速补充铁、钙、锰、锌等微量元素和蛋白质。红糖还含有"益母草"成分，可以促进子宫收缩，排出产后宫腔内的淤血，促使子宫早日复原。新妈妈分娩后，元气大损，体质虚弱，吃些红糖有益气养血、健脾暖胃、驱散风寒、活血化淤的功效。但是，新妈妈切不可因红糖有如此多的益处，就一味多吃，认为越多越好。因为过多饮用红糖水，不仅会损坏新妈妈的牙齿，而且红糖性温，如果新妈妈在夏季过多喝了红糖水，必定使出汗加速，使身体更加虚弱，甚至引起中暑。

[产褥期 吃 什么？]

黄花菜
HUANG HUA CAI
【蔬菜菌菇类】

[别 名] 金针菜、川草、安神菜

【适用量】每日20克左右（干品）为宜。
【热量】199千卡/100克。
【性味归经】性微寒，味甘。归心、肝经。

【主打营养素】
卵磷脂、维生素、矿物质
◎黄花菜富含的卵磷脂对增强大脑功能有重要作用。黄花菜还含多种维生素，其中胡萝卜素的含量最为丰富，对婴儿发育很有好处。此外，还含有钙、铁、锌等矿物质，有补血、强身等作用。

◎食疗功效

黄花菜具有清热解毒、止血、止渴生津、利尿通乳、解酒毒的功效，对口干舌燥、大便带血、小便不利、吐血、鼻出血、便秘等有食疗作用。情志不畅、神经衰弱、健忘失眠者及气血亏损、体质虚弱、妇女产后体弱缺乳等可经常食用黄花菜。

◎选购保存

选购黄花菜以洁净、鲜嫩、尚未开放、干燥、无杂物的黄花菜为优；新鲜的黄花菜有毒，不能食用。保存宜放入干燥的保鲜袋中，扎紧，放置阴凉干燥处，防潮、防虫蛀。

营养成分表

营养素	含量（每100克）
蛋白质	19.40克
脂肪	1.40克
碳水化合物	34.90克
膳食纤维	7.70克
维生素A	307微克
维生素B₁	0.05毫克
维生素B₂	0.21毫克
维生素C	10毫克
维生素E	4.92毫克
钙	301毫克
铁	8.10毫克
锌	3.99毫克
硒	4.22微克

◎搭配宜忌

黄花菜+马齿苋	✓	清热祛毒、降低血压
黄花菜+鳝鱼		通血脉、利筋骨
黄花菜+鹌鹑	✗	易引发痔疮
黄花菜+驴肉		易引起中毒

温馨提示

黄花菜是有健脑益智的作用，被人们称为"健脑菜"，它不仅营养丰富，味道鲜美，还是一道很好的下奶蔬菜。同时，如果产褥期新妈妈容易发生腹部疼痛、小便不利、面色苍白、睡眠不安，多吃黄花菜可消除这些症状。

[产褥期 什么？]

产褥期案例 1　上汤黄花菜

原料｜黄花菜300克

调料｜盐5克，鸡精3克，上汤200毫升

做法｜① 将黄花菜清洗干净，沥水。② 锅置火上，烧沸上汤，下入黄花菜，调入盐、鸡精，装盘即可。

专家点评｜这道菜有较好的健脑、抗衰老功效，是因黄花菜含有丰富的卵磷脂，这种物质是机体中许多细胞，特别是大脑细胞的组成成分，对增强和改善大脑功能有重要作用，同时能清除动脉内的沉积物，对注意力不集中、记忆力减退、脑动脉阻塞等症状有特殊疗效，故人们称之为"健脑菜"，这对婴儿的大脑发育十分重要，哺乳期产妇可多吃。

烹饪常识

新鲜黄花菜中含有秋水仙碱，可造成胃肠道中毒症状，故不能生食，须加工晒干，吃之前先用开水焯一下，再用凉水浸泡2小时以上。

产褥期案例 2　黄花菜香菜鱼片汤

原料｜黄花菜30克，鱼肉100克，香菜20克

调料｜盐适量

做法｜① 香菜清洗干净切段；黄花菜用水浸泡，清洗干净，切段备用。② 鱼肉清洗干净后切成片。③ 黄花菜加水煮滚后，再放入鱼片煮5分钟，最后加香菜、盐调味即成。

专家点评｜黄花菜有很高的营养价值，富含蛋白质、维生素，及磷、钙、铁等矿物质，对胎儿发育很有益处，是孕产妇必吃的食品。黄花菜更含有丰富的膳食纤维，能促进大便的排泄，可防治肠道肿瘤。同时，黄花菜还有降低胆固醇的功效，对神经衰弱、高血压、动脉硬化、慢性肾炎均有辅助治疗作用。此外，黄花菜还有养血、利水、通乳的功效，与鱼肉搭配，营养更丰富，通乳效果也更好，能增加哺乳妈妈乳汁的分泌。

烹饪常识

鱼片煮的时间不宜过长，以免鱼肉煮碎。食用的黄花菜多为干品，应选用冷水泡发再烹饪。

[产褥期 吃 什么？]

莴笋
WO SUN

【适用量】每次约60克为宜。

【热量】莴笋茎：14千卡/100克；莴笋叶：18千卡/100克。

【性味归经】性凉，味甘、苦。归胃、膀胱经。

【蔬菜菌菇类】

[别 名] 莴苣、白苣、莴菜

【主打营养素】

钾、钙、磷、铁

◎莴苣中钾的含量大大高于钠的含量，有利于体内的水电解质平衡，促进排尿和乳汁的分泌。莴笋中矿物质钙、磷、铁含量较多，能助长骨骼、坚固牙齿，还能预防新生儿佝偻病。

◎食疗功效

莴笋有增进食欲、刺激消化液分泌、促进胃肠蠕动等功能，具有促进利尿、降低血压、预防心律不齐的作用，产妇食用可预防便秘。莴笋还能改善消化系统和肝脏功能，有助于抵御风湿性疾病所致的痛风。

◎选购保存

选购莴笋的时候应选择茎粗大、肉质细嫩、多汁新鲜、无枯叶、无空心、中下部稍粗或成棒状、叶片不弯曲、无黄叶、不发蔫、不苦涩的。保存莴笋可采用泡水保鲜法：将莴笋放入盛有凉水的器皿内，一次可放几棵，水淹至莴笋主干1/3处，可放置室内保存3～5天。

营养成分表

营养素	含量（每100克）
蛋白质	1克
脂肪	0.10克
碳水化合物	2.80克
膳食纤维	0.60克
维生素A	25微克
维生素B_1	0.02毫克
维生素B_2	0.02毫克
维生素C	4毫克
维生素E	0.19毫克
钙	23毫克
铁	0.90毫克
锌	0.33毫克
硒	0.54微克

◎搭配宜忌

莴笋+猪肉 ✓ 可补脾益气
莴笋+香菇 可利尿通便

莴笋+蜂蜜 ✗ 会引起腹泻
莴笋+乳酪 会引起消化不良

温馨提示

莴笋下锅前挤干水分，可以增加莴笋的脆嫩程度，但从营养的角度考虑，不应挤干水分，因为这样会丧失大量的水溶性维生素。另外，莴笋中含有刺激视神经的物质，患有眼部疾病的人不宜食用。

[产褥期 什么？]

产褥期案例 1　莴笋猪蹄汤

|原料| 猪蹄200克，莴笋100克，胡萝卜30克

|调料| 盐、姜片、葱花、高汤各适量

|做法| ①猪蹄斩块，洗净，氽水；莴笋去皮，清洗干净，切块；胡萝卜清洗干净，切块备用。②锅上火倒入高汤，放入猪蹄、莴笋、胡萝卜、姜片，调入盐，煲50分钟。③待汤好肉熟时，撒上葱花即可。

|专家点评| 莴笋含钾量较高，有利于促进排尿和乳汁的分泌，减少对心房的压力，对高血压和心脏病患者极为有益。它含有少量的碘元素，对人的基础代谢，心智和体格发育甚至情绪调节都有重大影响。猪蹄富含多种营养，也是通乳的佳品。所以，这道汤含有丰富的优质蛋白质、脂肪、钙、磷、铁、锌等矿物质和多种维生素，是产妇下奶以及滋补的佳品，乳少的产妇可以多喝此汤。

作为通乳食谱时应少放盐，最好不放味精。

产褥期案例 2　花菇炒莴笋

|原料| 莴笋2根，水发花菇、胡萝卜各20克

|调料| 盐、味精、蚝油、清汤、水淀粉各适量

|做法| ①莴笋、胡萝卜均去皮清洗干净，切成滚刀块；花菇清洗干净。②锅中加油，烧热，放入莴笋、花菇、胡萝卜煸炒。③锅中加清汤、盐、味精、蚝油，煮沸，用水淀粉勾薄芡即可。

|专家点评| 这道菜可以预防产后妈妈便秘。莴苣含有大量植物纤维素，能促进肠壁蠕动，通利消化道，帮助大便排泄，可用于辅助治疗各种便秘。花菇含蛋白质、氨基酸、脂肪、粗纤维和维生素B_1、维生素B_2、维生素C、钙、磷、铁等。其蛋白质中有白蛋白、谷蛋白、醇溶蛋白、氨基酸等，具有调节人体新陈代谢、帮助消化、降低血压、防治佝偻病等作用。

烹饪常识

炒莴笋若时间过长，温度过高会使莴笋绵软，失去清脆口感。

[产褥期 吃 什么？]

茭白
JIAO BAI

【蔬菜菌菇类】

[别 名] 出隧、绿节、茭笋、高笋

【适用量】每日100克左右为宜。
【热量】23千卡/100克。
【性味归经】性寒，味甘。归肝、脾、肺经。

【主打营养素】
钾、碳水化合物、蛋白质
◎茭白含有丰富的钾，不仅对保护心脑血管有益，还可促进乳汁的分泌。此外，茭白含有的碳水化合物、蛋白质等，能补充产妇所需的营养物质，具有健壮身体的作用。

◎食疗功效

茭白既能利水消肿、退黄疸，又可辅助治疗四肢水肿、小便不利以及黄疸型肝炎等症，茭白还有清热解暑、解烦止渴、补虚健体、减肥美容、解酒毒等功效。产后乳汁缺乏的产妇适合食用。

◎选购保存

以根部以上部分显著膨大、掀开叶鞘一侧即略露茭肉的为佳。皮上如露红色，是由于采摘时间过长而引起的变色，质地较老。茭白含水分极多，若放置过久，会丧失鲜味，最好即买即食，若需保存，可以用纸包住，再用保鲜膜包裹，放入冰箱保存。

营养成分表

营养素	含量（每100克）
蛋白质	1.20克
脂肪	0.20克
碳水化合物	5.90克
膳食纤维	1.90克
维生素A	5微克
维生素B_1	0.02毫克
维生素B_2	0.03毫克
维生素C	5毫克
维生素E	0.99毫克
钙	4毫克
铁	0.40毫克
锌	0.33毫克
硒	0.45微克

 搭配宜忌

茭白+猪蹄	✓	有催乳作用
茭白+西红柿		清热解毒、利尿降压
茭白+豆腐	✗	容易得结石
茭白+蜂蜜		易引发痼疾

温馨提示

由于茭白所含的草酸较多，烹饪茭白的时候应先入沸水锅中焯烫，以免其所含的草酸在肠道内与钙结合成难溶的草酸钙，干扰人体对钙的吸收。另外，患肾脏疾病、尿路结石或尿中草酸盐类结晶较多的患者不宜食用。

[产褥期 吃 什么？]

产褥期案例 1 西红柿炒茭白

原料 茭白500克，西红柿100克

调料 盐、味精、料酒、白糖、水淀粉各适量

做法 ①将茭白清洗干净后，用刀面拍松，切条；西红柿清洗干净，切块。②锅加油烧热，下茭白炸至外层稍收缩、色呈浅黄色时捞出。③锅内留油，倒入西红柿、茭白、清水、味精、料酒、盐、白糖焖烧至汤较少时，用水淀粉勾芡即可。

专家点评 茭白含有较高的碳水化合物、蛋白质等，具有利尿、止渴、通乳、解毒等作用。西红柿则含有丰富的维生素C和一种特殊的物质番茄素，具有较强的助消化和利尿功能。茭白与西红柿二者搭配，具有清热解毒、利尿降压的作用。适合于辅助治疗热病烦躁、黄疸、痢疾以及高血压、产后水肿等症。

烹饪常识

由于茭白含有较多的草酸，其钙质不容易被人体吸收，因此烹饪前要焯一下水，以除去多余的草酸。

产褥期案例 2 虾米茭白粉条汤

原料 茭白150克，水发虾米30克，水发粉条20克，西红柿1个

调料 色拉油20克，盐4克

做法 ①将茭白清洗干净，切小块；水发虾米清洗干净；水发粉条清洗干净，切段；西红柿清洗干净，切块备用。②汤锅上火倒入色拉油，下入水发虾米、茭白、西红柿煸炒，倒入水，调入精盐，下入水发粉条煲至熟即可。

专家点评 茭白含较多的碳水化合物、蛋白质、脂肪等，能补充人体的营养物质，具有健壮机体的作用。虾皮富含钙、铁、碘；西红柿富含维生素C、番茄红素，与茭白搭配，有补虚、利尿、补血、辅助治疗四肢浮肿等作用。

烹饪常识

许多人看到茭白上的黑点会挑去不吃，以为是坏了，其实这些小黑点正是茭白可以抗骨质疏松的重点。

[产褥期 吃 什么？]

荷兰豆
HE LAN DOU

【蔬菜菌菇类】

[别 名] 青豌豆、青小豆、甜豆

【适用量】每次50克左右为宜。

【热量】27千卡/100克。

【性味归经】性寒，味甘。归脾、胃、大肠、小肠经。

【主打营养素】

膳食纤维、蛋白质、氨基酸、钙

◎荷兰豆富含膳食纤维，对产后乳汁不下有一定的食疗作用。荷兰豆中富含蛋白质和多种氨基酸，对脾胃有益，有助于产后妈妈增强体力。此外，荷兰豆还富含钙，可以增加乳汁的含钙量。

◎食疗功效

荷兰豆具有调和脾胃、利肠、利水的功效，还可以使皮肤柔润光滑，并能抑制黑色素的形成，有美容的功效。荷兰豆可预防直肠癌，并降低胆固醇，它还能抗癌、防癌，对糖尿病、产后乳少都有食疗作用。

◎选购保存

选购荷兰豆时，先看能不能把豆荚弄得沙沙作响，如果能，则说明荷兰豆是新鲜的。买的荷兰豆没吃完，不要洗，而应直接放入保鲜袋中，扎紧口，可低温保存。如果是剥出来的豌豆就适于冷冻，最好在一个月内吃完。

营养成分表

营养素	含量（每100克）
蛋白质	2.50克
脂肪	0.30克
碳水化合物	4.90克
膳食纤维	1.40克
维生素A	80微克
维生素B_1	0.09毫克
维生素B_2	0.04毫克
维生素C	16毫克
维生素E	0.30毫克
钙	51毫克
铁	0.90毫克
锌	0.50毫克
硒	0.42微克

◎搭配宜忌

荷兰豆+蘑菇 ✓ 可开胃消食

荷兰豆+虾 ✗ 会引起中毒

温馨提示

荷兰豆适合与富含氨基酸的食物一起烹调，可以明显提高荷兰豆的营养价值。荷兰豆多食会发生腹胀，易产气，所以脾胃虚弱者、慢性胰腺炎患者忌食，以免引起消化不良和腹泻。此外，没有熟透的荷兰豆应忌食，否则易产生中毒现象。

[产褥期 吃 什么？]

产褥期案例 1　荷兰豆炒鲮鱼片

原料 荷兰豆150克，鲮鱼200克，甜红椒1个

调料 盐5克，鸡精2克，淀粉5克

做法 ①荷兰豆择去头、尾、筋，放入沸水中稍焯后捞出。②鲮鱼取肉剁成肉泥，做成鲮鱼片，下入沸水中煮熟后，捞出。③锅上火加油烧热，下入荷兰豆炒熟后，加入鲮鱼片、盐、鸡精，再用淀粉勾芡即可。

专家点评 这道菜颜色丰富，色泽诱人，能增加产妇的食欲，有通乳下奶、补血益气、强筋健骨等功效。鲮鱼富含丰富的蛋白质、维生素A、钙、镁、硒等营养元素，肉质细嫩、味道鲜美。荷兰豆含有多种营养成分，如蛋白质、碳水化合物、维生素A、维生素C、钙、磷、硒等，有和中下气、利小便、解渴通乳的作用，常食用对脾胃虚弱、小腹胀满、产后乳汁不下、烦热口渴均有疗效。

烹饪常识

荷兰豆必须完全煮熟后才可以食用，否则极易发生食物中毒。

产褥期案例 2　荷兰豆炒墨鱼

原料 百合、荷兰豆各100克，墨鱼150克，蒜片、姜片、葱白各15克

调料 味精、白糖、鸡精各5克，湿淀粉10克，花生油10毫升，盐2克

做法 ①百合清洗干净掰成片，荷兰豆清洗干净，墨鱼去除内脏并清洗干净，切片备用。②烧锅下花生油，放入姜、蒜、葱炒香，加入百合、荷兰豆、墨鱼片一起翻炒。③加入味精、白糖、盐、鸡精后炒匀，再用湿淀粉勾芡即可。

专家点评 这道菜有通乳、补血益气的功效。荷兰豆是营养价值较高的豆类蔬菜之一，含有丰富的碳水化合物、蛋白质、维生素、胡萝卜素和人体必需的氨基酸，其中，所富含的维生素C可抗氧化、润滑皮肤、延缓细胞老化、淡化黑斑。墨鱼含丰富的蛋白质、钙、铁等营养成分，可滋阴养血、益气强筋。

烹饪常识

食用新鲜墨鱼时一定要去除内脏，因为其内脏中含有大量的胆固醇。

[产褥期 什么？]

草菇

CAO GU

【蔬菜菌菇类】

[别 名] 稻草菇、脚苞菇

【适用量】每次30～50克为宜。
【热量】23千卡/100克。
【性味归经】性平，味甘。归胃、脾经。

【主打营养素】
膳食纤维、铁
◎草菇中含有丰富的膳食纤维和铁质，有通便补血的作用，可为产后妈妈补血补气。与此同时，产妇摄入的铁质多了，乳汁中铁质也多，对预防婴儿贫血也有一定帮助作用。

◎食疗功效

草菇具有清热解毒、养阴生津、降压降脂、滋阴壮阳、通乳的作用，可预防坏血病，促进创面愈合，护肝健胃。同时，草菇还能促进人体新陈代谢，提高机体免疫力，增强抗病能力。此外，草菇还具有抑制癌细胞生长的作用，特别是对消化道肿瘤有辅助治疗作用，能加强肝肾的活力。

◎选购保存

宜选择新鲜、清香、无异味、大小适中、无霉点的草菇。干草菇应放在干燥、低温、避光、密封的环境中储存，新鲜的草菇要放在冰箱里冷藏。

营养成分表

营养素	含量（每100克）
蛋白质	2.70克
脂肪	0.20克
碳水化合物	4.30克
膳食纤维	1.60克
维生素A	未测定
维生素B_1	0.08毫克
维生素B_2	0.34毫克
维生素C	未测定
维生素E	0.40毫克
钙	17毫克
铁	1.30毫克
锌	0.60毫克
硒	0.02微克

温馨提示

草菇多作为鲜品食用，价格便宜，随处都可以买到。但草菇也同其他青叶蔬菜一样，在生长过程中，特别是在人工栽培的过程中，经常被农药喷洒，因此要想办法清除残毒，或作稍长时间的浸泡，或用食用碱水浸泡。

◎搭配宜忌

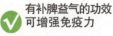

草菇+猪肉
草菇+牛肉 ✓ 有补脾益气的功效可增强免疫力

草菇+鹌鹑
草菇+蒜 ✗ 会面生黑斑 对身体不利

[产褥期 吃 什么？]

产褥期案例 1　草菇虾仁

原料｜虾仁300克，草菇150克，胡萝卜100克

调料｜盐3克，胡椒粉、淀粉、料酒各适量

做法｜① 虾仁清洗干净后拭干，拌入盐、料酒腌10分钟。② 草菇清洗干净，汆烫；胡萝卜去皮，洗净，切片。③ 将油烧至七成热，放入虾仁过油，待弯曲变红时捞出，余油倒出，另用油炒胡萝卜片和草菇，然后将虾仁回锅，加入少许盐、胡椒粉炒匀，用水淀粉勾芡后盛出即可。

专家点评｜这道菜有健筋骨、补气血的作用。草菇的维生素C含量高，能促进人体新陈代谢，提高机体免疫力，增强抗病能力，它还具有解毒作用，如铅、砷、苯进入人体时，可与其结合，形成抗坏血元，随小便排出。草菇还含有一种异种蛋白物质，有消灭人体癌细胞的作用。它所含的粗蛋白超过了香菇，其他营养成分与木质类食用菌也大体相当。

烹饪常识

草菇无论是鲜品还是干品，都不宜过长时间浸泡。

产褥期案例 2　草菇圣女果

原料｜草菇100克，圣女果50克

调料｜盐5克，淀粉3克，香葱8克，鸡汤50克，味精少许

做法｜① 草菇、圣女果清洗干净，切成两半。② 草菇用沸水焯至变色后捞出。③ 锅置火上，加油，待油烧至七八成热时，倒入香葱煸炒出香味，放入草菇、圣女果，加入鸡汤，待熟后放少许盐、味精，用水淀粉勾芡，拌匀即可出锅。

专家点评｜草菇维生素C含量高，能促进人体新陈代谢，提高机体免疫力，还能增加乳汁分泌，促进创面愈合，护肝健胃。圣女果中含有谷胱甘肽和番茄红素等特殊物质，可通过乳汁促进婴儿的生长发育。另外，圣女果中维生素P有保护皮肤，促进红细胞生成的作用。草菇、圣女果搭配的菜肴营养丰富，有助于产后恢复。

烹饪常识

烹饪前，将草菇作稍长时间的浸泡，或用食用碱水浸泡，可去除残留农药。

[产褥期 吃 什么？]

平菇
PING GU
【蔬菜菌菇类】

[别 名] 糙皮侧耳、秀珍菇

【适用量】每日100克为宜。
【热量】20千卡/100克。
【性味归经】性温，味甘。归脾、胃经。

【主打营养素】
18种氨基酸、钙、铁
◎平菇含有人体必需的18种氨基酸及钙、铁等营养素，这些营养素易为人体吸收，可以增强产妇体质以及增加乳汁的营养。新生儿吃了富含营养的乳汁，有利于身体的生长发育。

◎ 食疗功效

平菇具有补虚、抗癌之功效，能改善人体新陈代谢、增强体质、调节植物神经。对降低血液中的胆固醇含量、预防尿道结石也有一定效果，产妇可以放心食用。对女性更年期综合征可起调理作用。平菇还有祛风散寒、舒筋活络的作用，可辅助治疗腰腿疼痛、手足麻木、经络不适等症。

◎ 选购保存

应选购菇形整齐不坏、颜色正常、质地脆嫩而肥厚、气味纯正清香、无杂味、无病虫害、八成熟的鲜平菇。可以将平菇装入塑料袋中，存放于干燥处。

营养成分表

营养素	含量（每100克）
蛋白质	1.90克
脂肪	0.30克
碳水化合物	4.60克
膳食纤维	2.30克
维生素A	2微克
维生素B_1	0.06毫克
维生素B_2	0.16毫克
维生素C	4毫克
维生素E	0.79毫克
钙	5毫克
铁	1毫克
锌	0.61毫克
硒	1.07微克

◎ 搭配宜忌

| 平菇+豆腐 | 有利于营养吸收 |
| 平菇+鸡蛋 | 可滋补强身 |

| 平菇+野鸡 | 易引发痔疮 |
| 平菇+驴肉 | 易引发心绞痛 |

温馨提示

市售的平菇我们一般按照颜色来简单分为白色平菇、浅色平菇、褐黄色平菇三种，以褐黄色平菇最好，最为肉厚、鲜嫩、润滑。平菇营养丰富，对增强体质有一定的好处，所以，产妇可以食用，孕妇也可以食用。

[产褥期吃什么？]

产褥期案例 1 平菇烧腐竹

原料 干腐竹200克，平菇150克，青豆、胡萝卜丁各20克，淀粉5克

调料 料酒5毫升，清汤200毫升，姜末1克，盐3克，味精1克，花生油50毫升

做法 ①干腐竹用开水泡软，再放入锅内煮熟，切成寸段；青豆泡软，煮熟待用；平菇摘洗干净，切成片。②炒锅上火，放清水烧热，下腐竹、青豆、平菇，开锅后，沥去水。③锅内倒入花生油烧热后，放入姜末、胡萝卜丁煸炒，烹料酒、清汤、盐调好味，下入主配料煨入味后，加味精，淋水淀粉、明油，盛盘即成。

专家点评 这道菜清淡味鲜，有调补脾胃的作用。平菇含有多种营养成分及菌糖、甘露醇糖、激素等，具有改善人体新陈代谢、增强体质、调节植物神经功能等作用，可作为产妇滋补身体的营养品。腐竹含有黄豆蛋白、膳食纤维等，对人体非常有益。

烹饪常识

平菇口感好、营养高、不抢味，但鲜品出水较多。

产褥期案例 2 鸡肉平菇粉条汤

原料 鸡肉200克，平菇100克，水发粉条50克

调料 高汤适量，盐4克，酱油少许

做法 ①将鸡肉清洗干净，切块；平菇清洗干净，切小片；水发粉条清洗干净，切段备用。②净锅上火倒入高汤，下入鸡肉烧开，去浮沫，下入平菇、水发粉条，调入盐、酱油，煲至熟即可。

专家点评 这道汤非常美味，有下奶、滋补的功效。平菇含有的多种维生素及矿物质可以改善人体新陈代谢、增强体质。鸡肉是高蛋白、低脂肪的健康食品，其中氨基酸的组成与人体需要的十分接近，同时它所含有的脂肪酸多为不饱和脂肪酸，极易被人体吸收，含有的多种维生素、钙、磷、锌、铁、镁等成分，适合乳汁少的哺乳妈妈食用。

烹饪常识

平菇煮至香味出时即可起锅，趁热食用，久煮会破坏此汤的味道。

[产褥期 吃 什么?]

金针菇

JIN ZHEN GU

【蔬菜菌菇类】

[别 名] 金钱菌、冻菌、金菇

【适用量】每次50克为宜。
【热量】26千卡/100克。
【性味归经】性凉,味甘。归脾、大肠经。

【主打营养素】

锌、氨基酸

◎金针菇富含的锌有促进智力发育和健脑的作用,产妇多吃金针菇,能增加乳汁中锌的含量。婴儿吃了这种乳汁,有健脑益智的作用。金针菇中还含有人体所必需的氨基酸,可为产妇提供丰富的营养。

◎食疗功效

金针菇具有补肝、益肠胃、抗癌之功效,对肝病、胃肠道炎症、溃疡、肿瘤等病症有食疗作用。金针菇还是高钾低钠食品,可防治高血压,对老年人也有益。此外,食用金针菇具有抵抗疲劳、抗菌消炎、清除重金属盐类物质的作用。因此,产妇可以放心食用金针菇。

◎选购保存

优质的金针菇颜色应该是淡黄至黄褐色,菌盖中央较边缘稍深,菌柄上浅下深。用保鲜膜封好,放置在冰箱中可存放1周。

营养成分表

营养素	含量(每100克)
蛋白质	2.40克
脂肪	0.40克
碳水化合物	6克
膳食纤维	2.70克
维生素A	5微克
维生素B_1	0.15毫克
维生素B_2	0.19毫克
维生素C	2毫克
维生素E	1.14毫克
钙	未测定
铁	1.40毫克
锌	0.39毫克
硒	0.28微克

温馨提示

脾胃虚寒的产妇不宜吃太多金针菇。另外,不管是白色的,还是黄色的金针菇,颜色特别均匀、鲜亮,没有原来的清香而有异味的,可能是经过熏、漂、染或用添加剂处理过,要留意其药剂会不会影响健康,残留量是否达标。

◎搭配宜忌

金针菇+鸡肉	可健脑益智
金针菇+西蓝花 ✓	可增强免疫力
金针菇+猪肝	可补益气血
金针菇+驴肉 ✗	会引起心痛

[产褥期 吃 什么？]

产褥期案例 1　金针菇炒三丝

|原料| 猪肉250克，金针菇600克，鸡蛋清2个

|调料| 清汤、姜丝、盐、酒、淀粉、葱丝、麻油各适量

|做法| ① 猪肉洗净切丝，放入碗内，加蛋清、盐、酒、淀粉拌匀；金针菇清洗干净。② 锅内油烧热，将肉丝滑熟，放姜丝、葱丝炒香后放入少许清汤调好味。③ 倒入金针菇炒匀，淋上麻油即可。

|专家点评| 金针菇含有人体必需氨基酸的成分较全，其中赖氨酸和精氨酸含量尤其丰富，且含锌量比较高，对增强智力尤其是对婴儿的身高和智力发育有良好的作用，人称"增智菇"；金针菇还能有效地增强机体的生物活性，促进体内新陈代谢，有利于食物中各种营养素的吸收和利用。将金针菇与富含蛋白质、有机铁的猪肉搭配，营养更加全面。

> **烹饪常识**
>
> 金针菇不能煮炒太长时间，否则容易出水。看着稍微有点颜色变化就可以出锅了。

产褥期案例 2　金针菇鸡丝汤

|原料| 鸡胸肉200克，金针菇150克，黄瓜20克

|调料| 高汤适量，盐4克

|做法| ① 将鸡胸肉清洗干净切丝，金针菇清洗干净切段，黄瓜清洗干净切丝备用。② 汤锅上火倒入高汤，调入盐，下入鸡胸肉、金针菇煮至熟，撒入黄瓜丝即可。

|专家点评| 金针菇富含多种营养，其中锌的含量尤为丰富，可促进婴儿的生长发育。鸡胸肉蛋白质含量较高，且易被人体吸收利用，含有对婴儿生长发育有重要作用的磷脂类。鸡胸肉有温中益气、补虚填精、健脾胃、活血脉、强筋骨的功效。将这两种食物与清新爽口的黄瓜一起搭配，此汤清淡滋补，不仅有活血去恶露的作用，还能提高哺乳妈妈乳汁的营养，促进婴儿的健康发育。

> **烹饪常识**
>
> 金针菇要用开水稍焯一下，可去除异味。变质的金针菇不要吃。

[产褥期 吃 什么?]

银耳

YIN ER

【蔬菜菌菇类】

[别 名] 白木耳、雪耳

【适用量】每次20克为宜。
【热量】200千卡/100克（干银耳）。
【性味归经】性平，味甘。归肺、胃、肾经。

【主打营养素】

碳水化合物、矿物质、膳食纤维

◎银耳含有碳水化合物及钙、钾、铁等多种矿物质，对产妇的补益效果尤其显著，而富含的膳食纤维，可促进肠胃蠕动。此外，银耳还富含天然特性胶质，有去除黄褐斑和雀斑的功效。

◎食疗功效

银耳能提高肝脏解毒能力，保护肝脏，它不但能增强机体抗肿瘤的免疫能力，还能增强肿瘤患者对放疗、化疗的耐受力。它滋润而不腻滞，具有补脾开胃、益气清肠、安眠健胃、补脑、养阴清热、润燥的功效，非常适合产妇滋补身体。

◎选购保存

宜选购嫩白晶莹、略带乳黄的银耳。银耳要放在通风、透气、干燥、凉爽的地方，避免阳光长时间地照晒。要同一些气味较重的原料分开保存，避免相互串味。由于银耳质地较脆，故应减少翻动，轻拿轻放，不要压重物。

◎搭配宜忌

银耳+莲子 银耳+鹌鹑蛋	✓	可滋阴润肺 可健脑强身
银耳+菠菜 银耳+鸡蛋黄	✗	会破坏维生素C 不利于消化

营养成分表

营养素	含量（每100克）
蛋白质	10克
脂肪	1.40克
碳水化合物	36.90克
膳食纤维	30.40克
维生素A	8微克
维生素B_1	0.05毫克
维生素B_2	0.25毫克
维生素C	未测定
维生素E	1.26毫克
钙	36毫克
铁	4.10毫克
锌	3.03毫克
硒	2.95微克

温馨提示

银耳能清肺热，故外感风寒者忌用。此外，忌食霉变银耳。银耳霉变后，产生的很强的毒素对身体危害重大，严重者将导致死亡。由于冰糖银耳含糖量高，睡前不宜食用，以免血黏度增高。

[产褥期 吃 什么？]

产褥期案例 1　木瓜炖银耳

原料　木瓜1个，银耳、瘦肉、鸡爪各100克

调料　盐3克，味精1克，糖2克

做法　①将木瓜清洗干净，去皮切块；银耳泡发；瘦肉洗净，切块；鸡爪清洗干净。②炖盅中放水，将木瓜、银耳、瘦肉、鸡爪一起放入炖盅，炖制1~2小时。③炖盅中调入盐、味精、糖拌匀，即可出锅食用。

专家点评　这是一道滋养汤。食用后能养阴润肺，滋润皮肤，保持皮肤柔嫩，延缓衰老。木瓜含有丰富的维生素A及维生素C和膳食纤维，当中的水溶性纤维更加有助于平衡血脂水平，还能消食健胃，对消化不良具有食疗作用。银耳有滋阴、润肺、养胃、生津、益气、补脑、强心之功效，不但适宜于体虚的产妇食用，且对产妇具有很好的嫩肤美容功效。

烹饪常识

银耳宜用开水泡发，泡发后应去掉未发开的部分，特别是那些呈淡黄色的东西。

产褥期案例 2　椰子银耳鸡汤

原料　椰子1个，净鸡1只，银耳40克

调料　姜1片，蜜枣4颗，杏仁、盐各10克

做法　①鸡清洗干净，剁成小块；椰子去壳取肉。②银耳放入清水中浸透，剪去硬梗，清洗干净；椰子肉、蜜枣、杏仁分别清洗干净。③锅中放入适量水和姜片，加入上述所有材料，待滚开后转小火煲约2小时，放盐调味即成。

专家点评　这道汤可以滋补血气、润肺养颜。银耳富有天然特性胶质，加上它的滋阴作用，长期服用可以润肤，并有祛除脸部黄褐斑、雀斑的功效。银耳还是含膳食纤维的减肥食品，它的膳食纤维可助胃肠蠕动，减少脂肪吸收。将其与有补益脾胃作用的椰子，以及有补精填髓、益五脏、补虚损的鸡肉共同煲汤，滋补效果极佳。

烹饪常识

自己取椰汁及椰肉较为困难，购买时可请卖主切开，帮忙取出椰子汁与新鲜椰肉，这样可以方便又省力。

[产褥期 吃 什么?]

乌鸡

WU JI

【肉禽蛋类】

[别名] 黑脚鸡、乌骨鸡、药鸡

【适用量】每天食用100克左右为宜。
【热量】111千卡/100克。
【性味归经】性平，味甘。归肝、肾经。

【主打营养素】

维生素E、维生素B₂、烟酸、磷、铁、钠、钾

◎ 乌鸡是典型的低脂肪、低糖、低胆固醇、高蛋白的食物，富含的维生素E、维生素B₂、烟酸、磷、铁、钠、钾等营养成分，对产后贫血者具有补血、促进康复的作用。

◎ 食疗功效

乌鸡有补中止痛、滋补肝肾、益气补血、滋阴清热、调经活血、止崩治带等功效，特别是对妇女的气虚、血虚、脾虚、肾虚等症以及小儿生长发育迟缓、妇女更年期综合征等尤为有效。

◎ 选购保存

新鲜的乌鸡鸡嘴干燥、富有光泽，口腔黏液呈灰白色，洁净没有异味；乌鸡眼充满整个眼窝，角膜有光泽；皮肤毛孔隆起，表面干燥而紧缩；肌肉结实，富有弹性。可将乌鸡收拾干净，放入保鲜袋内，放入冰箱冷冻室内冷冻保存。

营养成分表

营养素	含量（每100克）
蛋白质	22.30克
脂肪	2.30克
碳水化合物	0.30克
维生素A	未测定
维生素B₁	0.02毫克
维生素B₂	0.20毫克
维生素E	0.20毫克
钙	17毫克
磷	210毫克
镁	51毫克
铁	2.30毫克
锌	1.60毫克
硒	7.73微克

温馨提示

乌鸡是滋补佳品，孕妇和产妇喝乌鸡汤可以补肝益肾、预防贫血。另外，体虚血亏、肝肾不足、脾胃不健的人也可以食用。但是，过量食用乌鸡会生痰助火，生热动风，所以感冒发热或湿热内蕴者不宜食用。

◎ 搭配宜忌

乌鸡+三七		补虚、活血、预防动脉硬化
乌鸡+粳米	✓	养阴、祛热、补中
乌鸡+核桃仁		提升补锌功效
乌鸡+狗肾	✗	易引起腹痛、腹泻

[产褥期 什么？]

产褥期案例 1　冬瓜乌鸡汤

原料 冬瓜200克，乌鸡150克，香菜20克

调料 色拉油25克，盐4克，味精2克，葱、姜各3克

做法 ①将冬瓜去皮、籽，清洗干净切片，乌鸡处理干净斩块，香菜清洗干净切段备用。②净锅上火倒入水，下入乌鸡汆水，捞起清洗干净待用。③净锅上火倒入色拉油，将葱、姜炝香，下入乌鸡、冬瓜煸炒，倒入水，调入盐、味精烧沸煲至熟，撒入香菜即可。

专家点评 冬瓜煲乌鸡营养更丰富，是十分平和的滋补汤，有滋养五脏、补血养颜的功效。乌鸡是药食同源的保健佳品，食用乌鸡可以提高生理机能、延缓衰老、强筋健骨。对防治骨质疏松、佝偻病、妇女缺铁性贫血症等有明显功效，对治疗产后虚弱有疗效。

> **烹饪常识**
>
> 乌鸡连骨（砸碎）熬汤滋补效果最佳，可将其骨头砸碎，与肉、杂碎一起熬炖，最好不用高压锅，而用砂锅熬炖，炖煮时宜用小火慢炖。

产褥期案例 2　百合乌鸡枸杞煲

原料 乌鸡300克，水发百合20克，枸杞10克

调料 盐8克

做法 ①将乌鸡处理干净斩块汆水，水发百合清洗干净，枸杞清洗干净备用。②净锅上火倒入水，调入盐，下入乌鸡、水发百合、枸杞煲至熟即可。

专家点评 这道汤有补气、补血、补铁、行气、润肺的功效，十分益于产后恢复体力。乌鸡中含丰富的黑色素、蛋白质、B族维生素、18种氨基酸和18种微量元素，其中烟酸、维生素E、磷、铁、钾、钠的含量均高于普通鸡肉，胆固醇和脂肪含量却很低，而且含铁元素也比普通鸡高很多，是营养价值极高的滋补品。百合主要含生物素、秋水碱等多种生物碱和营养物质，有良好的营养滋补之功。枸杞有提高机体免疫力、补气强精、滋补肝肾等功效。

> **烹饪常识**
>
> 制作此汤的时候不要使用铝锅。

[产褥期 吃 什么？]

猪蹄

ZHU TI

【肉禽蛋类】

【适用量】每次1个为宜。
【热量】260千卡/100克。
【性味归经】性平，味甘、咸。归肾、胃经。

[别 名] 猪脚、猪手、猪爪

【主打营养素】

胶原蛋白、脂肪、钙、铁、锌

◎猪蹄富含胶原蛋白、脂肪，对于哺乳期妈妈能起到催乳和美容的双重作用。猪蹄还富含钙、铁等矿物质，产妇摄入的营养多了，乳汁中的营养也多，可促进婴儿的发育。

◎ 食疗功效

猪蹄对于经常性的四肢疲乏、腿部抽筋、麻木、消化道出血、失血性休克胶缺血性脑患者有一定辅助疗效。传统医学认为，猪蹄有壮腰补膝和通乳之功，可用于肾虚所致的腰膝酸软和产妇产后缺少乳汁之症。而且多吃猪蹄对于女性具有丰胸作用。

◎ 选购保存

肉色红润均匀，脂肪洁白有光泽，肉质紧密，手摸有坚实感，外表及切面微微湿润，不黏手，无异味的为上好猪蹄。猪蹄最好趁新鲜制作成菜，放冰箱内可保存几天不变质。

◎ 搭配宜忌

| 猪蹄+黑木耳 猪蹄+木瓜 | ✓ | 滋补阴液、补血养颜 丰胸养颜 |
| 猪蹄+大豆 猪蹄+鸽肉 | ✗ | 会影响营养吸收 易引起滞气 |

营养成分表

营养素	含量（每100克）
蛋白质	22.60克
脂肪	18.80克
碳水化合物	未测定
维生素A	3微克
维生素B_1	0.05毫克
维生素B_2	0.10毫克
维生素E	0.01毫克
钙	33毫克
磷	33毫克
镁	5毫克
铁	1.10毫克
锌	1.14毫克
硒	5.85微克

温馨提示

猪蹄产妇和孕妇都可以食用，但是由于猪蹄中的胆固醇含量较高，有胃肠消化功能不良的孕妇一次不能过量食用。烹饪猪蹄前要检查好所购猪蹄是否有局部溃烂现象，以防口蹄疫传播给食用者，然后把毛拔净。

[产褥期 吃 什么？]

产褥期案例 1　花生猪蹄汤

原料 猪蹄1只，花生米30克

调料 盐适量

做法 ①将猪蹄清洗干净，切块，氽水；花生米用温水浸泡30分钟备用。②净锅上火倒入水，调入盐，下入猪蹄、花生米煲80分钟即可。

专家点评 猪蹄能滋阴益气血、通血脉。其中含有大量胶质，是血小板生成的物质，有止血功效。猪蹄中含有丰富的胶原蛋白，能补血通乳，中医常用于产后催乳。花生含有人体所必需的8种氨基酸，丰富的脂肪油，以及钙、铁、维生素E等营养物质，对女性也有催乳、增乳作用。这道汤还能润滑肌肤，对预防皮肤干燥、皱纹、衰老大有益处。

烹饪常识

　　猪毛多，可用松香，将松香先烧溶趁着热，泼在猪毛上，待松香凉了，揭去，猪毛随之也全脱。

　　猪蹄选用前蹄最好，肉质紧实一些。作为通乳食疗时应少放盐，不放味精。

产褥期案例 2　百合猪蹄汤

原料 水发百合125克，西芹100克，猪蹄175克

调料 清汤适量，盐5克，葱、姜各5克

做法 ①将水发百合清洗干净，西芹择洗干净切段，猪蹄清洗干净斩块备用。②净锅上火倒入清汤，调入盐，下入葱、姜、猪蹄烧开，打去浮沫，再下入水发百合、西芹煲至熟即可。

专家点评 这道汤味道鲜美，能增加产妇的食欲，有养心润肺、通乳催乳的作用。猪蹄中含有较多的蛋白质、脂肪和碳水化合物，含有丰富的胶原蛋白质，有补血养颜的作用。西芹是高纤维食物，它经肠内消化作用产生一种木质素或肠内脂的物质，可以加快粪便在肠内的运转时间，有防治产期便秘的作用。百合含有多种营养成分，有润肺、清心、止血、开胃、安神的功效。

烹饪常识

　　清洗干净猪蹄，用开水煮到皮发胀，然后取出用指钳将毛拔除，省力省时。

[产褥期 吃 什么？]

猪腰

ZHU YAO

【肉禽蛋类】

[别 名] 猪肾

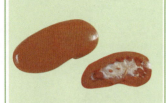

【适用量】每次约30克为宜。
【热量】96千卡/100克。
【性味归经】性平，味甘、咸。归肾经。

【主打营养素】
蛋白质、脂肪、维生素、矿物质
◎猪腰含有蛋白质、脂肪、碳水化合物、维生素，以及钙、磷、铁等矿物质，可强化肾脏、恢复子宫机能、治疗腰酸背痛。

◎ 食疗功效

猪腰可促进体内新陈代谢，有健肾补腰、和肾理气之功效。此外，猪腰还具有补肾益精、利水的功效，主治肾虚腰痛、遗精盗汗、产后虚羸、身面水肿等症。

◎ 选购保存

选购猪腰首先看表面有无出血点，有则不正常。其次看形体是否比一般猪腰大和厚，如果是又大又厚，应仔细检查是否有肾红肿。检查方法是：用刀切开猪腰，看皮质和髓质（白色筋丝与红色组织之间）是否模糊不清，模糊不清的就不正常。购买猪腰后要趁鲜制作菜肴，短时间内可放保鲜室内保鲜。

◎ 搭配宜忌

猪腰+豆芽		可滋肾润燥
猪腰+竹笋	✓	可补肾利尿
猪腰+黑木耳		有养颜、抗衰老的作用
猪腰+茶树菇	✗	会影响营养吸收。

营养成分表

营养素	含量（每100克）
蛋白质	15.40克
脂肪	3.20克
碳水化合物	1.40克
维生素A	41微克
维生素B_1	0.31毫克
维生素B_2	1.14毫克
维生素E	0.34毫克
钙	12毫克
磷	215毫克
镁	22毫克
铁	6.10毫克
锌	2.56毫克
硒	111.77微克

温馨提示

孕妇可以适当吃些猪腰以滋补肾脏，但在食用前要将肾上腺割除干净，如果孕妇误食了，可能会出现恶心、呕吐、手足麻木中毒症状或诱发妊娠水肿。

[产褥期 什么？]

产褥期案例 1　韭菜腰花

|原料| 韭菜、猪腰各150克，核桃仁20克，甜红椒30克

|调料| 盐、味精各3克，鲜汤、水淀粉各适量

|做法| ①韭菜清洗干净切段；猪腰清洗干净，切花刀，再横切成条，入沸水中氽烫去血水，捞出控干；甜红椒清洗干净，切丝。②盐、味精、水淀粉和鲜汤搅成芡汁，备用。③油锅烧热，加入甜红椒爆香，再依次加入腰花、韭菜、核桃仁翻炒，快出锅时调入芡汁即可。

|专家点评| 这道菜可以缓解产后腰痛，且对产后康复有很好的作用。猪腰含有蛋白质、脂肪、碳水化合物、钙、磷、铁和维生素等，有补肾益精、利水的功效。韭菜含有大量维生素和粗纤维，能增进胃肠蠕动，治疗便秘。核桃仁中含有亚油酸和大量的维生素E，可提高细胞的生长速度，是滋补的上佳食品。

烹饪常识

猪腰一定要将腰腺去除干净才不会影响口味。猪腰切好后也可以放在淡盐水中浸泡一会儿再烹饪。

产褥期案例 2　什锦腰花

|原料| 猪腰500克，木耳20克，荷兰豆、胡萝卜各50克

|调料| 盐4克

|做法| ①将猪腰治净，切菱形花刀再切片。②将猪腰放入沸水中氽烫后捞出待用。③将木耳清洗干净，泡发，去蒂，切片；荷兰豆撕去边丝，清洗干净；胡萝卜削皮，清洗干净，切片。④炒锅加油，下木耳、荷兰豆、胡萝卜片炒匀，将熟前下腰片，加盐调味，拌炒至腰片熟即可。

|专家点评| 这道菜含有丰富的蛋白质、钙、铁等多种微量元素，对产妇的身体有很好的补充作用，钙元素有利于产妇和婴儿的健康。猪腰含有丰富的磷、铁，对产妇有补血的作用。食用后可以红润肌肤，美容养颜。木耳含有蛋白质、钙、铁及钾等营养成分，有活血补血的功效，此外，木耳中含有的胶质有助于产妇将毒素排出体外。

烹饪常识

猪腰打花刀的时候，刀纹不要太深，否则炒制时易碎掉。

[产褥期 吃什么？]

猪肚

ZHU DU

【肉禽蛋类】

[别 名] 猪胃

【适用量】每次50克为宜。

【热量】110千卡/100克。

【性味归经】性微温，味甘。归脾、胃经。

【主打营养素】

蛋白质、脂肪、矿物质、维生素

◎猪肚含有丰富的蛋白质、脂肪、维生素及钙、铁、锌等营养成分，有利于恢复元气，改善气虚体质，对产后气血虚损、身体虚弱的产妇有很好的补益作用。

◎食疗功效

猪肚营养很丰富，含有蛋白质、脂肪、碳水化合物、维生素及钙、磷、铁等，不仅可供食用，而且有很好的药用价值。有补虚损、健脾胃的功效，多用于脾虚腹泻、虚劳瘦弱、产后体虚、消渴、小儿疳积、尿频或遗尿。

◎选购保存

新鲜的猪肚富有弹性和光泽，白色中略带浅黄色，黏液多，质地坚而厚实；不新鲜的猪肚白中带青，无弹性和光泽，黏液少，肉质松软。如将猪肚翻开，内部有硬的小疙瘩，不宜选购。猪肚可用盐腌好，放于冰箱中保存。

营养成分表

营养素	含量（每100克）
蛋白质	15.20克
脂肪	5.10克
碳水化合物	0.70克
维生素A	3微克
维生素B_1	0.07毫克
维生素B_2	0.16毫克
维生素E	0.32毫克
钙	11毫克
磷	124毫克
镁	12毫克
铁	2.40毫克
锌	1.92毫克
硒	12.76微克

◎搭配宜忌

猪肚+黄豆芽 ✓	可增强免疫
猪肚+莲子	可补脾健胃
猪肚+樱桃 ✗	易引起消化不良
猪肚+豆腐	不利营养物质的吸收

温馨提示

怀孕妇女若胎气不足，及分娩后虚羸者，用猪肚煨煮烂熟如糜，频频服食，最为适宜。猪肚烧熟后，切成长条或长块，放在碗里，加点汤水，放进锅里蒸，猪肚会涨厚一倍，又嫩又好吃。

[产褥期 吃 什么？]

产褥期案例 1　莲子猪肚

原料 猪肚1个，莲子50克

调料 盐3克，香油6克，葱、姜、蒜各10克

做法 ❶莲子泡发，清洗干净，去心；猪肚清洗干净，内装莲子，用线缝合；葱、姜清洗干净切丝；蒜剁蓉。❷将猪肚放入锅中，加清水炖至熟透，捞出放凉，切成细丝，同莲子放入盘中。❸调入葱丝、姜丝、蒜蓉、盐和香油，拌匀即可。

专家点评 这道菜猪肚鲜嫩，清淡适口，可健脾益胃、补虚益气，产妇常食可益脾胃。猪肚含有蛋白质、脂肪、钙、磷、铁等，气血虚亏、身体瘦弱者可多食用，对女性还有补血养颜的作用；莲子含有丰富的钙、磷、铁，除可以构成骨骼和牙齿的成分外，还有促进凝血，使某些酶活化，维持神经传导性，镇静神经，维持肌肉的伸缩性和心跳的节律等作用。

烹饪常识

选用嫩一点的莲子，口感会更好，若用老莲子，要去掉莲心。

产褥期案例 2　鸡骨草猪肚汤

原料 猪肚250克，鸡骨草100克，枸杞10克

调料 盐、高汤各适量

做法 ❶将猪肚清洗干净，切条。❷将鸡骨草、枸杞清洗干净，备用。❸净锅上火倒入高汤，调入盐，下入猪肚、鸡骨草、枸杞，煲至熟即可。

专家点评 这道汤滋阴养血、润燥滑肠，适合产后血虚津亏，症见大便燥结的新妈妈食用。猪肚营养丰富，含有蛋白质、碳水化合物、脂肪、钙、磷、铁、烟碱酸等营养成分，有补气血虚损、健脾胃的功效。枸杞含有多种营养成分，如维生素A、维生素B_1、维生素B_2、维生素C、钙等，有养肝血、明目的功效。

烹饪常识

煲猪肚汤所需时间较长，因此建议使用焖烧锅，以节约煤气。

[产褥期 吃什么？]

鲫鱼

JI YU

【水产类】

[别 名] 鲋鱼

【适用量】每次约50克为宜。
【热量】108千卡/100克。
【性味归经】性平，味甘。归脾、胃、大肠经。

【主打营养素】

优质蛋白质、氨基酸、钙、铁、锌

◎鲫鱼肉中富含极高的蛋白质，而且易于被人体所吸收，其中氨基酸、钙、铁、锌的含量也很高，对产妇有通乳汁、补身体、促康复的作用。

◎ 食疗功效

鲫鱼可补阴血、通血脉、补体虚，还有益气健脾、利水消肿、清热解毒、通络下乳、祛风湿病痛之功效。鲫鱼所含的蛋白质质优、齐全、易于消化吸收，是肝肾疾病、心脑血管疾病患者的良好蛋白质来源，常食可增强抗病能力。

◎ 选购保存

鲫鱼要买身体扁平、颜色偏白的，肉质会很嫩。新鲜鲫鱼的眼略凸，眼球黑白分明，眼面发亮。用浸湿的纸贴在鱼眼上，可防止鱼视神经后的死亡腺离水后断掉。这样死亡腺可保持一段时间，从而延长鱼的寿命。

营养成分表

营养素	含量（每100克）
蛋白质	17.10克
脂肪	2.70克
碳水化合物	3.80克
维生素A	17微克
维生素B_1	0.04毫克
维生素B_2	0.09毫克
维生素E	0.68毫克
钙	79毫克
镁	41毫克
铁	1.30毫克
锌	1.94毫克
硒	14.31毫克
铜	0.08微克

◎ 搭配宜忌

鲫鱼+木耳 鲫鱼+绿豆芽	✔	可降压降脂、润肤抗老 可催乳
鲫鱼+猪肉 鲫鱼+芥菜	✘	不利于营养的吸收 会引起水肿

温馨提示

在熬鲫鱼汤时，可以先用油煎一下，再用开水小火慢熬，鱼肉中的嘌呤就会逐渐溶解到汤里，整个汤呈现出乳白色，味道更鲜美。鲫鱼肉嫩味鲜，可做粥、做汤、做菜、做小吃等，有较强的滋补作用，也适合孕产妇食用。

[产褥期 吃 什么？]

产褥期案例 1　玉米须鲫鱼煲

原料 鲫鱼450克，玉米须50克，莲子肉5克

调料 色拉油30克，盐少许，味精3克，葱段、姜片各5克

做法 ① 将鲫鱼处理干净，在鱼身上打上花刀；玉米须清洗干净；莲子肉清洗干净备用。② 锅上火倒入色拉油，将葱、姜炝香，下入鲫鱼略煎，倒入水，调入盐、味精，加入玉米须、莲子肉煲至熟即可。

专家点评 这道汤营养丰富，有清除恶露、通乳的作用。鱼类都含有丰富的蛋白质，能促进子宫收缩，而鲫鱼更能促进子宫收缩，去"余血"，所以鲫鱼有清除恶露的功效，鲫鱼还有催乳通乳的作用。此外，鲫鱼还富含锌元素，新妈妈常食对预防小儿缺锌很有好处。玉米须可主治水肿、小便淋沥、黄疸、胆囊炎、胆结石、高血压病、糖尿病、乳汁不通。

烹饪常识

用姜片在锅上擦一遍，煎鱼时可使鱼片不粘锅。

产褥期案例 2　西红柿淡奶鲫鱼汤

原料 鲫鱼1条，三花淡奶、西红柿、豆腐各适量

调料 生姜50克，生葱花、沙参各20克，盐5克，味精3克，胡椒粉1克

做法 ① 西红柿清洗干净，切成小丁；生姜去皮，洗净，切成片；豆腐洗净，切成小丁；沙参泡发。② 鲫鱼处理干净后，在背部打上花刀。③ 锅中加水烧沸，加入鲫鱼、西红柿、豆腐煮沸后，调入盐、味精、胡椒粉、三花淡奶煮至入味，出锅前撒上葱花即可。

专家点评 这道汤汤色稠浓，白里透红，入口酸酸甜甜，含有丰富的蛋白质、脂肪、碳水化合物和钙、磷、铁、锌、核黄素、烟酸等多种营养素，对新妈妈乳汁不下有显著疗效。鲫鱼肉质细嫩，肉味甜美，含大量的铁、钙、磷等矿物质。西红柿中含有大量的维生素A、维生素C、维生素P等，能增强人体对疾病的抵抗力，能促进外伤愈合。

烹饪常识

洗鲫鱼的时候，一定要将腹内的黑色膜去掉。

[产褥期 吃 什么？]

鲢鱼
LIAN YU
【水产类】

[别 名] 鲢、鲢子、边鱼

【适用量】每次50克为宜。
【热量】104千卡/100克。
【性味归经】性温，味甘。归脾、胃经。

【主打营养素】
钙、镁、磷、铁、钾、硒
◎鲢鱼富含蛋白质、钙、镁、磷、铁、钾、硒等营养素，既能健身、催乳，又能美容，令皮肤有光泽，是产妇滋补身体及滋养肌肤的理想食品。

◎食疗功效

鲢鱼具有健脾、利水、温中、益气、通乳、化湿之功效。另外，鲢鱼的鱼肉中含蛋白质、脂肪酸很丰富，能促进智力发展，对于降低胆固醇及血液黏稠度和预防心脑血管疾病、癌症等具有明显的食疗作用。

◎选购保存

优质的鲢鱼，眼球突出，角膜透明，鱼鳃色泽鲜红，腮丝清晰，鳞片完整有光泽，不易脱落，鱼肉坚实、有弹性。可将鲢鱼宰杀后处理干净，切成块分装在塑料袋里放入冷冻室保存。

营养成分表

营养素	含量（每100克）
蛋白质	17.80克
脂肪	3.60克
碳水化合物	未测定
维生素A	20微克
维生素B_1	0.03毫克
维生素B_2	0.07毫克
维生素E	1.23毫克
钙	53毫克
镁	23毫克
铁	1.40毫克
锌	1.17毫克
硒	15.63微克
铜	0.06微克

温馨提示

鲢鱼适用于烧、炖、清蒸、油浸等烹调方法，尤以清蒸、油浸最能体现鲢鱼清淡、鲜香的特点。由于鲢鱼性温，所以脾胃蕴热的产妇不宜食用。此外，感冒、发烧、口腔溃疡、大便秘结等病症者应忌食。

◎搭配宜忌

鲢鱼+丝瓜	✓	可生血通乳
鲢鱼+萝卜		可利水消肿
鲢鱼+西红柿	✗	不利于营养的吸收
鲢鱼+甘草		会引起中毒

[产褥期 吃 什么？]

产褥期案例 1 山药鱼头汤

原料 鲢鱼头400克，山药100克，枸杞10克

调料 盐6克，鸡精3克，香菜、葱花、姜末各5克，花生油适量

做法 ①将鲢鱼头冲洗干净剁成块，山药清洗干净，去皮切块备用，枸杞清洗干净，香菜洗净，切段。②净锅上火倒入花生油、葱花、姜末爆香，下入鱼头略煎后加水，下入山药、枸杞，调入盐、鸡精煲至熟，撒入香菜即可。

专家点评 这道汤含有丰富的蛋白质、脂肪、钙、铁、锌等营养成分，有助于产妇康复，并能促进婴儿大脑及身体发育。鲢鱼头富含胶原蛋白，脂肪和热量都很低，食之有健脾补气、温中暖胃、美容润肤之功效；山药有帮助消化、滋养脾胃等功效，所以这道汤还能帮助产妇恢复体能，促进乳汁的分泌。

烹饪常识

鲢鱼头清洗干净后放入淡盐水中泡一下会去除土腥味。

产褥期案例 2 老妈煲鱼头

原料 鲢鱼头300克，猪血50克，白菜15克

调料 酱油适量，葱、姜、蒜片各2克

做法 ①将鲢鱼头清洗干净斩块，猪血、白菜清洗干净均切块备用。②净锅上火倒入水，调入酱油、葱姜蒜片，下入鲢鱼头、猪血、白菜煲至熟即可。

专家点评 这道汤含丰富的蛋白质、钙、卵磷脂、维生素B_1等，最能满足产妇及婴儿的营养需要。鲢鱼头肉质细嫩、营养丰富，除了含蛋白质、脂肪、钙、磷、铁、维生素B_1外，它还含有鱼肉中所缺乏的卵磷脂，该物质被机体代谢后能分解出胆碱，最后合成乙酰胆碱，乙酰胆碱是神经元之间化学物质传送信息的一种最重要的"神经递质"，可增强记忆、思维和分析能力，让人变得聪明。

烹饪常识

猪血在收集的过程中非常容易被污染，因此最好购买品质有保证的猪血。

[产褥期 吃 什么？]

鲇鱼

NIAN YU

【水产类】

[别 名] 鲶鱼、胡子鲢、生仔鱼

【适用量】每次180克为宜。
【热量】103千卡/100克。
【性味归经】性温，味甘。归脾、胃经。

【主打营养素】
DHA、氨基酸
◎鲇鱼不仅含有丰富的DHA，能够为婴儿大脑神经系统发育提供丰富营养，还含有人体所必需的各种氨基酸，具有滋阴开胃、催乳利尿的作用。

◎ 食疗功效

鲇鱼有滋阴养血、补中益气、开胃健脾、通水利尿以及催乳通乳的作用，是妇女产后食疗滋补的必选食物。而且鲇鱼油脂含量低，其肉蛋白在胃蛋白酶的作用下很容易分解成氨基酸，所以消化率达98%，特别适合体弱虚损、营养不良之人及产妇食用。

◎ 选购保存

鲇鱼的显著特征是周身无鳞，身体表面多黏液，头扁口阔，上下颌有四根胡须。活鲇鱼直接放在水盆里即可，在水里滴上几滴油更好。也可以宰杀清洗干净后，放入冰箱中冷藏。

营养成分表

营养素	含量（每100克）
蛋白质	17.30克
脂肪	3.70克
碳水化合物	0.60克
维生素A	未测定
维生素B_1	0.03毫克
维生素B_2	0.10毫克
维生素E	0.54毫克
钙	42毫克
镁	22毫克
铁	2.10毫克
锌	0.53毫克
硒	27.49微克
铜	0.09微克

温馨提示

吉林民间有方，可用鲇鱼熬汤煮鸡蛋，连续食用可以增加奶水。尽量不要选黑色的鲇鱼，黑色的鲇鱼土腥味最重。鲇鱼的卵有毒，误食会导致呕吐、腹痛、腹泻、呼吸困难，情况严重的会造成瘫痪。

◎ 搭配宜忌

鲇鱼+豆腐 鲇鱼+茄子	✓	可提高营养吸收率 营养丰富
鲇鱼+西红柿 鲇鱼+甘草	✗	不利于营养的吸收 会引起中毒

[产褥期 吃 什么？]

产褥期案例 1 鲇鱼炖茄子

原料 鲇鱼400克，茄子350克

调料 盐5克，生抽6克，料酒10克，葱段、姜片、蒜片、清鸡汤各适量

做法 ①鲇鱼去鳞、鳃及内脏，搓洗一下去表面的黏液，再放进沸水里汆烫一下后取出切成段。②茄子洗净，切成块，用少许油炒软茄子，盛出。③油锅炒香葱段、姜片、蒜片，加入清鸡汤，烧开后加入鲇鱼、茄子，再用生抽、料酒、盐调好，用小火炖半小时即可。

专家点评 鲇鱼含有丰富的蛋白质和矿物质等营养元素，是产后食疗滋补的必选食物。此外，鲇鱼还含有多种矿物质和微量元素，具有强精壮骨和延年益寿作用。茄子是为数不多的紫色蔬菜，也是餐桌上十分常见的家常蔬菜，它的紫皮中含有丰富的维生素E和维生素P，有活血化淤、清热消肿、宽肠之功效。

烹饪常识

鲇鱼可用盐稍微腌渍一下再进行烹饪，味道会更好。鲇鱼不宜久煮，以免鲇鱼肉质变老。

产褥期案例 2 枣蒜烧鲇鱼

原料 鲇鱼500克，红枣、大蒜各100克

调料 盐3克，酱油、料酒、醋、白糖、高汤各适量

做法 ①将红枣清洗干净；大蒜去皮清洗干净；鲇鱼处理干净，肉切开但不切断，用盐、料酒腌渍5分钟。②油锅烧热，放入鲇鱼稍煎，注入高汤。③放蒜、红枣，加盐、酱油、醋、白糖焖熟即可。

专家点评 这道菜有补气、滋阴、促进产后恢复的功效。鲇鱼含有丰富的DHA，能够为婴儿大脑神经系统发育提供丰富营养，其钙、磷、维生素A、维生素D含量也很高，并含有人体所必需的各种氨基酸，具有滋阴开胃、催乳利尿的功效。红枣营养丰富，既含蛋白质、脂肪、有机酸、黏液质和钙、磷、铁等，又含有多种维生素，有补中益气、养血安神的功效。

烹饪常识

清洗鲇鱼时，一定要将鱼卵清除掉，因为鲇鱼卵有毒，不能食用。选用优质的红枣进行烹饪，味道会更好。

[产褥期 吃 什么？]

黄鱼
HUANG YU
【水产类】

[别 名] 石首鱼、黄花鱼

【适用量】每次100克左右为宜。
【热量】97千卡/100克。
【性味归经】性平，味甘、咸。归肝、肾经。

【主打营养素】
蛋白质、维生素、微量元素
◎黄鱼含有丰富的蛋白质、微量元素和维生素，对人体有很好的补益作用，对食欲不振、亏血过重、元气大虚等症的产妇有显著的食疗效果。

◎食疗功效

黄鱼可开胃益气、调中止痢、明目安神，可治久病体虚、少气乏力、头昏神倦、脾虚下痢、肢体水肿，产妇食用有助产后康复。黄鱼含有多种氨基酸，其提取物可作癌症病人的康复剂和治疗剂，如用黄鱼制取的水解蛋白，是癌症病人良好的蛋白质补充剂。

◎选购保存

黄鱼的背脊呈黄褐色，腹部金黄色，鱼鳍灰黄，鱼唇橘红，应选择体形较肥、鱼肚鼓胀的，比较肥嫩。可将黄鱼去除内脏，清除干净后，用保鲜膜包好，再放入冰箱冷冻保存。

◎搭配宜忌

黄鱼+茼蒿 黄鱼+西红柿 ✓	可暖胃益脾、化气生肌 可促进骨骼发育
黄鱼+洋葱 黄鱼+牛油 ✗	会降低蛋白质的吸收，形成结石 会加重肠胃负担

营养成分表

营养素	含量（每100克）
蛋白质	17.70克
脂肪	2.50克
碳水化合物	0.80克
维生素A	10微克
维生素B_1	0.03毫克
维生素B_2	0.10毫克
维生素E	1.13毫克
钙	53毫克
镁	39毫克
铁	0.70毫克
锌	0.58毫克
硒	42.57微克
铜	0.04毫克

温馨提示

黄鱼是优质食用鱼种，除适合产妇食用外，孕妇也可以食用。体胖有热者，不可多食，否则易发疮疡；胃呆痰多者、哮喘病人、过敏体质者慎食。清洗黄鱼的时候不用剖腹，可以用筷子从口中搅出肠肚，再用清水冲洗几遍即可。

[产褥期 什么？]

产褥期案例 1　清汤黄鱼

原料 黄鱼1条

调料 盐5克，葱段、姜片各2克

做法 ①将黄鱼宰杀处理干净备用。②净锅上火倒入水，放入葱段、姜片，再下入黄鱼煲至熟，调入盐即可。

专家点评 这道汤味道鲜美，鱼肉香嫩，有补血、补亏虚的功效。黄鱼肉质鲜嫩，营养丰富，是优质食用鱼种，还含有丰富的蛋白质、微量元素和维生素，对人体有很好的补益作用和补血功效，其中含有的钙有助于婴儿的骨骼和牙齿发育。

烹饪常识

大黄鱼个头比小黄鱼大，其尾柄的长度为尾柄高度的3倍多；臀鳍的第二鳍棘等于或大于眼径、鳞较小、组织紧密，背鳍与侧线间有鳞片8~9个；头大、口斜裂、头部眼睛较大。而小黄鱼体背较高，鳞片圆大，尾柄粗短，口宽上翘，眼睛较小。

产褥期案例 2　干黄鱼煲木瓜

原料 干黄鱼2条，木瓜100克

调料 盐少许，香菜段2克

做法 ①将干黄鱼清洗干净浸泡；木瓜清洗干净，去皮、籽，切方块备用。②净锅上火倒入水，调入盐，下入干黄鱼、木瓜煲至熟，撒入香菜段即可。

专家点评 这道汤有补虚、通乳的功效。黄鱼中含有多种氨基酸，有增强免疫力、改善机能的作用。同时，黄鱼中所含的微量元素硒，能够清除人体代谢中的废弃自由基，能有效预防癌症，延缓衰老。木瓜含番木瓜碱、木瓜蛋白酶、凝乳酶、胡萝卜素等，并富含17种以上氨基酸及多种营养元素，有健脾消食、通乳的功效。将两者结合，能补亏损，助生乳汁，是哺乳妈妈的一道营养靓汤。

烹饪常识

黄鱼头上的头盖皮要撕掉，因为它腥味很大，会影响口味。木瓜中的番木瓜碱对人体有微毒，多吃会损筋骨、损腰部和膝盖力气。

[产褥期 吃 什么？]

虾皮

XIA PI

【水产类】

[别 名] 毛虾

【适用量】每次30克左右为宜。
【热量】153千卡/100克。
【性味归经】性温，味甘、咸。归胃、肾、肝经。

【主打营养素】
蛋白质、矿物质
◎虾皮中含有丰富的蛋白质和矿物质，尤其是钙的含量极为丰富，有"钙库"之称，产妇多吃虾皮，乳汁含有的钙也较为丰富，婴儿吃了这种乳汁，可预防佝偻病。

◎食疗功效

虾皮具有补肾壮阳、理气开胃、益气下乳的功效，对肾虚夜尿频多、阳痿、乳汁不行等有很好的食疗作用。虾皮还有镇定作用，常用来辅助治疗神经衰弱、植物神经功能紊乱等症。

◎选购保存

市场上出售的虾皮有两种，一种是生晒虾皮，另一种是熟煮虾皮。前者无盐分，鲜味浓，口感好，而且不易发潮霉变，可长期存放。买时要注意色泽，以色白明亮、有光泽、个体完整者为佳。保存宜放入干燥、密闭的容器里。

营养成分表

营养素	含量（每100克）
蛋白质	30.70克
脂肪	2.20克
碳水化合物	2.50克
维生素A	19微克
维生素B_1	0.02毫克
维生素B_2	0.14毫克
维生素E	0.92毫克
钙	991毫克
镁	265毫克
铁	6.70毫克
锌	1.93毫克
硒	74.43微克
铜	1.08微克

◎搭配宜忌

虾皮+韭菜花 ✓ 降压明目，预防眼睛干燥及夜盲症
虾皮+大葱 ✓ 益气、下乳、开胃

虾皮+苦瓜 ✗ 易引起食物中毒
虾皮+浓茶 ✗ 易引起结石

温馨提示

虾皮有很强的通乳作用。在给产妇通乳方面，我们平时用的不太多，产妇要下奶一般都是用猪蹄、排骨、鸡、鱼等等。其实虾皮在这方面的功效也很好。虾皮的营养很丰富，是孕产妇饮食的良好选择。

[产褥期吃什么？]

产褥期案例 1　平菇虾皮凤丝汤

原料 鸡大胸200克，平菇45克，虾皮5克

调料 高汤适量，盐少许

做法 ①将鸡大胸清洗干净切丝汆水，平菇清洗干净撕成条，虾皮清洗干净稍泡备用。②净锅上火倒入高汤，下入鸡大胸、平菇、虾皮烧开，调入盐煮至熟即可。

专家点评 这道菜是产妇的补钙餐，以免引起产妇腰酸背痛、腿脚抽筋、牙齿松动、骨质疏松等各种难缠的"月子病"。虾皮中含有丰富的蛋白质和矿物质，尤其是钙的含量极为丰富，有"钙库"之称，是缺钙者补钙的较佳途径，不仅适合产妇补钙，同时还有助于母乳喂养的婴儿补钙，促进其骨骼和牙齿发育。所以，产妇常食虾皮，可预防自身因缺钙所致的骨质疏松症，还对提高食欲和增强体质都很有好处。

烹饪常识
平菇清洗干净后最好是焯一下水，这样更容易入味。

产褥期案例 2　虾皮油菜

原料 嫩油菜200克，虾皮50克

调料 盐、香油、葱、姜、高汤、鸡精各少许

做法 ①将油菜清洗干净，根部削成锥形后划出"十"字形；虾皮用温水泡软待用。②净锅上火，加水烧热后放入油菜，变色后捞出；锅中留少许油，待油热后放入葱、姜煸出香味。③加入高汤、虾皮、盐、鸡精、油菜，盖上锅盖焖2~3分钟，淋入香油即可出锅。

专家点评 这道菜清新爽口、营养丰富。虾皮富含蛋白质、钙、镁等营养成分，有补钙和通乳的功效。油菜中含有丰富的钙、铁和维生素C，胡萝卜素含量也很丰富，是人体黏膜及上皮组织维持生长的重要营养源，对于抵御皮肤过度角质化大有裨益。油菜还有促进血液循环、散血消肿的作用。产后淤血腹痛、丹毒、肿痛脓疮可通过食用油菜来辅助治疗。

烹饪常识
若虾皮外壳污秽无光，碎末多，并有霉味，说明虾皮已经变质，不宜食用。

[产褥期 吃 什么？]

木瓜
MU GUA
【水果类】

[别 名] 瓜海棠、木梨、木李

【适用量】每日一个为宜。
【热量】27千卡/100克。
【性味归经】性温，味甘。归心、肺、肝经。

【主打营养素】

维生素C、氨基酸

◎木瓜含有比鲜橙更多的维生素C，在强化免疫力、抗氧化、减少光伤害、抑制细菌性突变等方面有一定的效果。此外，木瓜还富含17种以上氨基酸，产妇可以放心食用。

◎食疗功效

木瓜能理脾和胃、平肝舒筋，为治一切转筋、腿痛、湿痹、脚气的要药。经常食用具有平肝和胃、舒筋活络、软化血管、抗菌消炎、抗衰养颜、防癌抗癌、增强体质之保健功效，另外，木瓜中的凝乳酶有通乳的作用，哺乳期妈妈可以适量食用。

◎选购保存

一般以大半熟的程度为佳，肉质爽滑可口。购买时用手触摸，果实坚而有弹性者为佳。木瓜不宜在冰箱中存放太久，以免长斑点或变黑。而常温下能储存2～3天，建议购买后尽快食用。

营养成分表

营养素	含量（每100克）
蛋白质	0.40克
脂肪	0.10克
碳水化合物	7克
膳食纤维	0.80克
维生素A	145毫克
维生素B_1	0.01毫克
维生素B_2	0.02毫克
维生素C	43毫克
维生素E	0.30毫克
钙	17毫克
铁	0.20毫克
锌	0.25毫克
硒	1.80微克

温馨提示

熟木瓜要挑选手感很轻的，这样的木瓜果肉比较甘甜。手感沉的木瓜一般还未完全成熟，口感有些苦。木瓜的果皮一定要亮，橙色要均匀，不能有色斑。挑木瓜的时候要轻按其表皮，千万不要买表皮很松动的，木瓜果肉一定要结实。

◎搭配宜忌

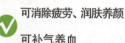

木瓜+牛奶　✓　可消除疲劳、润肤养颜
木瓜+带鱼　　可补气养血

木瓜+虾　　✗　易生成有毒元素
木瓜+南瓜　　会降低营养价值

[产褥期 吃什么？]

产褥期案例 1　木瓜鲈鱼汤

原料 木瓜450克，鲈鱼500克，姜4片，火腿100克

调料 花生油适量，盐5克

做法 ①鲈鱼去鳞、鳃、内脏，清洗干净斩块；烧锅下花生油、姜片，将鲈鱼两面煎至金黄色。②木瓜去皮、核，清洗干净，切成块状；火腿切成片；烧锅放姜片，将木瓜爆5分钟。③将清水放入瓦煲内，煮沸后加入木瓜、鲈鱼和火腿片，大火煲开后改用小火煲2小时，加盐调味即可。

专家点评 木瓜能健脾胃、助消化，并能润肺燥而止咳；鲈鱼益脾胃，能化痰止咳，有下乳汁、滑肌肤的功效。两者一同煲汤，既有健脾开胃之功，又能润肺化痰。同时对于营养缺乏、消化不良、肥胖症的妈妈有很好的保健及食疗作用。产后奶水不足的新妈妈也可以用这道汤调理，催奶的效果不错。

烹饪常识

煲汤宜用皮带青未完全成熟的木瓜。

产褥期案例 2　木瓜炖雪蛤

原料 木瓜1个，雪蛤150克，西蓝花100克

调料 盐6克

做法 ①在木瓜三分之一处切开，挖去籽，洗净。②西蓝花清洗干净后，放入沸水中焯水后捞出摆盘。③将雪蛤装入木瓜内，上火蒸30分钟至熟即可。

专家点评 木瓜含有蛋白质、维生素A、维生素C等营养成分，有舒筋活血、止呕祛痰、健胃消食、滋脾益肺之功效；蛤肉味咸，有润五脏、活血化淤、开胃消渴之功效。这道菜非常适合产后体虚的妈妈食用，而且对于产后的不良情绪还有预防及食疗作用。但是要注意，食用过多的木瓜会伤害骨骼和牙齿。

烹饪常识

洗木瓜时，可先将木瓜放入清水中浸泡，再用刷子刷。

[产褥期 吃 什么？]

无花果
WU HUA GUO
【水果类】

[别 名] 奶浆果、天生子、蜜果

【适用量】每次1个为宜。
【热量】59千卡/100克。
【性味归经】性平，味甘。归胃、大肠经。

【主打营养素】
氨基酸、有机酸
◎无花果富含多种氨基酸、有机酸等营养成分，有清热解毒、止泻通乳的作用，尤其对乳汁干枯疗效显著，还能帮助人体对食物进行消化，促进产妇的食欲。

营养成分表

营养素	含量（每100克）
蛋白质	1.50克
脂肪	0.10克
碳水化合物	16克
膳食纤维	3克
维生素A	5微克
维生素B_1	0.03毫克
维生素B_2	0.02毫克
维生素C	2毫克
维生素E	1.82毫克
钙	67毫克
铁	0.10毫克
锌	1.42毫克
硒	0.67微克

◎搭配宜忌

无花果+板栗 ✓ 可强腰健骨、消除疲劳

无花果+蛤蜊 ✗ 引起腹泻
无花果+螃蟹 ✗ 引起腹泻、损伤肠胃

产褥期案例 无花果蘑菇猪蹄汤

|原料| 猪蹄1个，蘑菇150克，无花果30克

|调料| 盐适量

|做法| ①将猪蹄洗净，切块，蘑菇洗净撕成条，无花果洗净备用。②汤锅上火倒入水，调入盐，下入猪蹄、蘑菇、无花果煲至熟即可。

|专家点评| 无花果含有多种营养成分，有健脾、解毒、通乳、消肿的作用。这道汤由无花果与补血益气、通乳的猪蹄以及能提高人体免疫力的蘑菇共煮而成，具有补气血、下乳汁、增强免疫力的功效，适于产后气血不足、乳汁缺乏者食用。

[产褥期什么?]

桃子

TAO ZI

【水果类】

[别 名] 佛桃、水蜜桃

【适用量】每日一个为宜。

【热量】48千卡/100克。

【性味归经】性温,味甘、酸。归肝、大肠经。

【主打营养素】

膳食纤维、有机酸

◎桃子中富含膳食纤维,膳食纤维能占据胃的空间,加速胃肠道的蠕动,预防产妇便秘。此外,桃子还富含有机酸,能促进消化液的分泌,增加食欲。

营养成分表

营养素	含量(每100克)
蛋白质	0.90克
脂肪	0.10克
碳水化合物	12.20克
膳食纤维	1.30克
维生素A	3微克
维生素B$_1$	0.01毫克
维生素B$_2$	0.03毫克
维生素C	7毫克
维生素E	0.15毫克
钙	6毫克
铁	0.80毫克
锌	0.34毫克
硒	0.24微克

◎搭配宜忌

桃子+莴笋 桃子+牛奶	✓	可增强营养 可滋养皮肤
桃子+蟹肉 桃子+白酒	✗	会影响蛋白质的吸收 会导致头晕、呕吐、心跳加快

产褥期案例:桃子香瓜汁

|原料| 桃子1个,香瓜200克,柠檬1个

|做法| ①桃子洗净,去皮和核,切块;香瓜去皮,洗净切块;柠檬洗净,切片。②将桃子、香瓜、柠檬放进榨汁机中榨出果汁。③将果汁倒入杯中即可饮用。

|专家点评| 这道饮品酸甜可口,有缓解便秘、清除恶露、利尿通便的功效,产后妈妈可以适量饮用。桃子的含铁量较高,是缺铁性贫血产妇的理想辅助食物。

[产褥期 吃 什么？]

红枣
HONG ZAO
【水果类】

[别 名] 大枣、大红枣、姜枣

【适用量】每日3~5个为宜。
【热量】122千卡/100克。
【性味归经】性温，味甘。归心、脾、肝经。

【主打营养素】
维生素A、维生素C、钙、铁

◎红枣富含维生素A、维生素C、钙、铁等营养素，有补脾活胃、补血益气的作用，对产后脾胃虚弱、气血不足的产妇有很好的补益效果。

营养成分表

营养素	含量（每100克）
蛋白质	1.10克
脂肪	0.30克
碳水化合物	30.50克
膳食纤维	1.90克
维生素A	40微克
维生素B_1	0.06毫克
维生素B_2	0.09毫克
维生素C	243毫克
维生素E	0.78毫克
钙	22毫克
铁	1.20毫克
锌	1.52毫克
硒	0.80微克

◎搭配宜忌

红枣+大米 ✓ 可健脾胃、补气血
红枣+板栗 ✓ 可健脾益气、补肾强筋

红枣+黄瓜 ✗ 会破坏维生素C
红枣+虾米 ✗ 会引起身体不适

产褥期案例 红枣鸡汤

|原料| 红枣15枚，核桃仁100克，净鸡肉250克
|调料| 盐适量
|做法| ①先将红枣、核桃仁用清水清洗干净；净鸡肉清洗干净，切成小块。②然后将砂锅清洗干净，加适量清水，置于火上，放入核桃、红枣、鸡肉，旺火烧开后，去浮沫，改用小火炖约1小时，放入少许盐调味即可。

|专家点评| 这道鸡汤营养丰富，滋补效果很好，有助于产妇补血，恢复体力。红枣富含多种营养成分，其中维生素C的含量丰富，能促进人体对铁的吸收，适合脾胃虚弱、气血两亏、贫血萎黄、疲倦无力、产后虚弱者食用。

[产褥期 吃 什么?]

芝麻
ZHI MA
【杂粮类】

[别 名] 胡麻、黑芝麻

【适用量】每天食用10~20克为宜。

【热量】531千卡/100克（黑芝麻）。

【性味归经】性平，味甘。归肝、肾、肺、脾经。

【主打营养素】
矿物质、维生素A、维生素D

◎芝麻富含矿物质，如钙、镁、铁等，有助于骨头生长，补血益气。此外，还含有脂溶性维生素A、维生素D等营养成分，对产妇有补中健身、通血脉及破积血等良好作用。

营养成分表

营养素	含量（每100克）
蛋白质	19.10克
脂肪	46.10克
碳水化合物	10克
膳食纤维	14克
维生素A	未测定
维生素B₁	0.66毫克
维生素B₂	0.25毫克
维生素C	未测定
维生素E	50.40毫克
钙	780毫克
铁	22.70毫克
锌	6.13毫克
硒	4.70微克

◎搭配宜忌

芝麻+海带	美容、抗衰老
芝麻+核桃 ✓	改善睡眠
芝麻+桑葚	降血脂
芝麻+鸡肉 ✗	降低营养价值

产褥期案例 木瓜芝麻羹

|原料| 木瓜20克，熟芝麻少许，大米80克

|调料| 盐2克，葱少许

|做法| ①大米泡发洗净；木瓜去皮洗净，切小块；葱洗净，切花。②锅置火上，注入水，加入大米，煮至熟后，加入木瓜同煮。③用小火煮至呈浓稠状时，调入盐，撒上葱花、熟芝麻即可。

|专家点评| 芝麻含有大量的脂肪和蛋白质，还有糖类、维生素A、维生素E、卵磷脂、钙、铁、镁等营养成分，有通乳、强身、滑肠等作用。此外，芝麻因富含矿物质，如钙与镁等，有助于骨头生长，而其他营养成分则能美化肌肤。

[产褥期 吃什么？]

莲子
LIAN ZI
【干果类】

[别名] 莲肉、白莲子、湘莲子

【适用量】每日20克（干品）为宜。

【热量】344千卡/100克（干品）。

【性味归经】鲜品性平，味甘、涩；干品性温，味甘、涩。归心、脾、肾经。

【主打营养素】

棉子糖、钙、磷、钾

◎莲子中所含的棉子糖，对于产妇有很好的滋补作用。莲子还富含钙、磷、钾，有安神、养血的作用，产妇食用，可为婴儿骨骼和牙齿发育提供丰富的钙，预防佝偻病。

营养成分表

营养素	含量（每100克）
蛋白质	17.20克
脂肪	2克
碳水化合物	67.20克
膳食纤维	3克
维生素A	未测定
维生素B₁	0.16毫克
维生素B₂	0.08毫克
维生素C	5毫克
维生素E	2.71毫克
钙	97毫克
铁	3.60毫克
锌	2.78毫克
硒	3.36微克

◎搭配宜忌

莲子+鸭肉 ✓ 可补肾健脾、滋补养阴
莲子+红枣 可促进血液循环、增进食欲

莲子+螃蟹 ✗ 会引起不良反应
莲子+龟肉 会引起不良反应

产褥期案例 桂圆莲子羹

|原料| 莲子50克，桂圆肉20克，枸杞10克

|调料| 白糖10克

|做法| ①将莲子洗净，泡发；枸杞、桂圆肉均洗净备用。②锅置火上，注入清水后，放入莲子煮沸后，下入枸杞、桂圆肉。煮熟后放入白糖调味，即可食用。

|专家点评| 这道羹甜香软糯，有健脾、安神、养血的功效。莲子中的钙、磷和钾含量非常丰富，除可以构成骨骼和牙齿的成分外，还有促进凝血的作用。桂圆营养价值甚高，富含高碳水化合物、蛋白质、多种氨基酸和维生素，是健脾长智的传统食物，对贫血有较好的疗效。

[产褥期 吃什么？]

南瓜子
NAN GUA ZI
【干果类】

[别 名] 南瓜仁、白瓜子、金瓜米

【适用量】每次60克为宜。
【热量】574千卡/100克。
【性味归经】性平，味甘。归大肠经。

【主打营养素】
蛋白质、脂肪、维生素E、矿物质

◎南瓜子含有丰富的蛋白质、脂肪，以及钙、铁、锌等矿物质，有滋养作用，产妇食用可通过乳汁为婴儿提供生长发育所需的营养。此外，南瓜子含有的维生素E，可防止色素沉着。

营养成分表

营养素	含量（每100克）
蛋白质	36克
脂肪	46.10克
碳水化合物	7.90克
膳食纤维	4.10克
维生素A	未测定
维生素B_1	0.08毫克
维生素B_2	0.16毫克
维生素C	未测定
维生素E	27.28毫克
钙	37毫克
铁	6.50毫克
锌	7.12毫克
硒	27.03微克

◎搭配宜忌

南瓜子+花生 可改善小儿营养不良
南瓜子+蜂蜜　可治蛔虫病

南瓜子+咖啡 影响铁的吸收
南瓜子+羊肉　会引起腹胀、胸闷

产褥期案例　凉拌玉米瓜仁

|原料| 玉米粒100克，南瓜子仁50克，枸杞10克

|调料| 香油、盐各适量

|做法| ①先将玉米粒洗干净，沥干水；再将南瓜子仁、枸杞洗干净。②将玉米粒、南瓜子仁、枸杞一起放入沸水中焯熟，捞出，沥干水后，加入香油、盐，拌均匀即可。

|专家点评| 这道菜具有良好的滋养、通乳的作用，同时还能预防产后水肿。南瓜子富含脂肪、蛋白质、B族维生素、维生素C以及南瓜子氨酸等，经常吃南瓜子，可有效降低血糖。此外，男性食用南瓜子还有助于提高精子质量，有效预防前列腺疾病。

[产褥期 吃 什么？]

燕麦
YAN MAI
【杂粮类】

[别 名] 野麦、雀麦

【适用量】每天食用40克左右为宜。
【热量】367千卡/100克。
【性味归经】性温，味甘。归脾、心经。

【主打营养素】
蛋白质、维生素、氨基酸、矿物质
◎燕麦富含蛋白质、多种维生素和人体必需的8种氨基酸，营养丰富，具有滋养的作用。燕麦中含有的钙、磷、铁、锌等矿物质有促进伤口愈合、防止贫血的作用。

营养成分表

营养素	含量（每100克）
蛋白质	15克
脂肪	6.70克
碳水化合物	61.60克
膳食纤维	5.30克
维生素A	420微克
维生素B_1	0.30毫克
维生素B_2	0.13毫克
维生素C	未测定
维生素E	3.07毫克
钙	186毫克
铁	7毫克
锌	2.59毫克
硒	4.31微克

◎搭配宜忌

燕麦+南瓜 ✓ 可降低血糖
燕麦+小麦　　减肥、降血糖、降血压

燕麦+红薯 ✗ 会导致胃痉挛、胀气
燕麦+白糖　　会导致胀气

产褥期案例　燕麦枸杞粥

|原料| 枸杞10克，大米100克，燕麦30克
|调料| 盐适量
|做法| ①先将枸杞、大米、燕麦泡发后清洗干净。②然后将燕麦、大米、枸杞一起放入锅中，加水煮30分钟熬成粥，再加入少量盐，继续煮至盐溶化即可。

|专家点评| 大米和燕麦的蛋白质含量都较丰富，而且其氨基酸的组成比例合理，蛋白质的利用率高，其含有的钙、磷、铁、锌等矿物质有促进伤口愈合、防止贫血的功效，是补钙佳品。产妇喝这道粥可起到滋补身体、增强自身免疫力、提高抗病能力的作用。

[产褥期 吃 什么？]

粳米

JING MI

【杂粮类】

[别 名] 白米、大米、硬米

【适用量】每天食用40克左右为宜。

【热量】334千卡/100克（特级粳米）。

【性味归经】性温，味甘。归脾、心经。

【主打营养素】
蛋白质、维生素
◎粳米中的蛋白质、维生素、钙、锌含量都比较多，有强筋壮骨、促进生长发育的作用。用粳米熬煮的米汤、粥油，可作为产妇的调养之品。

营养成分表

营养素	含量（每100克）
蛋白质	7.30克
脂肪	0.40克
碳水化合物	75.70克
膳食纤维	0.40克
维生素A	未测定
维生素B_1	0.08毫克
维生素B_2	0.04毫克
维生素C	未测定
维生素E	0.76毫克
钙	24毫克
铁	0.90毫克
锌	1.07毫克
硒	2.49微克

◎搭配宜忌

粳米+牛奶 ✓ 营养丰富
粳米+红枣 ✓ 可美容、活血

粳米+红薯 ✗ 会导致胃痉挛、胀气
粳米+白糖 ✗ 会产生胀气

产褥期案例

粳米鹌鹑粥

|原料| 粳米80克，鹌鹑2只，枸杞30克

|调料| 料酒5克，生抽、姜丝、葱花各3克，盐、鸡精各2克

|做法| ①枸杞洗净；粳米淘净；鹌鹑治净切块，用料酒、生抽腌渍。②油锅烧热，放鹌鹑过油后捞出。锅中注水，下粳米烧沸，再下入鹌鹑、姜丝、枸杞后转中火熬煮。③慢火熬化成粥，调入盐、鸡精调味，撒上葱花即可。

|专家点评| 粳米富含蛋白质、碳水化合物、钙等多种营养素，有增强免疫力的作用；鹌鹑肉中蛋白质含量高，脂肪、胆固醇含量极低，有补脾益气、强健筋骨的作用。将这两种食物与有补气血的枸杞熬煮成粥食用，有助于产妇滋补身体。

[产褥期 什么？]

黑米

HEI MI

【杂粮类】

[别名] 血糯米

【适用量】每天食用50克左右为宜。

【热量】333千卡/100克。

【性味归经】性平，味甘。归脾、胃经。

【主打营养素】

膳食纤维、维生素B₁、铁

◎黑米含有丰富的膳食纤维，可促进肠胃蠕动，预防产妇便秘。黑米中含有的维生素B₁能很好地保护产妇的手、足、视觉神经。此外，黑米还含有较为丰富的铁，是产妇补血的佳选。

◎食疗功效

黑米具有健脾开胃、补肝明目、滋阴补肾、益气强身、养精固肾的功效，是抗衰美容、防病强身的滋补佳品，适合产妇补身食用。同时，黑米含B族维生素、蛋白质等，对于脱发、白发、贫血、流感、咳嗽、气管炎等患者都有食疗保健作用。

◎选购保存

优质的黑米要求粒大饱满、黏性强、富有光泽，很少有碎米和爆腰（米粒上有裂纹），不含杂质和虫蛀。如果选购袋装密封黑米，可直接放通风处即可。散装黑米需要放入保鲜袋或不锈钢容器内，密封后置于阴凉通风处保存。

营养成分表

营养素	含量（每100克）
蛋白质	9.40克
脂肪	2.50克
碳水化合物	72.20克
膳食纤维	3.90克
维生素A	未测定
维生素B₁	0.33毫克
维生素B₂	0.13毫克
维生素C	未测定
维生素E	0.22毫克
钙	12毫克
铁	1.60毫克
锌	3.80毫克
硒	3.20微克

◎相宜搭配

黑米+牛奶	可益气、养血、生津、健脾胃
黑米+莲子 ✓	可补肝益肾、丰肌润发
黑米+红豆	可气血双补
黑米+绿豆	可健脾胃、去暑热

温馨提示

黑米淘洗次数过多会导致营养成分流失，所以淘洗干净即可。黑米需要长时间熬煮至熟烂，未煮熟的黑米不能食用，否则易引起急性肠胃炎。黑米外有一层坚韧的种皮包裹，不易煮烂，建议煮前将黑米清洗干净，用清水浸泡数小时。

[产褥期 吃 什么？]

产褥期案例 1 　黑米粥

原料 | 黑米100克

调料 | 白糖20克

做法 | ①将黑米清洗干净，浸泡一夜备用。②锅中倒入适量水，放入黑米，大火煮40分钟。③转用小火煮15分钟，调入白糖即可食用。

专家点评 | 黑米含蛋白质、脂肪、碳水化合物、B族维生素、维生素E、钙、磷、钾、镁、铁、锌等多种营养成分，营养丰富，具有清除自由基、改善缺铁性贫血、抗应激反应以及免疫调节等多种生理功能。多食黑米具有开胃益中、健脾暖肝、明目活血、滑涩补精之功效，对于产后虚弱，以及贫血、肾虚均有很好的滋补作用。对哺乳期妈妈来说，常食此粥，不仅有助于补血及预防贫血，还有利于婴儿的健康成长，尤其是对婴儿的大脑发育有着特殊作用。

烹饪常识
泡黑米的水不要倒掉，可用来烹煮，以免营养成分流失。

产褥期案例 2 　三黑白糖粥

原料 | 黑芝麻10克，黑豆30克，黑米70克

调料 | 白糖3克

做法 | ①将黑米、黑豆均清洗干净，置于冷水锅中浸泡半小时后捞出沥干水分；黑芝麻清洗干净。②锅中加适量清水，放入黑米、黑豆、黑芝麻以大火煮至开花。③再转小火将粥煮至浓稠状，调入白糖拌匀即可。

专家点评 | 黑豆含有丰富的维生素、蛋黄素、核黄素，具有补肝肾、强筋骨、暖肠胃、明目活血、利水解毒的作用，也是润泽肌肤、乌须黑发之佳品。黑米含有丰富的B族维生素、铁、钙、磷、硒、镁、铜、锌等营养成分，具有滋阴补肾、健脾暖肝、补血益气、增智补脑等作用。黑芝麻也富含蛋白质、钙、卵磷脂等多种营养成分。将这三种黑色食物一起熬粥，不仅能滋养身体，促进胃肠消化与增强造血功能，并有润肤美容、乌发的作用，特别适合产妇食用。

烹饪常识
黑米煮粥非常黏稠，不容易受热均匀，易煳锅，因此要小火慢熬，且勤搅拌。

[产褥期 禁 什么？]

韭菜

不宜吃韭菜的原因

韭菜颜色碧绿，味道辛香浓郁，无论用于制作荤菜还是素菜，都十分提味，许多产妇都喜欢吃。不过韭菜性温、味甘、辛，产妇多食用容易上火，会引起口舌生疮、大便秘结或痔疮发作。而母体的内热可以通过乳汁使婴儿内热加重，不利于婴儿的健康。

最重要的是韭菜有回奶的功效，产妇常食用韭菜易导致产妇奶水不足，就不利于哺乳婴儿。因此，产妇的口味一定要淡一些，不宜吃韭菜，这样奶水的质量会好一些，奶水的产量也会多一些。

忌食关键词

味辛、上火、内热、回奶

老母鸡

不宜吃老母鸡的原因

我国民间历来有产后炖老母鸡给产妇吃的习惯。但很多产妇尽管产后营养很好，仍出现奶水不足或泌乳很少的现象，达不到母乳喂养婴儿的要求。产后奶水不足的原因很多，吃了老母鸡也是其中一个重要的原因。

只有催乳素才能起到促进乳汁分泌的作用，产妇分娩以后，血中雌激素与孕激素水平大大降低，而母鸡的卵巢和蛋衣中含有一定的雌激素，产妇食用炖母鸡后血液中雌激素的浓度增加，催乳素的效能就会因此减弱，从而导致乳汁不足，甚至完全回奶。

忌食关键词

雌激素、催乳素效能减弱、回奶

田螺

不宜吃田螺的原因

田螺性寒，能清热，但产后不宜吃，特别是素有脾胃虚寒的产妇更应忌食。根据产后饮食宜忌原则，产妇不能多吃寒性食品，而田螺性属大寒，所以应当忌食。

此外，田螺一般长在水塘里，如果水质不好的话，容易受污染，特别是吃的时候如果螺内的大便没排干净，会有很多寄生虫，比如钉螺就是血吸虫的寄主，容易导致腹痛、腹泻，不利于产后恢复。

忌食关键词

性寒、寄生虫、腹痛、腹泻

[产褥期 禁 什么？]

杏

不宜吃杏的原因

杏性温热，多食容易上火生痰。如《本草衍义》中说："小儿尤不可食，多致疮痈及上膈热，产妇尤忌之。"《饮食须知》中也认为："多食昏神，令膈热生痰，小儿多食成壅热，致疮疖，产妇尤宜忌之。"这说明女性产后不宜食用杏，古有"桃饱人，杏伤人"之说，而且产后哺乳期吃杏对婴儿也不利。所以，产妇产后应忌吃杏。

忌食关键词

性温热、上火、膈热生痰

梨

不宜吃梨的原因

产妇在产后切忌服食性质寒凉之品，特别是分娩后的几天身体比较虚弱，胃肠道功能未恢复时，切不可吃寒性的水果。生梨属于性凉水果，所以产妇应慎食。正如《本草经疏》中指出："妇人产后，法咸忌之。"《增补食物秘书》亦云："多食寒中，产妇勿食。"产妇如果确实想吃，可煮熟食用，如清代食医王孟英所说："新产及病后，须蒸熟食之。"

忌食关键词

身体虚弱、性寒凉

柿子

不宜吃柿子的原因

柿子性大凉，产妇体质较弱，切忌食用寒凉食物，所以应当忌吃柿子。正如清代食医王孟英在《随息居饮食谱》中所告诫："凡产后病后，皆忌之。"而且柿子含单宁，易与铁质结合，从而妨碍人体对食物中铁质的吸收，而产妇刚生产完，补血很重要，所以柿子还是不吃为好。

此外，柿子中含有的糖类大多是简单的双糖和单糖（蔗糖、果糖、葡萄糖即属此类），因此吃后很容易被吸收，不利于产妇产后修身。

忌食关键词

性凉、单宁、不利产后修身

[产褥期 禁 什么？]

味精

不宜吃味精的原因

味精的主要成分是谷氨酸钠，在肝脏中的谷氨酸丙酮酸转氨酶的代谢作用下，能转化生成人体特别需要的氨基酸。但过量的谷氨酸钠对12周内的婴儿发育有着严重的影响。

如果乳母在摄入高蛋白饮食的同时，又食用过量的味精，这样大量的谷氨酸钠就会通过乳汁进入婴儿体内。它能与婴儿血液中的锌发生特异性结合，生成不能被机体吸收和利用的谷氨酸锌而随尿排出，从而导致婴儿缺锌。婴儿缺锌不仅会出现味觉差，还可造成智力减退、生长发育迟缓等现象。因此，产妇至少在产后3个月内应少吃或不吃味精。

忌食关键词

谷氨酸钠、谷氨酸锌、婴儿缺锌

辣椒

不宜吃辣椒的原因

哺乳期妈妈胃口不好时，会想吃一些辛辣的食物来开胃。但是刚分娩后大量失血、出汗，加之组织间液也较多地进入血循环，故机体津液明显不足，而辣椒燥热会伤津耗液，会加重妈妈的内热，容易出现口舌生疮、大便秘结等不适症状。因此，产后1个月内不宜吃辣椒。

而且在整个哺乳期，妈妈也应该减少辣椒的摄入，因为它会通过乳汁影响婴儿，容易使婴儿上火或使内热加重。

忌食关键词

辛辣、内热、上火、损耗津液、便秘、口疮

花椒

不宜吃花椒的原因

花椒是日常生活中常用的一种调味料，而且还具有温阳驱寒、杀菌防病、增强免疫力的功效，所以不少产妇都喜欢在炒菜的时候多放一点花椒，但中医认为花椒性温，有温中散寒、除湿、止痛、杀虫的作用。产妇多食用容易导致上火，而且花椒有回奶的作用，食用后容易导致断乳，因此哺乳期的妈妈应当少吃。

忌食关键词

性温、刺激、上火、回奶

[产褥期 禁 什么？]

醋

不宜喝醋的原因

有的新妈妈为了迅速瘦身，喝醋减肥。其实这样做不太好。因为新妈妈身体各部位都比较虚弱，需要一个恢复的过程，在此期间极易受到损伤，酸性食物会损伤牙齿使新妈妈日后留下牙齿易于酸痛的遗患。但因食醋中含醋酸约3%～4%，若仅作为调味品食用，与牙齿接触的时间很短，就不必禁食。

忌食关键词

酸性物质

巧克力

不宜吃巧克力的原因

因为巧克力所含的可可碱会渗入母乳内被婴儿吸收，并在婴儿体内蓄积，久而久之，可可碱会损伤神经系统和心脏，并使肌肉松弛、排尿量增加，结果导致婴儿消化不良、睡眠不安、哭闹不停。

产妇在产后需要给新生儿喂奶。如果过多食用巧克力，会对婴儿的发育产生不良的影响。此外，产妇经常食用巧克力还会影响食欲，结果产妇虽身体发胖，但必需的营养素却反而缺乏，这对产妇的身体健康也是不利的。

忌食关键词

可可碱、婴儿发育不良、发胖

麦乳精

不宜喝麦乳精的原因

有些产妇以为麦乳精是滋补品，便大量饮用，想以此滋补分娩后虚弱的身体和增加乳汁，结果却适得其反。麦乳精虽然含有高糖、高蛋白，但也含有丰富的麦乳糖和少量的麦芽酚，这两种物质一般都是从麦芽中提取的。麦芽有消食、健胃、舒肝和退奶等医用价值，历来中医都把它用作退奶的药物。既然有退奶的功效，就不利于哺乳婴儿。所以哺乳期妈妈应忌饮麦乳精，以免影响乳汁分泌。

忌食关键词

退奶

[产褥期 禁 什么？]

浓 茶

不宜喝浓茶的原因

产后哺乳期也应忌饮茶。因为茶中的鞣酸被胃黏膜吸收，进入血液循环后，会产生收敛的作用，从而抑制乳腺的分泌，造成乳汁的分泌障碍。此外，由于浓茶中咖啡碱的兴奋作用，产妇不能安然入眠，而乳汁中的咖啡碱进入婴儿体内，会使婴儿容易发生肠痉挛等类似症状，表现为婴儿常无故啼哭，甚至使婴儿精神过于兴奋，不能安睡，而影响正常的生长发育。

❌ 忌食关键词

鞣酸、乳汁分泌障碍、咖啡碱

咖 啡

不宜喝咖啡的原因

如同酒精和香烟的陶醉感和刺激感一样，咖啡因具有兴奋作用。咖啡因可刺激中枢神经和肌肉，因而具有缓解肌肉疲劳、兴奋神经的功能。

对于需母乳喂养的妈妈而言，咖啡中含有咖啡因，会使中枢系统兴奋。在哺乳期间，咖啡因会通过乳汁到达婴儿体内，使婴儿精神过于兴奋，不能安睡，对婴儿的成长极为不利。此外，咖啡的热量和碳水化合物含量均较高，新妈妈多饮用也不利于体重的控制。

❌ 忌食关键词

咖啡因、高热量、高碳水化合物

酒

不宜喝酒的原因

有些女性在孕期能戒酒，可是分娩后又恢复喝酒的习惯，认为婴儿既然已经出生，喝酒就不会伤害到他了，其实这是不对的。酒中含有酒精，产妇喝酒，酒精便可进入乳汁中。少量饮酒虽对婴儿没有太大的影响，但大量饮酒可引起婴儿沉睡、深呼吸、触觉迟钝、多汗等现象，有损婴儿的健康。再加上婴儿的肝脏解毒机能尚不健全，对酒精的解毒能力尚不足，因此，乳母多喝酒，婴儿受损害的程度更甚。

❌ 忌食关键词

酒精、影响乳汁的质量

[产褥期 禁 什么？]

人参

不宜吃人参的原因

从临床医学角度来说，产妇不宜服食人参来补身体。人参含有多种药物有效成分，如作用于中枢神经心脏血管的人参辛苷，降低血糖的人参宁以及作用于内分泌系统的配糖体等。这些成分能使人体产生兴奋作用，会导致服食者出现失眠、烦躁、心神不宁等一系列症状。而产妇分娩以后，由于精力和体力消耗很大，需要卧床休息，如果此时服食人参，反而因兴奋难以安睡，会影响体力的恢复。

忌食关键词

人参宁、兴奋难以安睡

鹿茸

不宜吃鹿茸的原因

鹿茸是名贵药材，含有磷脂、糖脂、胶脂、激素、脂肪酸、氨基酸、蛋白质及钙、磷、镁、钠等营养成分。古医学认为，鹿茸性温，味甘、咸，多用于真阳虚衰、冲任虚损、气怯神疲、胃寒无力、阳痿、子宫寒冷等症。可见鹿茸为补阳药，而产后会出现阴血亏损、阴血不足、阳气旺盛，此时如果服用鹿茸，必然招致阳气更旺、阴血更损、造成阴道不规则流血。因此，产妇产后不要立即服用鹿茸。

忌食关键词

阳气更旺、阴血更损、阴道不规则流血

乌梅

不宜吃乌梅的原因

乌梅味酸、微涩，质润敛涩，上能敛肺气，下能涩大肠，入胃又能生津。常用口渴多饮的消渴以及热病口渴、咽干等症。夏天可用乌梅煮汤作饮品，能去暑解渴。所以，类似乌梅一类的小零食是很多产妇的最爱，但是这种酸涩食品会阻滞血液的正常流动，不利于恶露的顺利排出。因此，产妇不宜大量食用乌梅。

忌食关键词

阻滞血液的正常流动

第七章

孕产妇常见症状饮食宜与忌

　　孕育宝宝既幸福又辛苦，由于生理上的一些变化，孕产妇女会出现一些不适症状，如孕期呕吐、孕期水肿、孕期贫血、孕期便秘、妊娠高血压、产后出血、产后腹痛、产后恶露不绝等。面对这些不适症状，孕产妇女应该怎么办呢？首先千万不要惊慌和紧张，然后全面了解相关症状的饮食宜忌，再通过安全又有效的食疗法来解决，就可以安全、健康地度过孕产期了。

[孕期呕吐 吃 什么？]

孕期呕吐

症状说明

孕期呕吐是指孕妇在孕早期经常出现择食、食欲不振，一般于停经40天左右开始，孕12周以内反应消退，不需要特殊处理。而少数孕妇出现频繁呕吐不能进食，导致体重下降、脱水、酸碱平衡失调，以及水、电解质代谢紊乱，严重者危及生命。

症状表现

妇女怀孕后出现呕吐，厌食油腻，头晕乏力，或食入即吐。通常停经6周左右出现恶心、留涎和呕吐，并随妊娠逐渐加重，至停经8周左右发展为频繁呕吐不能进食，呕吐物中有胆汁或咖啡样分泌物。患者消瘦明显，极度疲乏，口唇干裂，皮肤干燥，眼球凹陷，尿量减少，营养摄入不足使体重下降。

✓ 宜吃食物	✗ 忌吃食物
生姜、砂仁、豆蔻、紫苏、冬瓜、陈皮、柠檬、甘蔗、苹果、土豆、白萝卜	胡椒、花椒、白酒、咖啡、酒酿、蜂蜜、糖类、荔枝、红枣、黄芪、人参、燕麦、大麦芽

调理食谱

花菜炒西红柿

- **原料** 花菜250克，西红柿200克
- **调料** 香菜10克，盐、鸡精各适量
- **做法** ①花菜去除根部，切成小朵，用清水清洗干净，焯水，捞出沥干水待用；香菜清洗干净切小段。②西红柿清洗干净，切小丁。锅中加油烧至六成热。③将花菜和西红柿丁放入锅中，再调入盐、鸡精翻炒均匀，盛盘，撒上香菜段即可。

烹饪常识 花菜焯水后，应放入凉开水内过凉，捞出沥净水再用。

专家提示 这道菜维生素丰富，孕妈妈食用可以提高身体免疫力，其中富含的维生素C还有利于缓解孕期呕吐，促进营养吸收。此外，西红柿富含的番茄红素，还有补血养颜的功效。

[孕期呕吐吃什么？]

橙汁山药

原料 山药500克，橙汁100克，枸杞8克

调料 糖30克，淀粉25克

做法 ①山药洗净，去皮，切条，入沸水中煮熟，捞出，沥干水分；枸杞稍泡备用。②橙汁加热，加糖，最后用水淀粉勾芡成汁。③将加工的橙汁淋在山药上，腌渍入味，放上枸杞即可。

烹饪常识 山药切好后要放入淡盐水中浸泡，以防发黑。

专家提示 橙汁山药是一款不错的孕妇缓解孕吐食品，加了橙汁的山药酸酸甜甜、营养丰富，是高碳水化合物的食物，可改善孕吐引起的不适症状。山药含有淀粉酶、多酚氧化酶等物质，有利于脾胃消化吸收。

柠檬鸡块

原料 鸡肉300克，柠檬汁15克

调料 蛋黄、盐、水淀粉、白糖、醋、香菜段各适量

做法 ①鸡肉洗净，切块，加蛋黄、盐、水淀粉拌匀备用。②油锅烧热，投入鸡肉滑熟，出锅装盘。③锅内放入清水，加入柠檬汁、白糖、醋烧开，用水淀粉勾芡，出锅浇在鸡肉上，撒上香菜即成。

烹饪常识 选择浓度稍高的柠檬汁烹饪，此菜味道更好。

专家提示 这道菜不仅能缓解孕吐，还有滋补的效果。柠檬汁富含维生素C，能开胃功效，有助于减轻孕妈妈的恶心感。鸡肉富含蛋白质、碳水化合物等营养成分，可为孕妈妈补充营养。

[孕期贫血 吃 什么？]

孕期贫血

症状说明

怀孕期间由于胎儿生长发育和子宫增大需要的铁增加，或孕妇在怀孕期肠胃道功能减弱、胃液分泌不足、胃酸减少使含铁物质在胃中不能转化。当血清铁蛋白低于12微克每升或血红蛋白低于110克每升时，即可诊断为孕妇贫血。

症状表现

轻度贫血者，除皮肤黏膜苍白外，很少有其他明显症状。病情较重者，则常有口腔炎、舌炎、皮肤及毛发干燥、脱发、面黄、全身乏力、头晕、心悸等症状。当血色素下降至5～6%时，心脏明显增大。严重贫血者，由于心肌缺氧，可发生贫血性心脏病，在妊娠或分娩期易发生心力衰竭。

✓ 宜吃食物
红薯、土豆、草莓、苹果、葡萄、瘦肉、乌鸡、蛋黄、黑豆、黄豆、紫菜、菠菜、西红柿、动物肝脏、黑芝麻、黑木耳

✗ 忌吃食物
辣椒、大蒜、胡椒、桂皮、芥末、白酒、茶

调理食谱

葡萄干土豆泥

原料　土豆200克，切碎的葡萄干1小匙

调料　蜂蜜少许

做法　①把葡萄干放温水中泡软后切碎。②把土豆洗干净后去皮，然后放入容器中上锅蒸熟，趁热做成土豆泥。③将土豆做成泥后与碎葡萄干一起放入锅内，加2小匙水，放火上用微火煮，熟时加入蜂蜜。

烹饪常识　土豆要蒸熟后再制成泥，味道比用水煮的更美味。

专家提示　此食谱质软、稍甜，含丰富的营养素，是孕妈妈补血的佳品。葡萄干含铁极为丰富，有益气补血的功效，葡萄干还有利于直肠的健康。土豆营养丰富，内含丰富的赖氨酸和色氨酸，这是一般粮食不可比的。

[孕期贫血吃什么？]

筒骨娃娃菜

◎ 原料　筒骨200克，娃娃菜250克，枸杞少许

◎ 调料　盐2克，醋5克，高汤适量，老姜少许

◎ 做法　①筒骨洗净砍成段，入开水锅中氽水，捞出沥水待用；娃娃菜洗净，一剖为四；枸杞泡发洗净；老姜去皮，切成薄片。②锅内倒入高汤烧沸，下筒骨、姜片，滴入几滴醋。③煮香后放入娃娃菜煮熟，加盐调味后撒上枸杞即可。

烹饪常识　娃娃菜要先洗后切，不要切了再洗。

专家提示　这道菜清鲜爽淡，有增强抵抗力、益髓健骨、补气养血的功效。筒骨除含蛋白、脂肪、维生素、铁外，还含有大量磷酸钙、骨胶原、骨黏蛋白等，可为孕妈妈提供钙质，有滋阴壮阳、益精补血的功效。

板栗乌鸡煲

◎ 原料　乌鸡350克，板栗150克，核桃仁50克

◎ 调料　精盐少许，味精2克，高汤适量

◎ 做法　①将乌鸡杀洗干净，斩块氽水；板栗去壳洗净；核桃仁洗净备用。②炒锅上火倒入高汤，下入乌鸡、板栗、核桃仁，调入精盐、味精煲至熟即可。

烹饪常识　此汤可以煲久一些，将板栗煲至软糯才好吃。

专家提示　乌鸡是补虚劳、养气血的上佳食品，与板栗搭配煲出的汤含有丰富的蛋白质、维生素B_2、烟酸、维生素E、磷、铁，而胆固醇和脂肪含量则很少，有滋补身体、强壮筋骨、益气补血的功效。

[孕期便秘 吃 什么？]

孕期便秘

症状说明

怀孕后，孕妇体内会分泌大量的孕激素，引起胃肠道肌张力减弱、肠蠕动减慢。再加上胎儿逐渐长大，压迫肠道，使得肠道的蠕动减慢，肠内的废物停滞不前，并且变干，孕妇常伴有排便困难。此外，怀孕后孕妇的运动量减少，体内水分减少也会导致便秘。

症状表现

实热性孕妇便秘：大便干结，腹中胀满，口苦、口臭或胸胁满闷，大便干结坚硬，肛门灼热，舌红、苔黄、苔厚；虚寒性孕妇便秘：会造成排便艰难，口淡不渴，体胖苔白、舌滑。即使有便意，也难以排出，乏力气短或头晕心悸或腰膝酸冷。

✓ 宜吃食物	✗ 忌吃食物
芹菜、土豆、玉米、黄豆、芋头、菠菜、香蕉、草莓、粗粮、胡萝卜	咖啡、辣椒、胡椒、花椒、大蒜、茶、酒

调理食谱

松仁玉米

◎ **原料** 玉米粒400克，熟松子仁、胡萝卜、青豆各25克

◎ **调料** 盐、白糖、鸡精、水淀粉各适量

◎ **做法** ①胡萝卜洗净切丁；青豆、玉米粒均洗净焯水，捞出沥水。②油锅烧热，放入胡萝卜丁、玉米粒、青豆炒熟，加入盐、白糖、鸡精炒匀，用水淀粉勾芡后装盘，撒上松子仁即可。

烹饪常识 玉米粒的胚尖不要舍弃，因为玉米的许多营养都集中在这里。

专家提示 玉米中的膳食纤维含量很高，具有刺激胃肠蠕动、加速粪便排泄的特性，可预防便秘、肠炎、肠癌等。而松仁中所含大量矿物质如钙、铁、钾等，能给机体组织提供丰富的营养成分，强壮筋骨，消除疲劳。

[孕期便秘吃什么？]

酱烧春笋

◎ 原料　春笋500克

◎ 调料　蚝油、甜面酱各10克，姜末、蒜末各5克，白糖、鸡精、香油、鲜汤各适量

◎ 做法　① 春笋削去老皮，洗净，切成长条，放入沸水中焯一会儿。② 锅中加油烧热，放入姜末、蒜末炝锅，再放入笋段翻炒。③ 放入鲜汤，烧煮至汤汁快干时调入蚝油、甜面酱、白糖、鸡精、香油，炒匀即可出锅。

烹饪常识　春笋切好后，先放入沸水中烫一下，可去除笋特有的苦涩味。

专家提示　酱烧春笋鲜香脆嫩，纤维素丰富，有润肠通便的功效。春笋含有充足的水分、丰富的植物蛋白以及钙、磷、铁等人体必需的营养成分和微量元素。

玉米笋炒芹菜

◎ 原料　芹菜250克，玉米笋100克，甜红椒10克

◎ 调料　姜10克，蒜10克，盐3克，味精5克，鸡精2克，生粉5克

◎ 做法　① 玉米笋洗净，从中间剖开一分为二；芹菜洗净，切成与玉米笋长短一致的长度，然后一起下入沸水锅中焯水，捞出，沥干水分。② 炒锅置大火上，下油爆香姜、蒜、甜红椒，再倒入玉米笋、芹菜一起翻炒均匀，待熟时，下入调味料调味即可。

烹饪常识　玉米笋和芹菜焯水的时间不宜过长。

专家提示　这道菜鲜香脆嫩，有润肠通便、降低血压的功效。玉米笋是高纤维素蔬菜，可以促进肠胃蠕动，促进排便；芹菜也含有大量的膳食纤维，可刺激肠道蠕动，同时富含硒，有明显的降压作用。

[孕期抽筋吃什么？]

孕期抽筋

症状说明

孕期抽筋即孕期下肢肌肉痉挛，一般是腓肠肌（俗称小腿肚）和脚部肌肉发生疼痛性收缩，孕期任何时期都可出现，通常发生在夜间，可能伸个懒腰脚底、小腿或腹部、腰部肌肉就抽筋了。怀孕期间走太多路、站得太久，都会令小腿肌肉的活动增多，引起腿部痉挛。

症状表现

抽筋的时候肌肉疼痛、触摸发硬而紧张，在受波及的部位肉眼可见到肌肉块或肌肉变形。一般发生突然，而且剧烈，但是持续的时间不长，只有几分钟。

✔ 宜吃食物	✘ 忌吃食物
牛奶、芝麻、虾皮、虾仁、蛋类、鳗鱼、茼蒿、油菜、大豆及其制品、坚果类、骨头汤、沙丁鱼	咖啡、可乐、苦瓜、菠菜、苋菜、竹笋、茭白、油脂类食物、盐分高的食物

调理食谱

南瓜虾皮汤

○ **原料** 南瓜400克，虾皮20克

○ **调料** 食用油、盐、葱花、汤各适量

○ **做法** ①南瓜洗净切块。②食用油爆锅后，放入南瓜块稍炒，加盐、葱花、虾皮，再炒片刻。③添水煮熟，即可吃瓜喝汤。

烹饪常识 挑南瓜和挑冬瓜一样，表面带有白霜的更好。

专家提示 南瓜营养丰富，含有蛋白质、脂肪、B族维生素及钙、铁、锌等多种营养成分。虾皮富含蛋白质、脂肪、钙、磷、铁、维生素等，其中钙含量尤为丰富，且易被人体消化吸收。这道汤是孕妇补钙的理想食品。

[孕期抽筋什么？]

草菇虾米豆腐

- **原料** 豆腐150克，虾米20克，草菇100克
- **调料** 香油5克，白糖3克，盐适量
- **做法** ①草菇清洗干净，沥水切碎，入油锅炒熟，出锅凉凉；虾米清洗干净，泡发，捞出切成碎末。②豆腐放沸水中烫一下捞出，放碗内凉凉，沥出水，加盐，将豆腐打散拌匀；将草菇碎块、虾米撒在豆腐上，加白糖和香油搅匀后扣入盘内即可。

烹饪常识 草菇无论是鲜品还是干品，都不宜放在水里长时间浸泡。

专家提示 豆腐不仅含有人体必需的8种氨基酸，而且比例也接近人体需要，营养价值较高；虾米富含蛋白质、磷、钙，对孕妈妈尤有补益功效。将草菇、虾米同豆腐一同烹饪，可有效预防孕期抽筋。

翡翠虾仁

- **原料** 鲜虾仁200克，豌豆300克，滑子菇20克
- **调料** 盐3克，淀粉5克
- **做法** ①虾仁洗净；豌豆和滑子菇洗净沥干；淀粉加水拌匀。②锅中倒油烧热，下入豌豆炒熟，再倒入滑子菇和虾仁翻炒。③炒熟后加盐调味，倒入淀粉水勾一层薄芡即可。

烹饪常识 要选用色泽嫩绿、柔软、颗粒饱满、未浸水的豌豆。

专家提示 这道菜可增强免疫力、强筋健骨，适合孕妈妈补钙。成菜中的虾仁含有比较丰富的蛋白质、钙、锌等营养成分，其中钙的含量尤为丰富，可预防小腿抽筋，有利于胎儿的发育。

[孕期水肿吃什么？]

孕期水肿

症状说明

怀孕后，由于毛细血管通透性增加，使毛细血管缺氧，血浆蛋白及液体进入组织间隙导致水肿，主要在肢体、面目等部位发生浮肿，称"妊娠水肿"。如在孕晚期，仅见脚部浮肿，且无其他不适者，可不必作特殊治疗，多在产后自行消失。

症状表现

怀孕后，肢体、面目发生肿胀，先从下肢开始，逐渐蔓延，伴随尿量减少、体重增加。脾虚型表现为妊娠数月，面目、四肢浮肿或遍及全身，伴胸闷气短、口淡无味、食欲不振、大便溏薄、舌质胖嫩、苔薄白或腻、苔边有齿痕、脉缓滑无力。肾阳虚型表现为妊娠数月，面浮肢肿，尤以腰以下为甚。

✔ 宜吃食物	✘ 忌吃食物
鲈鱼、牛奶、羊奶、乌鸡、鲤鱼、鲫鱼、鸭肉、冬瓜、黑豆、玉米须、赤小豆	肥肉、火腿、燕麦、薏米、白酒、咖啡、胡椒、花椒、咸肉、咸鸡蛋、豆腐乳

调理食谱

西红柿豆腐鲫鱼汤

原料 鲫鱼1条，豆腐50克，西红柿40克

调料 精盐6克，葱段、姜片各3克，香油5克

做法 ①将鲫鱼治净，豆腐切块，西红柿洗净切块备用。②净锅上火倒入水，调入精盐、葱段、姜片，下入鲫鱼、豆腐、西红柿煲至熟，淋入香油即可。

烹饪常识 鲫鱼下锅前最好去掉其咽喉齿再进行烹饪。

专家提示 鲫鱼肉是高蛋白、高钙、低脂肪、低钠的食物，经常食用可以增加孕妈妈血液中蛋白质的含量，改善血液的渗透压，有利于合理调节体内水的分布，使组织中的水分回流进入血液循环中，从而达到消除水肿的目的。

[孕期水肿吃什么?]

扁豆炖排骨

◎ 原料　扁豆200克，排骨500克

◎ 调料　盐3克，味精2克，醋8克，老抽15克，糖适量

◎ 做法　①扁豆清洗干净，切去头尾；排骨清洗干净，剁成块。②油锅烧热，入排骨翻炒至金黄色时，调入盐，再放扁豆，并烹入醋、老抽、糖焖煮。③至汤汁收浓时，加入味精调味，起锅装盘即可。

烹饪常识　扁豆一次不可食用过多，否则会发生腹胀，易产气，使人不快。

专家提示　这道菜富含蛋白质及多种氨基酸，常食能健脾胃、增进食欲。扁豆有调节脏腑、安养精神、益气健脾及利水消肿的功效；猪排骨富含优质蛋白质、脂肪，尤其是丰富的钙质可维护骨骼健康。

蒜薹炒鸭片

◎ 原料　鸭肉300克，蒜薹100克，姜1块

◎ 调料　酱油5克，盐3克，味精1克，黄酒5克，淀粉少许

◎ 做法　①鸭肉洗净，切片备用；姜拍扁，加酱油略浸，挤出姜汁，与酱油、淀粉、黄酒拌入鸭片备用。②蒜薹清洗干净切段，下油锅略炒，加盐、味精炒匀备用。③锅清洗干净，热油，下姜爆香，倒入鸭片，改小火炒散，再改大火，倒入蒜薹，加盐、水炒匀即成。

烹饪常识　蒜薹要选择嫩一点的，炒出来才会更甜。

专家提示　鸭肉所含B族维生素和维生素E较其他肉类多，且含有较为丰富的烟酸，有滋补、养胃、消水肿的作用。蒜薹外皮含有丰富的纤维素，可刺激大肠排便，调治便秘。孕妈妈食用这道菜，不仅能滋补身体，还能预防水肿。

[胎动不安 吃 什么？]

胎动不安

症状说明

妊娠期出现腰酸腹痛、胎动下坠，或阴道少量流血，称为"胎动不安"。多由气虚、血虚、肾虚、血热、外伤使冲任不固，不能摄血养胎及其他损动胎元、母体而致。孕妇起居不慎导致跌倒或闪搓、过于辛劳等，均可导致气血紊乱、胎动不安。

症状表现

怀孕以后，先感胎动下坠，腰酸腹痛或坠胀不适，继而阴道或有少量出血。胎动不安是临床常见的妊娠病之一，经过安胎治疗，腰酸、腹痛消失，出血迅速停止，多能继续妊娠。若因胎元有缺陷而致胎动不安者，胚胎不能成形，故不宜进行保胎治疗。

✓ 宜吃食物

紫苏、黄芪、艾叶、海参、鸡蛋、葡萄、猕猴桃、桑寄生、白砂仁、杜仲、菜实、淡牛肉、牛奶、苹果、黑芝麻、核桃仁、术仁

✗ 忌吃食物

蒜、胡椒、咖喱酒、白咖啡、蛤蜊、螃蟹、荠菜、马齿苋、鹿肉、雀肉、甲鱼、辣椒、桂圆、山楂、桃子、田螺、韭菜、兔肉、海带

调理食谱

🥣 鲍汁扣三菇

原料 鲍汁、鸡腿菇、滑子菇、香菇、西蓝花各适量

调料 盐、蚝油、水淀粉、香油各适量

做法 ①鸡腿菇、滑子菇、香菇清洗干净，切块；西蓝花清洗干净，切朵。②鸡腿菇、滑子菇、香菇烫熟，调入鲍汁、盐、蚝油蒸40分钟。③油锅烧热，下入蒸汁烧开，用水淀粉勾芡，淋入香油，浇在三菇上，旁边摆上焯烫过的西蓝花即成。

烹饪常识 焯烫西蓝花的时候放入少量盐可以保持西蓝花碧绿的颜色。

专家提示 这道菜鲜香可口，营养丰富。鸡腿菇、滑子菇、香菇不仅味道鲜美，还富含多种营养，其中鸡腿菇具有高蛋白、低脂肪的优良特性，常食有助于增进食欲、促进消化、增强人体免疫力。

[胎动不安 吃 什么？]

枸杞山药牛肉汤

◎ 原料　山药200克，牛肉125克，枸杞5克

◎ 调料　精盐6克，香菜末3克

◎ 做法　①将山药去皮，洗净切块；牛肉洗净，切块汆水；枸杞洗净备用。②净锅上火倒入水，调入精盐，下入山药、牛肉、枸杞煲至熟，撒入香菜末即可。

烹饪常识　加热时不宜用大火，否则汤汁不清。

专家提示　这道汤菜酥软，汤香美，富含维生素C、铁、蛋白质等营养成分，滋补养人。牛肉富含铁、锌、B族维生素，能提高机体抗病能力，可补充失血、修复组织。

莲子龙骨鸭汤

◎ 原料　鸭肉半只，蒺藜子10克，芡实50克，莲须100克，龙骨10克，牡蛎10克，鲜莲子100克

◎ 调料　盐5克

◎ 做法　①将蒺藜子、莲须、龙骨、牡蛎放入棉布袋，扎紧；鸭肉放入沸水中汆烫，捞起冲净；莲子、芡实冲净，沥干。②将以上所有材料一起盛入煮锅，加1500毫升水以大火煮开，转小火续煮40分钟，加盐调味即可。

烹饪常识　龙骨用沸水汆一下水，可去除血水，煮出的汤更美味。

专家提示　这道汤可补中益气、健脾和胃、补血安胎，对孕妈妈腰部酸痛有一定疗效，常食可以安胎养胎、防止习惯性流产。其中成菜中的莲子有滋养补虚、养心安神、通利十二经脉气血的作用。

[妊娠高血压 吃 什么？]

妊娠高血压

症状说明

妊娠高血压简称妊高征，是妊娠期妇女特有的疾病，以高血压、水肿、蛋白尿、抽搐、昏迷、心肾功能衰竭、甚至母子死亡为特点。目前对妊娠高血压的致病原因仍不能十分确定，但年龄小于等于20岁或大于35岁的初孕妇，营养不良、贫血、低蛋白血症者患该病的概率要高于其他人。

症状表现

主要病变是全身性血管痉挛，而其中挛缩的结果会造成血液减少。临床常见的症状有：全身水肿、恶心、呕吐、头痛、视力模糊、上腹部疼痛、血小板减少、凝血功能障碍、胎儿生长迟滞或胎死腹中。

✓ 宜吃食物：芹菜、茼蒿、葡萄、柠檬、红枣、鲫鱼、鳝鱼、胡萝卜

✗ 忌吃食物：辣椒、胡椒、红薯、黄豆、蚕豆、高盐食物、酒

调理食谱

香菇烧山药

原料　山药150克，香菇、板栗、油菜各50克

调料　盐、淀粉、味精各适量

做法　①山药洗净切块；香菇洗净；板栗去壳洗净；油菜洗净。②板栗用水煮熟；油菜过水烫熟，摆盘备用。③热锅下油，放入山药、香菇、板栗爆炒，调入盐、味精，用水淀粉收汁，装盘即可。

烹饪常识　把香菇泡在水里，用筷子轻轻敲打，泥沙就会掉入水中。

专家提示　这道菜味美滑嫩，有开胃消食、降血压的功效。成菜中的香菇含有香菇多糖、天门冬素等多种活性物质，其中的酪氨酸、氧化酶等物质有降血压、降胆固醇、降血脂作用，还可以预防动脉硬化、肝硬化等疾病。

[妊娠高血压 吃什么？]

西芹鸡柳

◎ **原料** 西芹、鸡肉各300克，胡萝卜1个

◎ **调料** 姜数片，蒜2粒，料酒5克，鸡蛋1个，盐、淀粉、香油、胡椒粉各少许

◎ **做法** ①鸡肉洗净切条，加入鸡蛋清、盐、淀粉拌匀，腌15分钟备用。②西芹去筋洗净，切菱形，入油锅加盐略炒，盛出；胡萝卜洗净切片。③锅烧热，下油，爆香姜片、蒜片、胡萝卜，加入鸡柳和料酒等调味料，放入西芹，勾芡炒匀，装盘即成。

烹饪常识 烹饪此菜宜选择较嫩的西芹，太老口感不好。

专家提示 这道菜有降压利尿、增进食欲和健胃等作用。西芹中含有芹菜苷、佛手苷等降压成分，对于原发性、妊娠性及更年期高血压均有效。

口蘑灵芝鸭子汤

◎ **原料** 鸭子400克，口蘑125克，灵芝5克

◎ **调料** 精盐6克

◎ **做法** ①将鸭子清洗干净，斩块汆水；口蘑清洗干净，切块；灵芝清洗干净，浸泡备用。②煲锅上火倒入水，下入鸭肉、口蘑、灵芝，调入精盐煲至熟即可。

烹饪常识 切好的灵芝可用纱布袋包好，这样渣会少一点。

专家提示 这道汤中的口蘑是良好的补硒食品，它能够防止过氧化物损害机体，降低因缺硒引起的血压升高和血黏度增加，调节甲状腺的工作，有预防妊娠高血压的作用。另外，鸭肉富含蛋白质，有很好的滋补功效。

[产后出血 吃 什么？]

产后出血

症状说明

胎儿娩出后24小时内阴道流血量超过500毫升者称为产后出血，多发生于胎儿娩出至胎盘娩出和产后2小时内，是分娩严重并发症。产后出血原因较多，其中子宫收缩乏力约占产后出血的70%，产妇贫血、妊高征等均可影响宫缩。

症状表现

产后出血临床表现与流血量和速度有关，出血量在500毫升以下，健康妇女可以代偿而无明显症状，但已有贫血者则可较早表现症状。早期表现为头晕、口渴、脉搏、呼吸加快，若未及时处理，紧接着出现面色苍白、四肢冰凉潮湿、脉搏快而弱、呼吸急促、意识模糊昏迷等严重休克症状。

✓ 宜吃食物：菠菜、油菜、莴笋、羊肉、狗肉、甲鱼、西红柿

✗ 忌吃食物：辣椒、大蒜、咖喱、西瓜、黄瓜、冷饮

调理食谱

西红柿菠菜汤

◎ **原料** 西红柿150克，菠菜150克

◎ **调料** 盐少许

◎ **做法** ① 西红柿洗净，在表面轻划数刀，入滚水氽烫后撕去外皮，切丁；菠菜去根后洗净，焯水，切长段。② 锅中加水煮开，加入西红柿煮沸，续放入菠菜。③ 待汤汁再沸，加盐调味即成。

烹饪常识 菠菜焯水时间不宜过长，以免造成营养流失。

专家提示 菠菜能滋阴润燥、通利肠胃、补血止血、泄火下气。菠菜中含有丰富的铁，西红柿富含维生素C，两者搭配食用能促进铁的吸收，补血效果更佳，有助于产妇补血。此外，这道菜清淡爽口，有健胃消食之效。

[产后出血 吃 什么？]

🥣 菠菜拌核桃仁

- **原料** 菠菜400克，核桃仁150克
- **调料** 香油20克，盐4克，鸡精1克，耗油5克
- **做法** ①将菠菜洗净，焯水，装盘待用；核桃仁洗净，入沸水锅中余水至熟，捞出，倒在菠菜上。②用香油、蚝油、盐和鸡精调成味汁，淋在菠菜核桃仁上，搅拌均匀即可。

> **烹饪常识** 烹饪菠菜时宜先焯一下水，以减少草酸的含量。
>
> **专家提示** 这道菜鲜香脆嫩，有补血止血的功效。菠菜所含的铁质，对贫血有较好的辅助治疗作用；所含的维生素K也有止血的作用。将其搭配核桃仁，营养更丰富，有助于产后恢复。

🥣 榄菜肉末蒸茄子

- **原料** 猪肉200克，茄子500克，榄菜50克
- **调料** 盐3克，葱、甜红椒各5克，酱油、醋各适量
- **做法** ①猪肉清洗干净，切末；茄子去蒂清洗干净，切条；榄菜清洗干净，切末；葱清洗干净，切段；甜红椒去蒂清洗干净，切圈。②锅入水烧开，放入茄子焯烫片刻，捞出沥干，与肉末、榄菜、盐、酱油、醋混合均匀，装盘，放上葱段、甜红椒，入锅蒸熟即可。

> **烹饪常识** 将切好的茄子立即放入水中浸泡，可避免茄子变色。
>
> **专家提示** 这道菜营养丰富，常吃可增强人体免疫力。其中猪肉可提供优质蛋白质、必需的脂肪酸、血红素和促进铁吸收的半胱氨酸，能改善产后贫血。茄子富含维生素E、维生素P，有活血化淤、清热消肿的作用。

[产后恶露不绝 **吃** 什么？]

产后恶露不绝

症状说明

产后恶露持续三周以上仍淋沥不断，称为产后恶露不绝。西医所称的子宫复旧不良所致的晚期产后出血，可属该病范围。产生产后恶露不绝的原因很多，如子宫内膜炎，部分胎盘、胎膜残留，子宫肌炎或盆腔感染，子宫肌腺瘤，子宫过度后倾、后屈，羊水过多等。

症状表现

产后超过3星期，恶露仍不净，量或多或少，色或淡红或深红或紫暗，或有血块，或有臭味或无臭味，并伴有腰酸痛、下腹坠胀疼痛，有时可见发热、头痛、关节酸痛等。

✓ 宜吃食物：牛肉、牛奶、羊肉、猪肉、荠菜、大米、桂圆、生姜、莲藕、河鱼、豆制品

✗ 忌吃食物：冷饮、绿豆、螃蟹、辣椒、大蒜、大麦、梨、酒

调理食谱

五味苦瓜

◎ **原料**　苦瓜1条

◎ **调料**　蒜、香菜、番茄酱、酱油、醋各适量

◎ **做法**　①将蒜、香菜切碎，放入碗中，再加番茄酱、酱油、醋配成酱料。②将苦瓜洗净，剖开，去瓜瓤，去掉外面一层老皮，用刀削成透明的块。③苦瓜入开水中稍余烫后取出凉凉，与酱料一起拌匀即可。

烹饪常识　苦瓜切块后用盐腌渍一下，可去除大部分苦味。

专家提示　这道菜适用于血热型产后恶露不绝。苦瓜含有的奎宁成分可以促进子宫收缩，有助于产妇排恶露。同时，苦瓜中含有类似胰岛素的物质，能促进糖分分解，具有使过剩的糖分转化为热量的作用，有利于体内的脂肪平衡。

[产后恶露不绝 吃 什么？]

肉末烧黑木耳

◎ **原料** 猪瘦肉300克，黑木耳350克，胡萝卜200克

◎ **调料** 蒜苗段15克，盐3克，味精1克，生抽5克，淀粉6克

◎ **做法** ①猪瘦肉洗净，剁成末，用生抽、油、淀粉拌匀；黑木耳泡发洗净，撕成片，焯烫后捞出；胡萝卜洗净，切长方块。②锅倒油烧热，下入肉末、黑木耳、胡萝卜翻炒，加入盐、味精，撒入蒜苗炒匀即可。

烹饪常识 干木耳宜用温水泡发，泡发后仍然紧缩在一起的部分不宜吃。

专家提示 这道菜能滋养益胃、活血化淤，有助于排除恶露、补血养气。黑木耳除含有大量蛋白质、钙、铁及胡萝卜素等营养成分外，还含有卵磷脂、脑磷脂、鞘磷脂等，与富含蛋白质、铁、锌的猪肉搭配，营养更丰富。

鲜人参炖土鸡

◎ **原料** 土鸡1只，人参50克，姜10克，红枣5克

◎ **调料** 盐4克，鸡精2克，香油5克，花雕酒4克

◎ **做法** ①土鸡治净，砍断腿备用；人参洗净；姜洗净切片；红枣泡发洗净。②锅上火，放入适量清水，加入盐、鸡精、姜片，待水沸后放入整只鸡焯烫，去除血水。③捞出转入砂钵，放入人参、红枣、花雕酒煲约60分钟，放入盐、鸡精拌匀，淋上香油即可。

烹饪常识 鸡屁股含有多种病毒、致癌物质，不可食用。

专家提示 鸡肉富含蛋白质、钙、锌、铁等营养成分，与人参搭配煲汤，有补脾益肺、生津止渴、安神定志、补气生血等作用。

[产后缺乳吃什么？]

产后缺乳

症状说明

产后乳汁很少或全无，称为"缺乳"，亦称"乳汁不足"。缺乳的发生主要与精神抑郁、睡眠不足、营养不良、哺乳方法不当有关。中医认为，缺乳多因素体脾胃虚弱，产时失血耗气，产生气血津液生化不足、气机不畅、经脉滞涩等引起。

症状表现

缺乳的程度和情况各不相同，有的开始哺乳时不缺乏，以后稍多但仍不充足；有的全无乳汁，完全不能喂乳；有的正常哺乳，突然高热或七情过极后，乳汁骤少，不足以喂养婴儿。乳汁缺少，证有虚实。如乳房柔软，不胀不痛，多为气血俱虚；若胀硬而痛，或伴有发热者，多为肝郁气滞。

✓ 宜吃食物：鲫鱼、鲤鱼、鲈鱼、陈皮、蛋花汤、白萝卜

✗ 忌吃食物：辣椒、花椒、大蒜、咖喱、酒、浓茶

调理食谱

🍲 党参生鱼汤

◎ **原料** 生鱼1尾，党参20克，胡萝卜50克

◎ **调料** 姜、葱、盐各适量，鲜汤200毫升

◎ **做法** ①党参润透，切段；胡萝卜洗净，切块。②生鱼治净切段，下油中煎至金黄。③另起油锅烧热，烧至六成热时，下入姜、葱爆香，再下鲜汤，烧开，调入盐即成。

烹饪常识 最好使用活鱼进行烹饪，味道更鲜美。

专家提示 鱼肉富含蛋白质、碳水化合物、钙、磷、锌等营养成分，有补体虚、健脾胃的作用。其与党参煲制的汤色如牛奶，味鲜可口，有健脾醒胃、补虚养身之功，并对哺乳妇女有催乳作用。

[产后缺乳吃什么？]

黄金猪蹄汤

◎ 原料　猪蹄半只，黄豆45克

◎ 调料　精盐适量

◎ 做法　①将猪蹄清洗干净，切块后氽水；黄豆用温水浸泡40分钟备用。②净锅上火倒入水，调入精盐，下入猪蹄、黄豆以大火烧开。③水开后转小火煲60分钟即可。

烹饪常识　炖猪蹄的时候最好放点醋，营养会更好。

专家提示　这道汤做法简单，营养丰富，集合了黄豆的纤维质与猪蹄的胶原蛋白，既营养又不油腻，是准妈妈的最佳选择。特别是猪蹄，含有丰富的胶原蛋白，脂肪含量也比肥肉低，有补虚养身、养血通乳的作用。

花生莲子炖鲫鱼

◎ 原料　鲫鱼250克，花生100克，莲子肉30克

◎ 调料　精盐少许，味精5克，葱姜3克

◎ 做法　①将鲫鱼杀洗干净；花生、莲子肉清洗干净备用。②炒锅上火，倒入色拉油、葱姜爆香，下入鲫鱼煎炒，倒入水，调入精盐、味精，下入花生、莲子肉煲至熟即可。

烹饪常识　炖鱼汤的时候放几片萝卜可以去除腥味。

专家提示　这道汤有花生特有的香味，又有鱼肉鲜美的味道，喝起来相当美味，而且还含有丰富的蛋白质、脂肪、B族维生素、钙、铁等营养成分，能补血、增加乳汁，还能利胃、强筋骨，对产后新妈妈很有好处。

[产后腹痛什么？]

产后腹痛

 症状说明

产后腹痛包括腹痛和小腹痛，以小腹疼痛最为常见。主要是因分娩时失血过多，冲任空虚，胞脉失养，或因血少气弱，运行无力，以致血流不畅，迟滞而痛，或起居不慎，寒邪入侵胞脉。

症状表现

腹部疼痛剧烈，而且拒绝接按，按之有结块，恶露不肯下，或疼痛夹冷感，热痛感减轻，恶露量少，色紫有块。兼见头晕目眩，心悸失眠，大便秘结，舌质淡红，苔薄，脉细弱。产后出现下腹阵发性疼痛，难以忍受。或腹部绵绵，持续不断，不伴寒热等症者，可诊断为产后腹痛。

✓ 宜吃食物
猪蹄、鲫鱼、鸡肉、瘦肉、鸡蛋、红枣、阿胶、山楂、当归、猪肝、木耳、莲子、胡萝卜、苹果

✕ 忌吃食物
山芋、黄豆、海参、蚕豆、豌豆、牛奶、白糖、苦瓜

调理食谱

鸽肉莲子红枣汤

原料 鸽子1只，莲子60克，红枣25克

调料 姜5克，盐6克，味精4克

做法 ①鸽子洗净，砍成小块；莲子、红枣泡发洗净；姜切片。②将鸽块下入沸水中汆去血水，捞出。③锅上火加油烧热，用姜片爆锅，下入鸽块稍炒后，加适量清水，下入红枣、莲子一起炖至熟，调入盐、味精即可。

烹饪常识 鸽子汤的味道非常鲜美，做时不必放很多调料。

专家提示 鸽肉滋味鲜美，肉质细嫩，富含粗蛋白质和少量矿物质等营养成分，搭配莲子、红枣，滋养作用较强。此外，鸽肉还含有较多的支链氨基酸和精氨酸，可促进体内蛋白质的合成，加快创伤愈合。

图书在版编目（CIP）数据

孕产妇吃什么？禁什么？/《健康大讲堂》编委会
主编. --哈尔滨：黑龙江科学技术出版社，2013.8
（你吃对了吗）
ISBN 978-7-5388-7625-3

Ⅰ.①孕… Ⅱ.①健… Ⅲ.①孕妇－妇幼保健－食谱
②产妇－妇幼保健－食谱 Ⅳ.①TS972.164

中国版本图书馆CIP数据核字(2013)第176205号

孕产妇吃什么？禁什么？
YUNCHANFU CHISHENME JINSHENME

主　　编	《健康大讲堂》编委会
责任编辑	焦　琰　王　研
封面设计	景雪峰
出　　版	黑龙江科学技术出版社
	地址：哈尔滨市南岗区建设街41号 邮编：150001
	电话：(0451)53642106　传真：(0451)53642143
	网址：www.lkcbs.cn　　www.lkpub.cn
发　　行	全国新华书店
印　　刷	深圳市雅佳图印刷有限公司
开　　本	711mm×1016mm　1/16
印　　张	22
字　　数	250千字
版　　次	2013年10月第1版　2013年10月第1次印刷
书　　号	ISBN 978-7-5388-7625-3/R·2162
定　　价	39.80元

【版权所有，请勿翻印、转载】